新学習指導要領対応

小学3年生

理科 習熟プリント

大判サイズ
コピーしやすい!

宮崎 彰嗣・横田 修一 著

清風堂書店

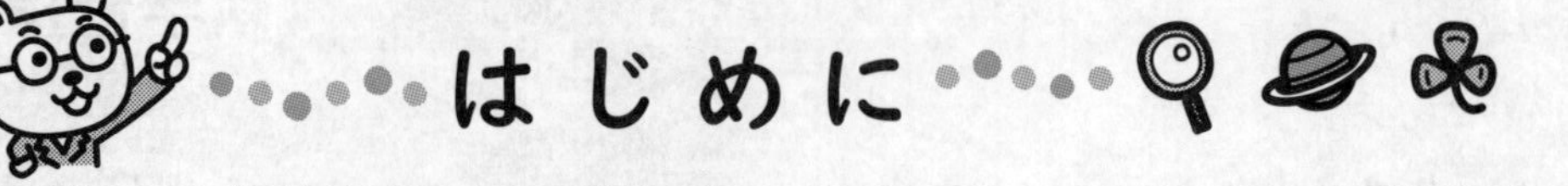

はじめに

本書は、学校や家庭で長年にわたり支持され、版を重ねてまいりました。その中で貫き通してきた特長が

○ 通常のステップよりも、さらに細かくして理解しやすくする
○ 大切なところは、くり返し練習して習熟できるようにする
○ 教科書レベルの力がどの子にも身につくようにする

です。新学習指導要領の改訂にしたがい、その内容にそってつくっていますが、さらにつけ加えた特長としては

○ 読みやすさ、わかりやすさを考えて、「太めの手書き文字」を使用する
○ 学校などでコピーしたときに「ページ番号」が消えて見えなくする
○ 解答は本文を縮小し、その上に赤で表す

などです。これらの特長を生かし、十分に活用していただけると思います。

さて、理科習熟プリントは、それぞれの内容を「イメージマップ」「習熟プリント」「まとめテスト」の３つで構成されています。

イメージマップ　各単元のポイントとなる内容を図や表を使いまとめました。内容全体が見渡せ、イメージできるようにすることはとても大切です。重要語句のなぞり書きや色ぬりで世界に1つしかないオリジナル理科ノートをつくりましょう。

習熟プリント　実験や観察などの基本的な内容を、順を追ってわかりやすく組み立ててあります。
基本的なことがらや考え方・解き方が自然と身につくよう編集してあります。順を追って、進めることで確かな基礎学力が身につきます。

まとめテスト　習熟プリントのおさらいの問題を２～４回つけました。100点満点で評価できます。
各単元の内容が理解できているかを確認します。わかるからできるへと進むために、理科の考えを表現する問題として記述式の問題（★印）を一部取り入れました。

このような構成内容となっていますので、授業前の予習や授業後の復習に適しています。また、ある単元の内容を短時間で整理するときなども効果を発揮します。
さらに、理科ゲームとして、取り組むことのできる内容も追加しました。遊びながら学ぶ機会があってもよいのではと思います。

このプリント集が、多くの子どもたちに活用され、「わかる」から「できる」へと自ら進んで学習できることを祈ります。

目　次

身近なしぜん

月　　日　名前

◆ なぞったり、色をぬったりしてイメージマップをつくりましょう

校庭

公園

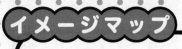

イメージマップ

身近なしぜん

◆ なぞったり、色をぬったりしてイメージマップをつくりましょう

かんさつカードのかき方

かんさつのしかた

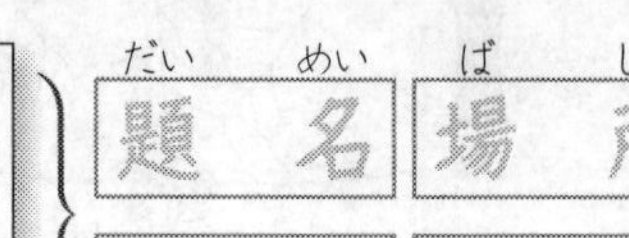

見る・さわる・におい・音

アリの行列　花だんの近く
5月18日　午前9時30分　晴れ　21℃
三木 いちろう

・すあなに向かって行列して歩いていた。
・2～3びきで虫の死がいを運んでいた。
・うろうろしているものもいた。
・すあなから、出てくるものもいた。

題名　場所
日時　天気

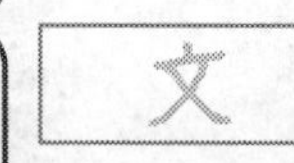

スケッチ
色や形、大きさ　など

文
スケッチで表せないこと
わかったことなど

※生きものは、しゅるいによって、色や形、大きさ、手ざわり、動きなどがちがっている。

月　　日　名前

虫めがねの使い方

手で持てるもの

虫めがねを、目の近くで持ち、見るものを動かして、はっきり見えるところで止める。

手で持てないもの

虫めがねを動かして、はっきり見えるところで止める。

×
目をいためるので、ぜったいに虫めがねで太陽を見てはいけない。

[じゅんびする物]

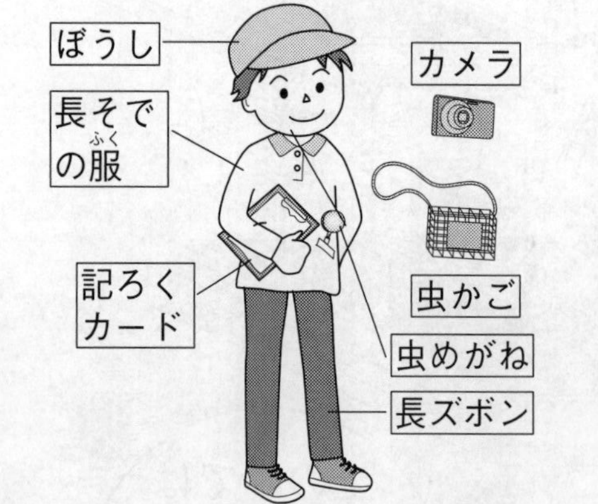

[気をつけること]

草や虫などは、むやみにとったりしないようにしましょう。
また、かんさつが終わったら元の場所にもどします。

どくやとげなどを持つ、きけんな生き物に注意しましょう。

ハチなど

チャドクガなどのよう虫

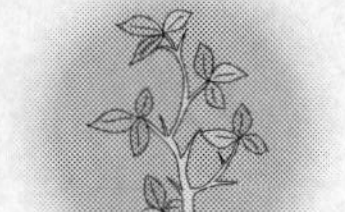
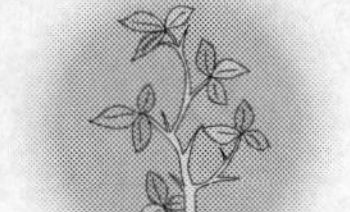

カラタチなどのとげ

身近なしぜん ①

かんさつのしかた

1 チューリップとタンポポをかんさつし、カードに記ろくしました。あとの問いに答えましょう。

(1) かんさつカードはどのようにかきますか。図の(　　)にあてはまる言葉を、□からえらんでかきましょう。

(①　　　　)をかく。

(②　　　　)をかく。

(③　　　　)をかく。

調べたことや(④　　　　)を絵や文でかく。

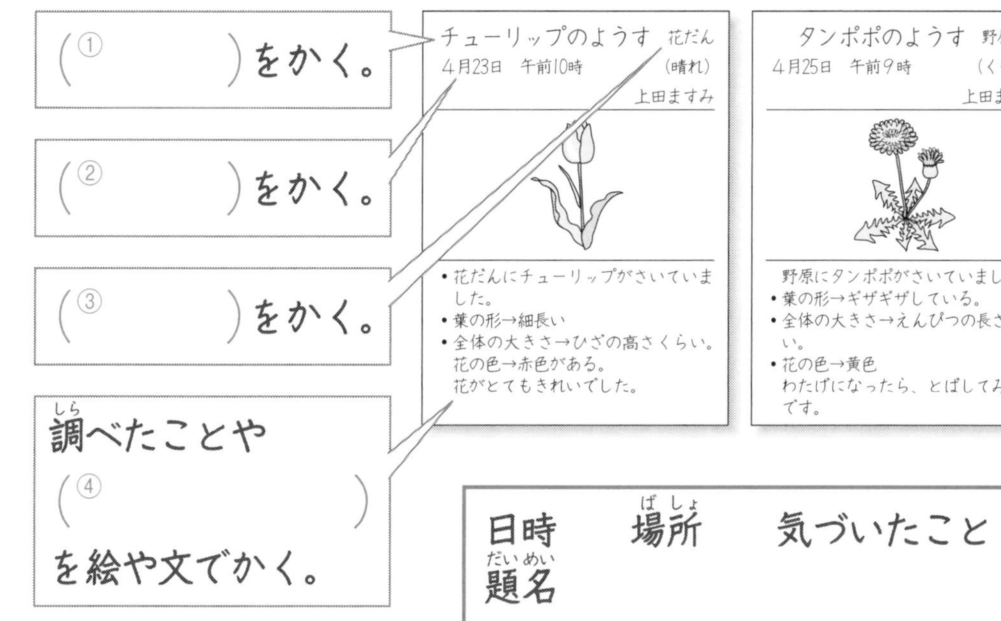

チューリップのようす　花だん
4月23日　午前10時　(晴れ)
上田ますみ
・花だんにチューリップがさいていました。
・葉の形→細長い
・全体の大きさ→ひざの高さくらい。
花の色→赤色がある。
花がとてもきれいでした。
タンポポのようす　野原
4月25日　午前9時　(くもり)
上田ますみ
野原にタンポポがさいていました。
・葉の形→ギザギザしている。
・全体の大きさ→えんぴつの長さくらい。
・花の色→黄色
わたげになったら、とばしてみたいです。

日時　場所　気づいたこと　題名

(2) このかんさつから、チューリップとタンポポの葉の形や全体の大きさ、花の色について、わかったことをかきましょう。

	チューリップ	タンポポ
① 葉の形		
② 全体の大きさ		
③ 花の色		

月　　日　名前

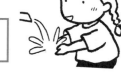

ポイント　かんさつ道具や、かんさつのしかた、記ろくカードのかき方などを学びます。

2 次の(　　)にあてはまる言葉を□からえらんでかきましょう。

(1) かんさつに出かけるときに、じゅんびする物は、かんさつの内ようを記ろくする(①　　　　)、(②　　　　)、(③　　　　)などです。

筆記用具　かんさつカード　デジタルカメラ

(2) 虫をつかまえるための(①　　　　)や、つかまえた虫を入れる(②　　　　)、虫のこまかい部分をかんさつする(③　　　　)などもあればべんりです。

虫かご　虫めがね　あみ

(3) かんさつするときには、さしたり、かんだりする(①　　　　)や、かぶれる(②　　　　)に気をつけます。

また、かんさつする生き物だけをとり、コオロギやバッタなどの(③　　　　)が終わったら、元の場所に(④　　　　)あげましょう。

外から、帰ったら、(⑤　　　　)をあらいます。

手　虫　植物　にがして　かんさつ

身近なしぜん ②

草花のようす

月　日　名前

ポイント　春の草花のようすについて学びます。タンポポやハルジオンを学びます。

1 次のかんさつカードから、どんなことがわかりますか。あとの問いに答えましょう。

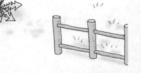

タンポポ　公園の入り口
5月10日　午前10時　晴れ　20℃
田中 ただし

- 葉っぱが地面に広がっている。
- あながあいたり、やぶれた葉がある。
- まわりにせの高い草がない。
- 近くにオオバコがたくさんある。

(1) 草花の名前は何ですか。
（　　　　）

(2) どこで見つけましたか。
（　　　　）

(3) かんさつした日時はいつですか。
（　　　　）

(4) （　）にあてはまる言葉を□からえらんでかきましょう。

タンポポの葉で、あながあいたり、（①　　　）しているものがあるのは、（②　　　）がよく通り、ふみつけられるからです。

まわりにせの高い草がないのは、ふみつけられたりして、（③　　　）からです。タンポポのまわりには、せたけのよくにた（④　　　）がはえています。

オオバコ　人　やぶれたり　育たない

2 次のかんさつカードから、どんなことがわかりますか。あとの問いに答えましょう。

ハルジオン　野原
5月18日　午前10時　（晴れ）
さとう めぐみ

- せの高い草がたくさんそだっている。
- 日光がよくあたっていた。
- まわりには大きな木はない。
- 白い花がたくさんさいていた。

(1) 草花の名前は何ですか。
（　　　　）

(2) どこで見つけましたか。
（　　　　）

(3) その日の天気は何ですか。
（　　　　）

(4) だれのかんさつ記ろくですか。
（　　　　）

(5) （　）にあてはまる言葉を□からえらんでかきましょう。

野原には（①　　　）や自動車など、植物をふみつけたり、（②　　　）するものが入ってきません。また、野原は、森などとちがって（③　　　）もよくあたります。そのため、せの（④　　　）植物が多くはえています。

（⑤　　　　　　）なども、その１つです。

日光　高い　セイタカアワダチソウ　人　おったり

身近なしぜん ③

こん虫のようす

1 次のかんさつカードから、どんなことがわかりますか。あとの問いに答えましょう。

アリ　花だんの近く
5月18日　午前9時　（晴れ）
三木 一ろう

・すあなに向かって行列して歩いていた。
・2～3びきで虫の死がいを運んでいた。
・うろうろしているアリもいた。
・すあなから、出てくるアリもいた。

(1) 生き物の名前は何ですか。
（　　　　）

(2) どこで見つけましたか。
（　　　　）

(3) かんさつした日時はいつですか。
（　　　　）

(4) その日の天気は何ですか。
（　　　　）

(5) （　）にあてはまる言葉を□からえらんでかきましょう。

アリは（①　　）の下にある、すあなに向かって（②　　）して歩きます。また、中には、2～3びきが（③　　）をあわせて、（④　　）を運んでいることもあります。うろうろしているのは（⑤　　）をさがしているのでしょう。

行列	地面	エサ	エサ	カ

月　日 名前

ポイント 春のこん虫のようすについて調べます。アリの行列やカマキリのようすを学びます。

2 次のかんさつカードを見て、あとの問いに答えましょう。

見つけにくいカマキリ　野原
5月25日　午前10時　（晴れ）
上田 さとし

・草原の中の葉にとまっていた。
・近くにエサになる小さい虫がたくさんいた。
・からだは緑色をしていて、見つけにくかった。
・前あしはかまのようになっていた。

(1) 題名は何ですか。
（　　　　）

(2) かんさつした日時はいつですか。
（　　　　）

(3) カマキリのあしは何本ですか。
（　　　　）

(4) カマキリは、何を食べていますか。
（　　　　）

(5) （　）にあてはまる言葉を□からえらんでかきましょう。

カマキリのからだの色は（①　　）です。そのため、まわりの（②　　）の色にかくれてしまい、とても（③　　）です。

また、カマキリの前あしは（④　　）のような形をしていて、エサになる（⑤　　）をつかまえやすくなっています。

かま	植物	緑色	見つかりにくい	虫

まとめテスト

身近なしぜん

月　日　名前　　　　/100点

1 次の文は、いろいろな生き物についてかかれています。（　）にあてはまる言葉を□からえらんでかきましょう。（1つ5点）

(1) ダンゴ虫は、ブロックや（①　　）の下にたくさんいました。（②　　）ところをこのんですんでいるようです。

ナナホシテントウが、カラスノエンドウにいた（③　　）を食べていました。ナナホシテントウの色は（④　　）で目立ちました。

モンシロチョウが、アブラナの花に止まっていました。長い（⑤　　）のような口で花の（⑥　　）をすっていました。

ストロー	だいだい色	石	暗い	みつ	アブラムシ

(2) カマキリのからだの色はふつう（①　　）です。そのため、まわりの（②　　）の色にかくれてとても（③　　）です。

ところが、土の上に長くいるカマキリは（④　　）をしていることがあります。

これは、すむ場所の色にあわせて（⑤　　）を守るためです。

身	植物	見つかりにくい	緑色	茶色

2 次の（　）にあてはまる言葉を□からえらんでかきましょう。（1つ5点）

(1) 植物は、日光がなくては育ちません。そこで、それぞれの植物がどのようにして（①　　）を多く受けるか、きそいあっています。

タンポポとハルジオンの（②　　）のちがいを見ると、ハルジオンの方がせが（③　　）て、日光をよく受けられそうです。

ところが、（④　　）が通るところでは、草花の（⑤　　）がおれてしまい、大きく育ちません。

せたけ	日光	高く	人や車	くき

(2) タンポポは葉と根がとても（①　　）で人や車にふまれてもかれたりしません。

それで、（②　　）は人や車の通る道の近い場所に、（③　　）は人や車がやってこない野原のおくの方に育っています。

植物は日光をたくさん受けるため、まわりの草花と（④　　）しながら育っているのです。

タンポポ	じょうぶ	きょうそう	ハルジオン

まとめテスト

身近なしぜん

月　　日　名前　　　　　／100点

1 次の植物のせたけは、㋐タンポポ、㋑ハルジオンのどちらににていますか。(　　)に記号をかきましょう。　(1つ4点)

① オオバコ (　　)　　② カラスノエンドウ (　　)

③ アブラナ (　　)　　④ ホトケノザ (　　)

★**2** ハルジオンにくらべ、タンポポなどせのひくい植物はどんな場所にはえていますか。その理由もかきましょう。　(8点)

[　　　　　　　　]

3 すんでいる場所でからだの色がかわる生き物がいます。

(1) すんでいる場所で、からだの色がかわるものには○、かわらないものには×をつけましょう。　(1つ4点)

① カマキリ (　　)　　② アゲハ (　　)

③ アリ (　　)

(2) からだの色がかわるのは、なぜですか。次の中から正しいものを1つえらんで○をかきましょう。　(4点)

①(　　) すむ場所の色にあわせて、身を守るため

②(　　) オス・メスですむ場所がかわるため

③(　　) 気温によって色がかわるため

4 次のこん虫の名前と食べ物とすむ場所を□からえらんでかきましょう。　(1つ4点)

名　前	食べ物	すむ場所
① (　　)		
② (　　)		
③ (　　)		
④ (　　)		
⑤ (　　)		

【名　前】 ショウリョウバッタ　モンシロチョウ　セミ　ナナホシテントウ　オオカマキリ

【食べ物】 草の葉　アブラムシ　木のしる　花のみつ　小さい虫

【すむ場所】 花だんや野原　林　林や野原　野原　野原

イメージマップ

草花を育てよう

月　　日　名前

たねから子葉へ

◆ なぞったり、色をぬったりしてイメージマップをつくりましょう
◆ 子葉に色をぬりましょう

花から実へ

ヒマワリ

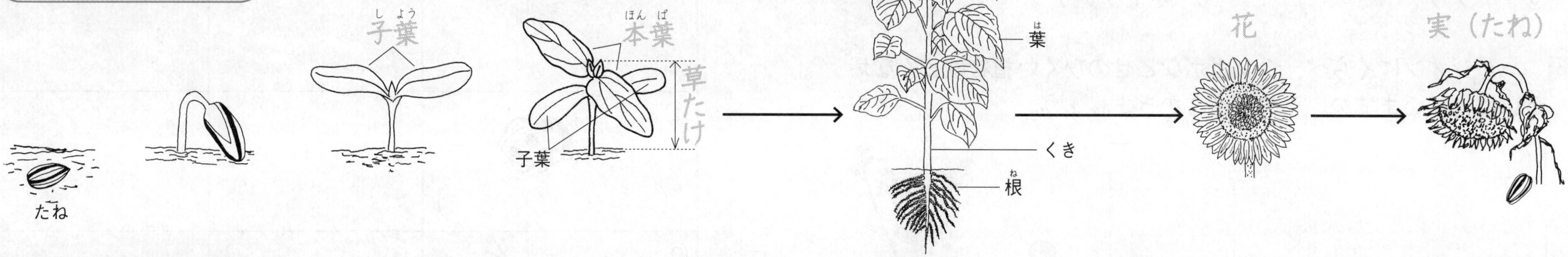

たね

子葉

本葉

子葉

草たけ

葉

くき

根

花

実（たね）

ホウセンカ

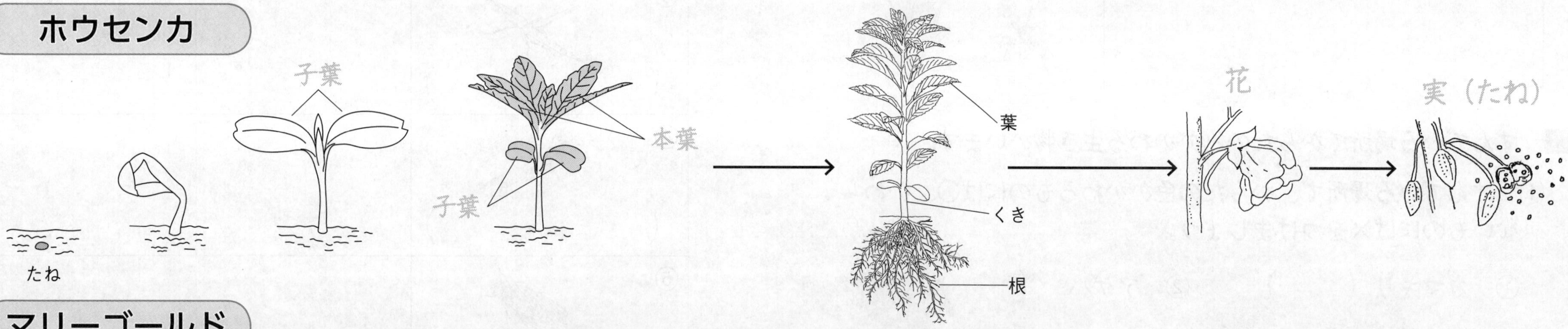

たね

子葉

本葉

子葉

葉

くき

根

花

実（たね）

マリーゴールド

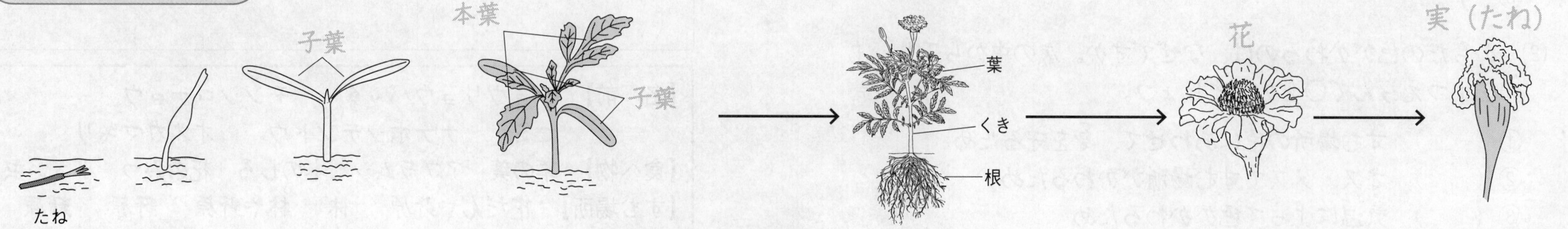

たね

子葉

本葉

子葉

葉

くき

根

花

実（たね）

草花を育てよう

◆ なぞったり、色をぬったりしてイメージマップをつくりましょう

たねのまき方

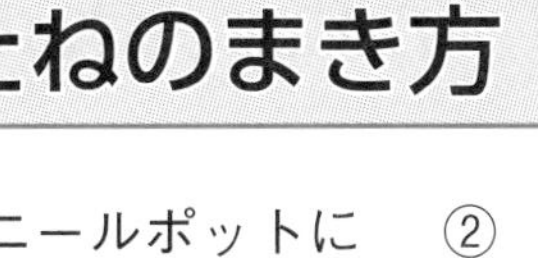

① ビニールポットに土を入れて、たねをまく。

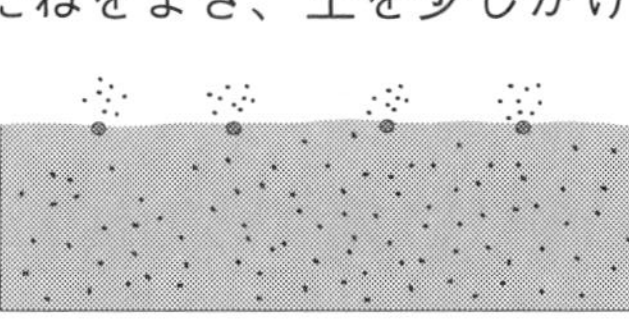

② 土をかけて、水をやる。
ホウセンカ（小さいたね）
たねをまき、土を少しかける。

ヒマワリ（大きいたね）
指で土にあなをあけて、たねをまき、土をかける。

③ 土がかわかないように、ときどき水をやる。

植物の名前
まいた日
自分の名前

記ろくカード

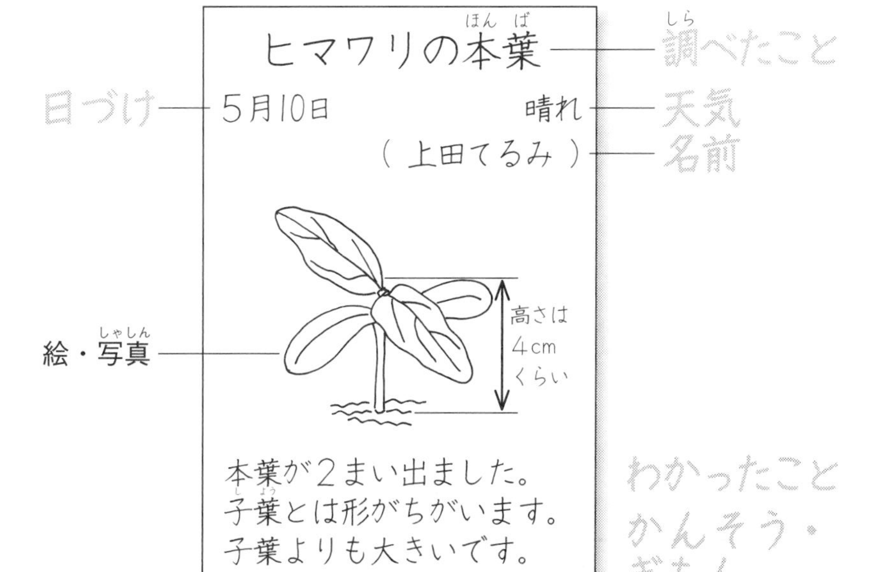

ヒマワリの本葉
5月10日
晴れ
（上田てるみ）
高さは
4cm
くらい
本葉が2まい出ました。
子葉とは形がちがいます。
子葉よりも大きいです。

調べたこと
日づけ
天気
名前
絵・写真
わかったこと
かんそう・
ぎもん

月　　日　名前

植物のからだとつくり

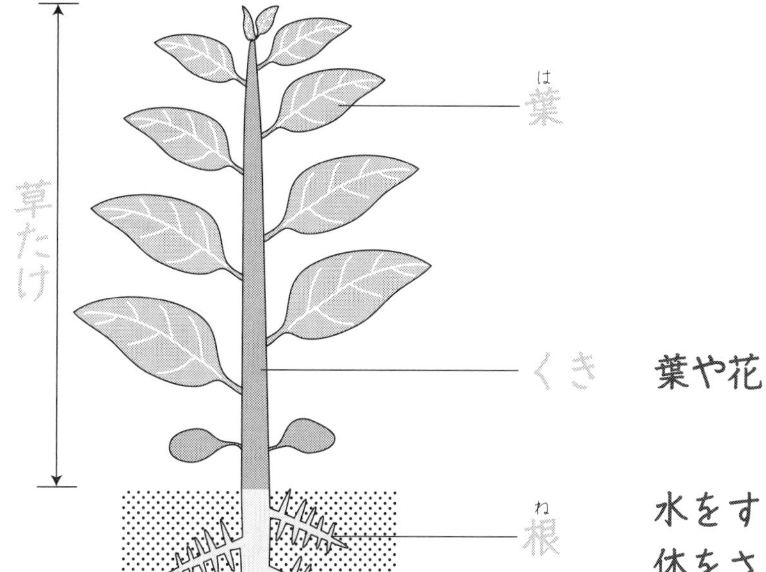

くき　葉や花をつける

根　水をすう
体をささえる

植えかえのしかた

葉が4〜6まいになれば、花だんや大きい入れ物に植えかえます。

さかさまにして
はちをはずす。

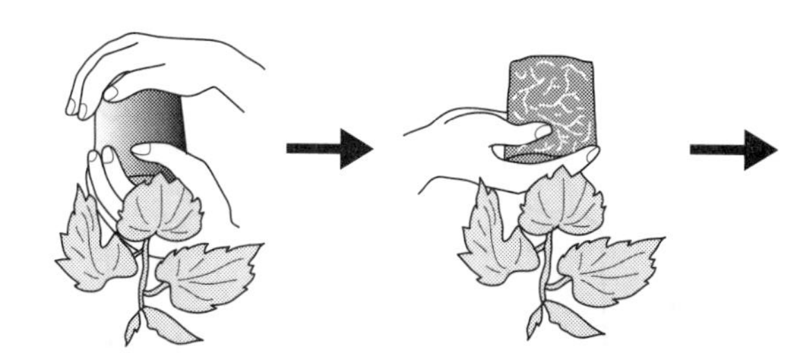

はちの土ごと、
そっと植えかえる。

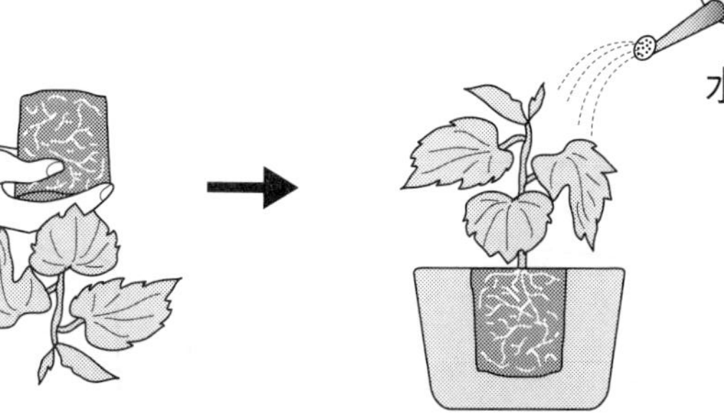

水をやる。

草花を育てよう ①

たねから子葉へ

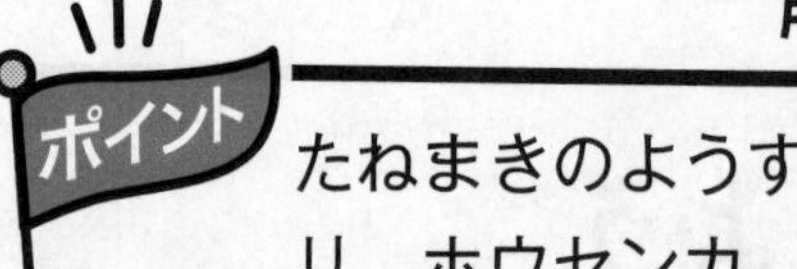

たねまきのようすから子葉が出るまでを学びます。ヒマワリ、ホウセンカ、マリーゴールドなどを調べます。

1 図は、草花のたねです。たねの名前を□からえらんでかきましょう。

① ② ③

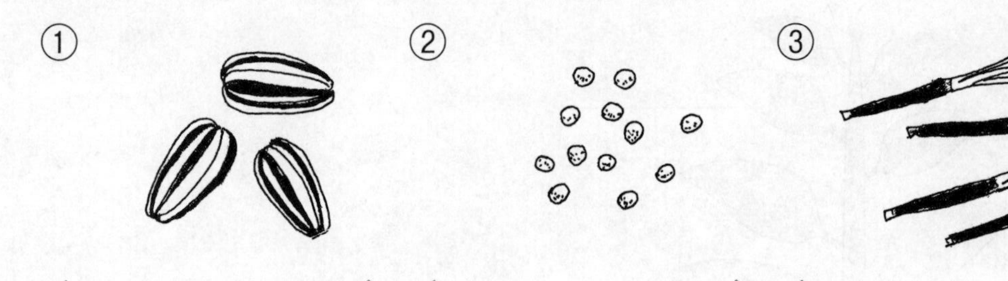

(　　　　) (　　　　) (　　　　)

ホウセンカ　ヒマワリ　マリーゴールド

2 ホウセンカのたねをまきました。あとの問い（と）に答えましょう。

(1) 正しいまき方に○をつけましょう。

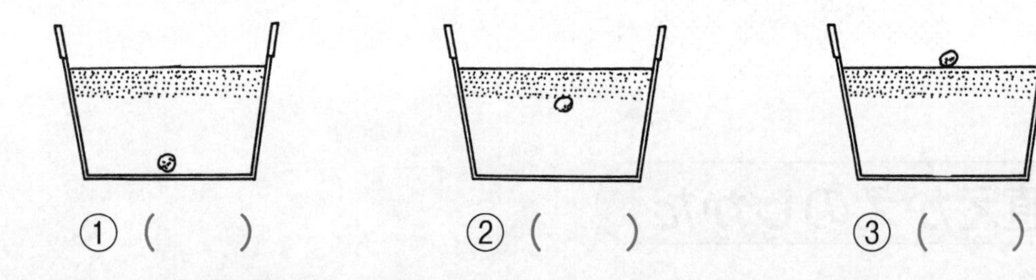

①(　　)　②(　　)　③(　　)

(2) たねまきのあと、下のようなふだを立てました。よいものを1つえらんで、○をつけましょう。

①(　　)　②(　　)　③(　　)

3 次（つぎ）の(　　)にあてはまる言葉（ことば）を□からえらんでかきましょう。

花だんにたねをまきます。ヒマワリは、たねとたねの間を(①　　　)cmくらい、ホウセンカは、(②　　　)cmくらいはなしてまきます。

ヒマワリは、めが出たあと、大きく育（そだ）つので、たねとたねの間を広くしてまきます。

たねをまくあなの深（ふか）さは、(③　　　)cmです。

たねをまいたら軽（かる）く(④　　　)をかぶせ、土がかわかないように(⑤　　　)をかけます。

土　水　50　1〜2　10

4 次の(　　)にあてはまる言葉を□からえらんでかきましょう。

(1) ホウセンカのたねをまきました。あのような葉（は）が出ました。名前をかきましょう。

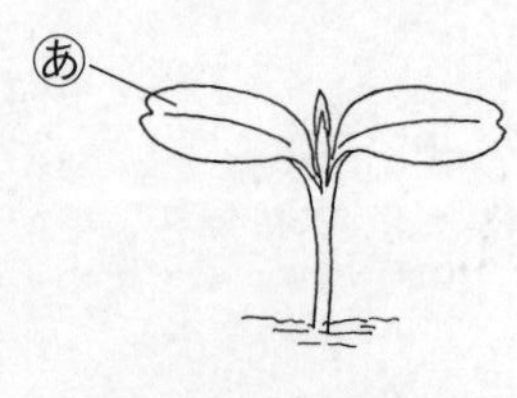

あ(　　　　)

(2) ヒマワリのめが出ました。い〜おの名前をかきましょう。

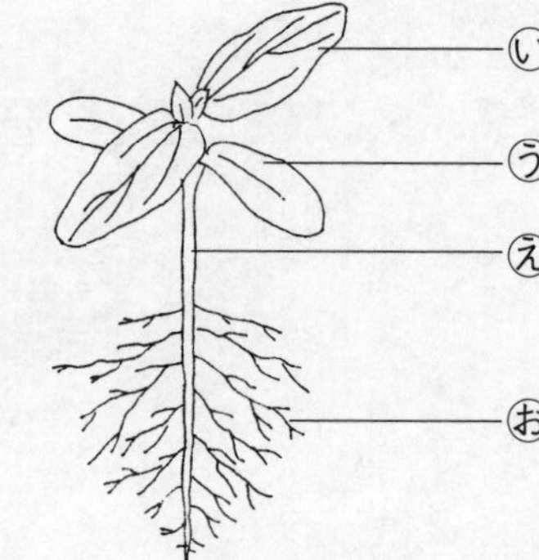

い(　　　　)　う(　　　　)

え(　　　　)　お(　　　　)

子葉（しよう）　子葉　本葉（ほんば）　根（ね）　くき

草花を育てよう ②

草花の育ちとつくり

1 次の文は、なえを植えかえるときにすることをかいたものです。どのようなじゅんじょで行いますか。行うじゅんに、（　）に数字をかきましょう。

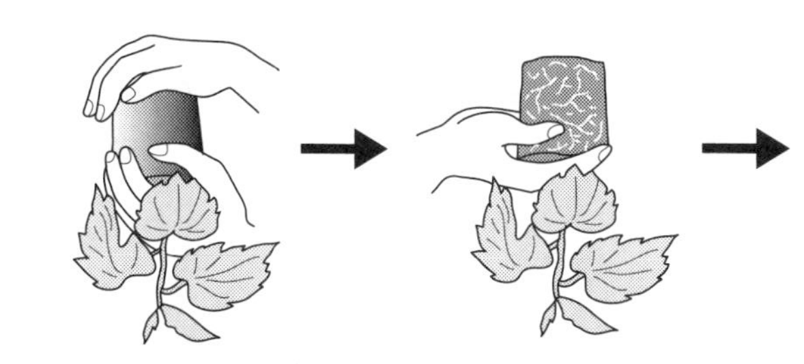
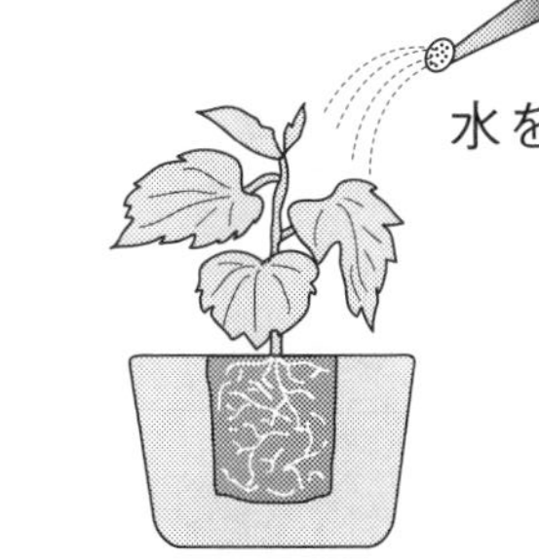

さかさまにして
はちをはずす。

はちの土ごと、
そっと植えかえる。

①（　）はちの土ごと、そっと植えかえる。
②（　）水をやる。
③（　）花だんなどの土をたがやして、ひりょうをまぜる。
④（　）はちが入るくらいのあなをほる。

2 次の文のうち正しいものには○、まちがっているものには×をかきましょう。

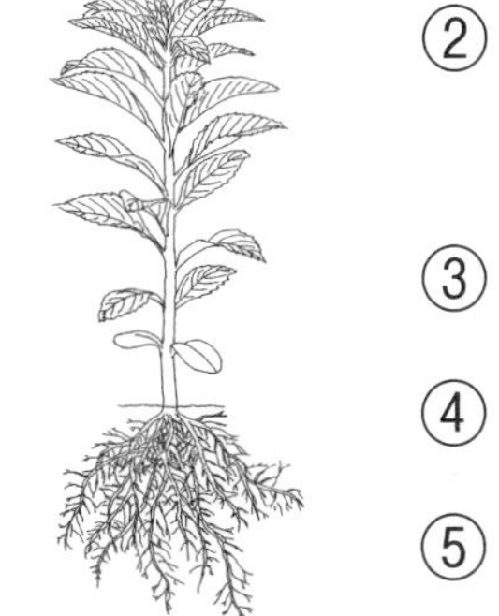

ヒマワリ　　ホウセンカ

①（　）ヒマワリとホウセンカは同じ大きさで育ちます。
②（　）どちらにも葉・くき・根があります。
③（　）子葉の数は２まいです。
④（　）根の形は同じです。
⑤（　）葉の形や大きさはちがいます。

月　日　名前

ポイント 植えかえからあと、どのように育つか調べましょう。葉の数がふえ、草たけものび、根もしっかりつきます。

3 植えかえのしかたについて、次の（　）にあてはまる言葉を□からえらんでかきましょう。

(1) 葉の数が（①　　）になったら、（②　　）や大きい入れ物に植えかえをします。これは、（③　　）がしっかり育つようにするためです。

植えかえる１週間ぐらい前に、（④　　）をたがやして（⑤　　）を入れます。植えかえたあとには、しっかり（⑥　　）をやります。

水　ひりょう　土　4～6まい　根　花だん

(2) 植物の根のはたらきは（①　　）をすいあげることと植物のからだを（②　　）ことです。からだが大きく育つと、土の中の（③　　）もしっかりと育ちます。

また、（④　　）をたくさんつけるために植物の（⑤　　）も高くなります。

草たけ

草たけ　ささえる　葉　水　根

草花を育てよう ③
花から実へ

1 図は、マリーゴールド、ホウセンカ、ヒマワリの育ち方をかいたものです。(　　)に名前をかきましょう。

① (　　　　　　　　　　)

② (　　　　　　　　　　)

③ (　　　　　　　　　　)

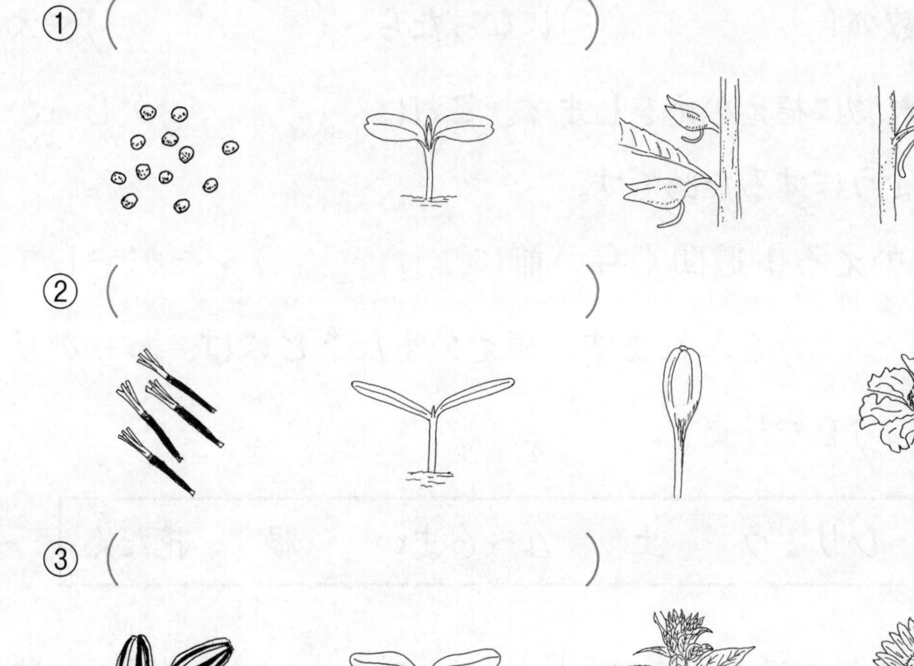

2 次の(　　)にあてはまる言葉を□からえらんでかきましょう。

植物は、たねをまくと、めが出て(①　　　)が開きます。そのあと、本葉が出てきます。ぐんぐん育って、(②　　　)ができ、(③　　　)がさきます。そのあとに(④　　　)ができて、中には(⑤　　　)が入っています。

たね　　実　　花　　つぼみ　　子葉

ポイント　植物の一生やからだのつくりを学びます。

月　　日　名前

3 図は、ホウセンカのたねまきから実ができるまでのようすを表したものです。あとの問いに答えましょう。

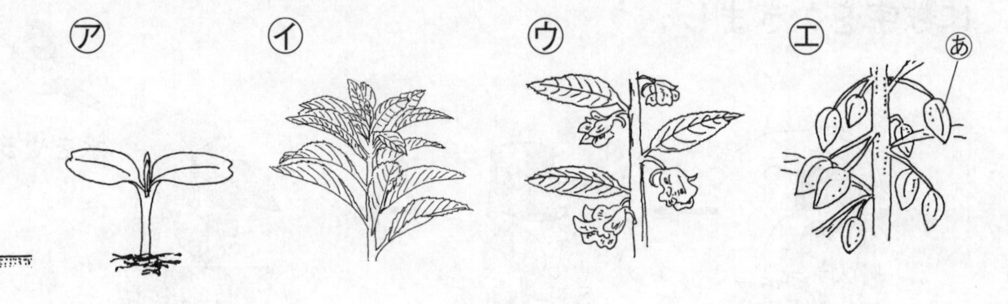

(1) 次の文は、ホウセンカの記ろくカードにかかれていたものです。㋐〜㋓のどのようすについてかいたものですか。記号をかきましょう。

① めが出ました。子葉は2まいです。　(　　)

② 花がさいたあとに実ができました。実をさわるとはじけておもしろいです。　(　　)

③ 葉がたくさん出てきました。葉は細長くてぎざぎざしています。　(　　)

④ 大きく育って赤い花がたくさんさきました。　(　　)

(2) 6月14日と9月11日の記ろくカードがあります。それは上の図の㋑、㋓それぞれどちらのものですか。

6月14日(　　　)　　9月11日(　　　)

(3) 図㋓のあの中には、何が入っていますか。

(　　　)

草花を育てよう ④
花から実へ

1 図はホウセンカの育ち方を表しています。あとの問いに答えましょう。

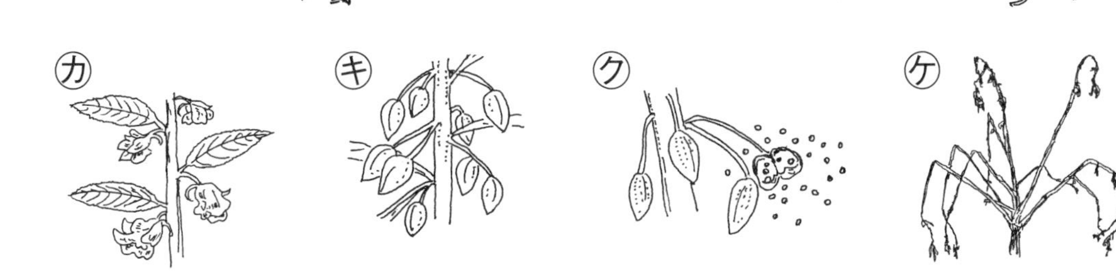

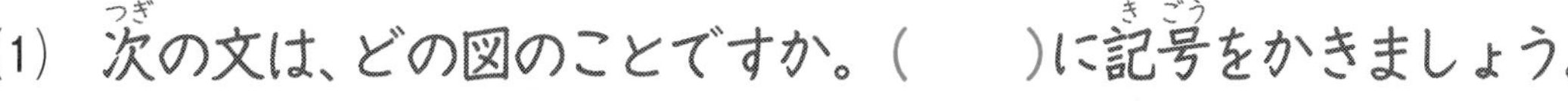

(1) 次の文は、どの図のことですか。(　　)に記号をかきましょう。

① (　　) 花びらがちって、実ができました。
② (　　) 花がさきました。
③ (　　) はじめての葉が開きました。
④ (　　) 実にさわるとたねがとび出しました。
⑤ (　　) 少し形のちがう葉が出てきました。
⑥ (　　) 葉のついているくきのあたりにつぼみができました。
⑦ (　　) 根、くき、葉が大きくなってきました。
⑧ (　　) 植え木ばちにたねをまきました。
⑨ (　　) すっかりかれてしまいました。

(2) 図のあといは、子葉ですか、本葉ですか。

あ (　　　　)　い (　　　　)

月　　日 名前

植物の一生で、同じところ、ちがうところを学びます。

2 次の図はヒマワリの一生をかいた図です。
たねまきから、かれるまで正しいじゅんに記号でならべましょう。

(　　)→(　　)→(　　)→(　　)→(　　)

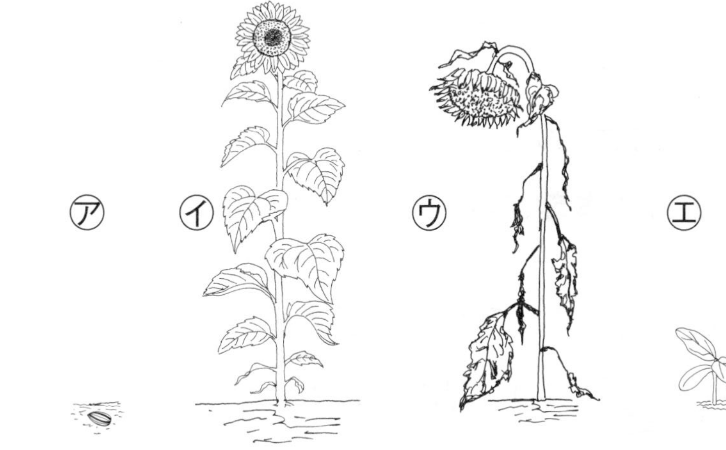

3 ホウセンカとヒマワリの形や育ち方をくらべました。次の①～⑤で、ホウセンカとヒマワリが同じならば○を、ホウセンカとヒマワリがちがっていれば×をかきましょう。

① (　　) 花や実の形。
② (　　) 1つのたねからめが出て、葉がしげり、花をさかせること。
③ (　　) できたたねの大きさや形。
④ (　　) 花は、さいたあと実になり、たくさんのたねをのこして、やがてかれること。
⑤ (　　) はじめに子葉が開き、次に本葉が開くこと。

まとめテスト

草花を育てよう

月　　日　名前　　　　／100点

1 次の文で、正しいものには○、まちがっているものには×をかきましょう。（1つ5点）

①（　　）たねをまいたら土をかぶせ、水をやります。

②（　　）土の中からたねがめを出すと、さいしょに子葉が出ます。

③（　　）土の中からめが出ると、さいしょに本葉が出ます。

④（　　）どの草花もたねの色、形、大きさは同じです。

⑤（　　）草花によって本葉の形はちがいます。

2 かんさつ記ろくを見て、あとの問いに答えましょう。（1つ5点）

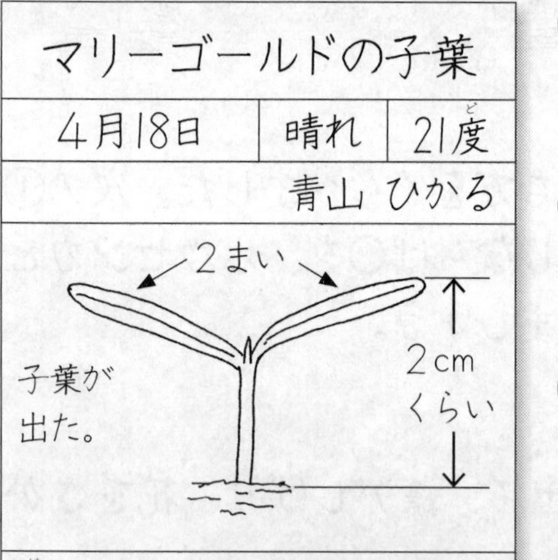

マリーゴールドの子葉
4月18日
晴れ
21度
青山 ひかる
2まい
2cm
くらい
子葉が
出た。
葉の間から次の葉が見えます。
どんな形や大きさになるのかな。

(1) 何のかんさつですか。（　　　　　）

(2) かんさつした日はいつですか。（　　　　　）

(3) かんさつしたのはだれですか。（　　　　　）

(4) 子葉は何まいですか。（　　　　　）

(5) 子葉までの高さは何cmくらいですか。（　　　　　）

3 右の図はホウセンカです。次の（　）にあてはまる言葉を□からえらんでかきましょう。（1つ5点）

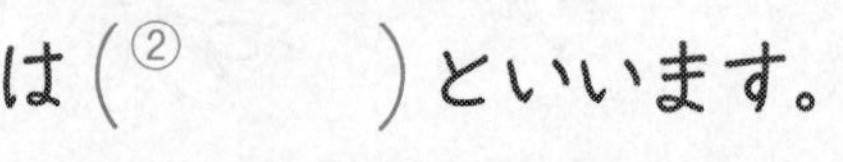

図の葉㋐は（①　　　）といい、葉㋑は（②　　　）といいます。

めが出たころより（③　　　）ものび、せが（④　　　）なり、葉の（⑤　　　）も多くなっています。

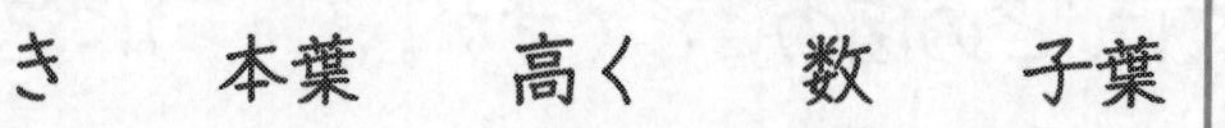

4 虫めがねの使い方で、正しいものには○、まちがっているものには×をかきましょう。（1つ5点）

①（　　）虫めがねを目に近づけ、手に持った花を動かして見ます。

②（　　）手に持った花に、虫めがねを近づけて見ます。

③（　　）ぜったいに太陽を見てはいけません。

④（　　）虫めがねで太陽を見てもだいじょうぶです。

⑤（　　）動かせないものを見るときは、虫めがねを動かして見ます。

まとめテスト

草花を育てよう

1 かんさつ記ろくを見て、あとの問いに答えましょう。

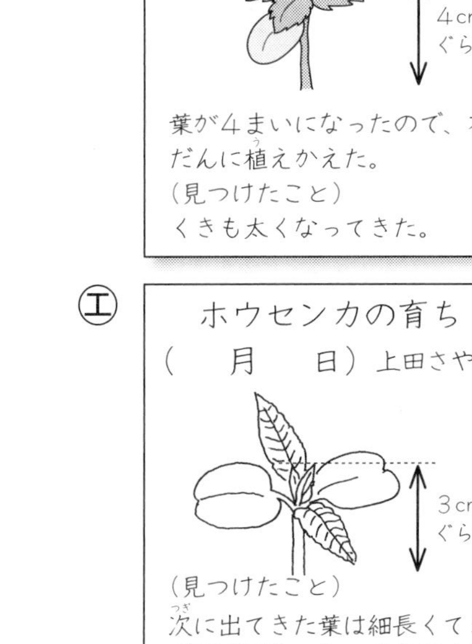

(1) ㋐〜㋓のかんさつした日はどれですか。（　　）に記号をかきましょう。（１つ５点）

4月27日（　　）　　5月4日（　　）

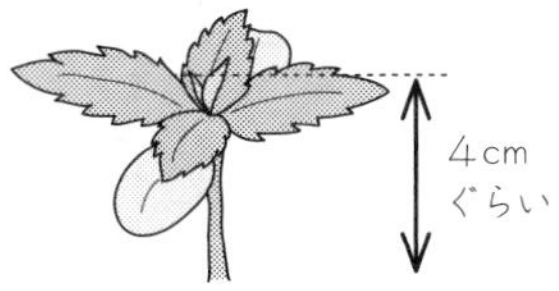

5月8日（　　）　　7月1日（　　）

(2) 右の図は、㋑、㋒の根を表したものです。（　　）に記号をかきましょう。（１つ５点）

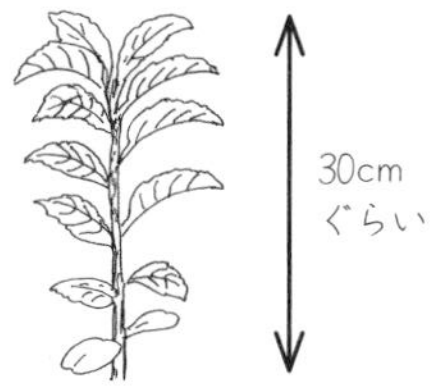

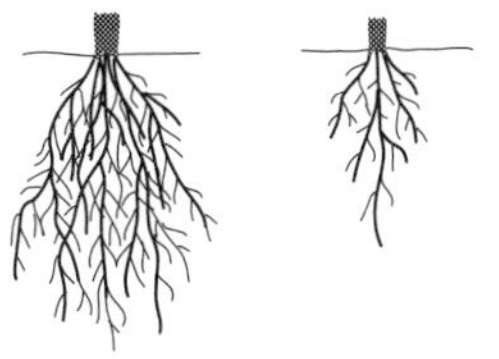

①（　　）　　②（　　）

(3) ㋑の題名は何ですか。よい方に○をつけましょう。（10点）

①（　　）植えかえ　　②（　　）くき

月　　日　名前

/100点

2 図を見て、あとの問いに答えましょう。（１つ５点）

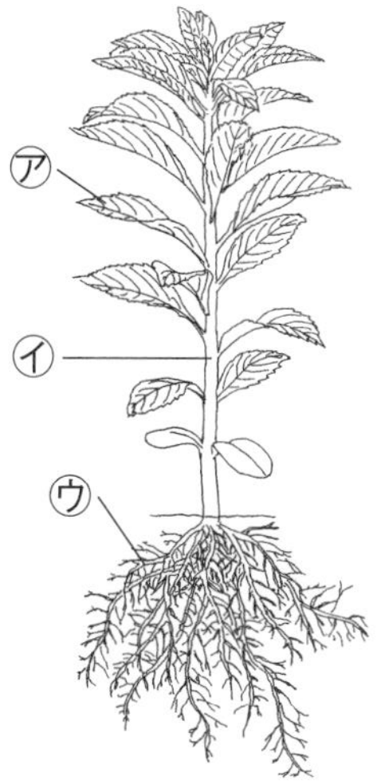

(1) ホウセンカのからだは、根、くき、葉からできています。㋐〜㋒はそれぞれ何ですか。

ホウセンカ

㋐（　　　　）

㋑（　　　　）

㋒（　　　　）

(2) 次の（　　）にあてはまる言葉を□からえらんでかきましょう。

どの植物もからだのつくりは、根、くき、葉で（①　　　）ですが、大きさや色や（②　　　）はさまざまです。㋒のはたらきは（③　　　）をすい上げることと、からだを（④　　　）ことです。これがしっかり育たないと、植物は（⑤　　　）なることができません。

大きく　　水　　ささえる　　形　　同じ

★ **3** ヒマワリのたねをまくときには、たねとたねの間を50cmくらいはなし、広い目にあけて植えます。なぜでしょう。（20点）

［　　　　　　　　　　］

まとめテスト

草花を育てよう

月　日　名前　　/100点

1 図の(　)にあてはまる言葉を□からえらんでかきましょう。（1つ5点）

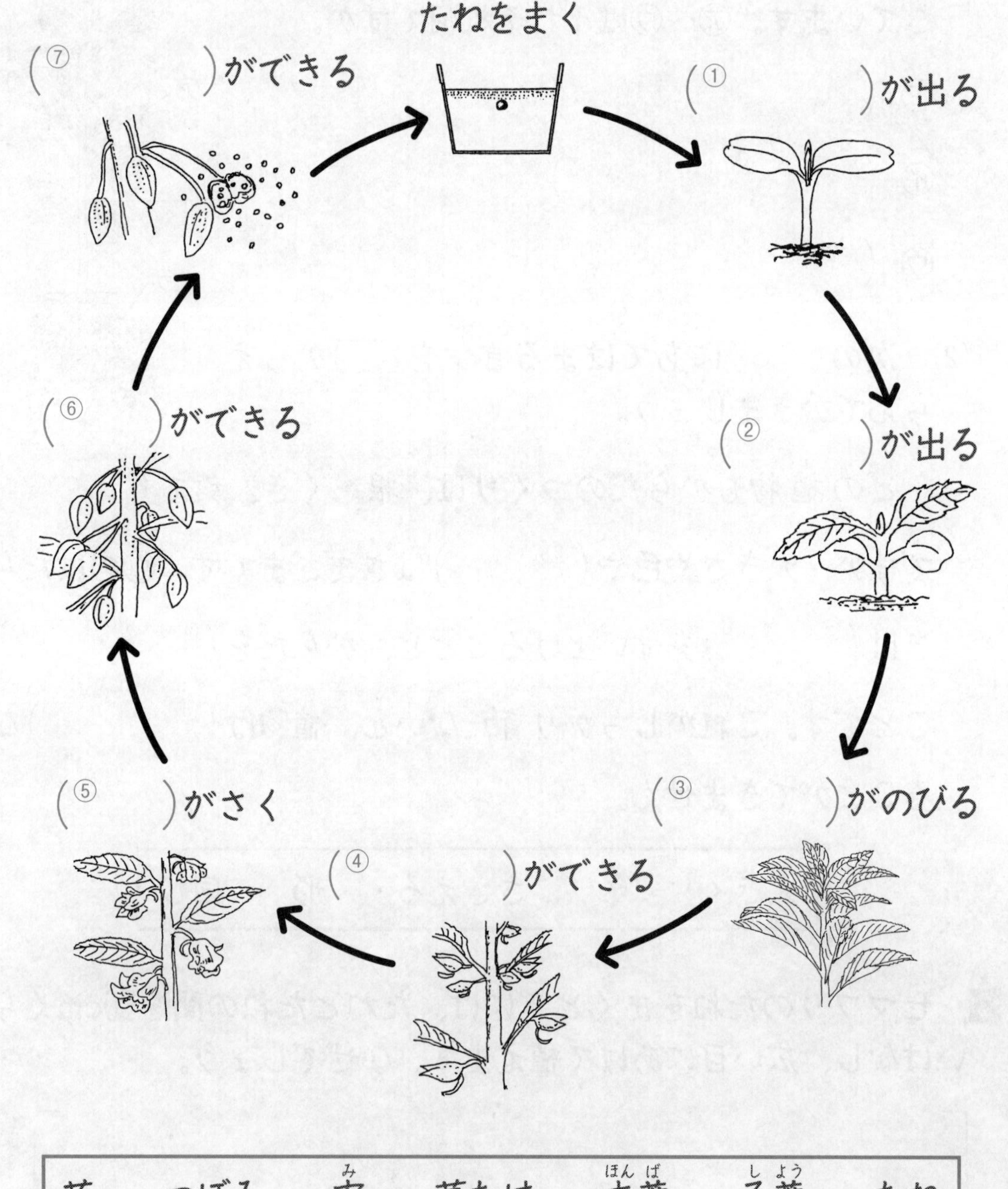

花　つぼみ　実　草たけ　本葉　子葉　たね

2 次の(　)にあてはまる言葉を□からえらんでかきましょう。（1つ5点）

植物は、たねをまくと、めが出て(①　　)が開きます。そのあとに本葉が出てきます。くきがのびて、葉がしげり(②　　)がさきます。花がさいたあと、(③　　)ができます。実の中には(④　　)ができています。そして(⑤　　)いきます。これが植物の一生です。

子葉　かれて　花　たね　実

3 花の名前・たね・花・実を線でむすびましょう。（線1本5点）

名前	たね	花
アサガオ	・	・
マリーゴールド	・	・
ホウセンカ	・	・
ヒマワリ	・	・

チョウを育てよう

月　　日　名前

チョウのからだ

◆　なぞったり、色をぬったりしてイメージマップをつくりましょう

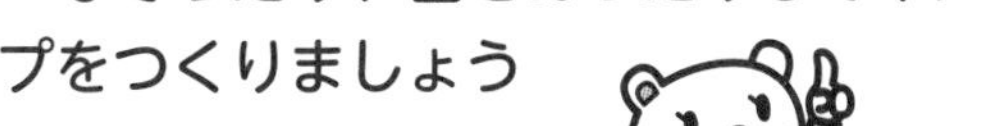

モンシロチョウ　　アゲハ

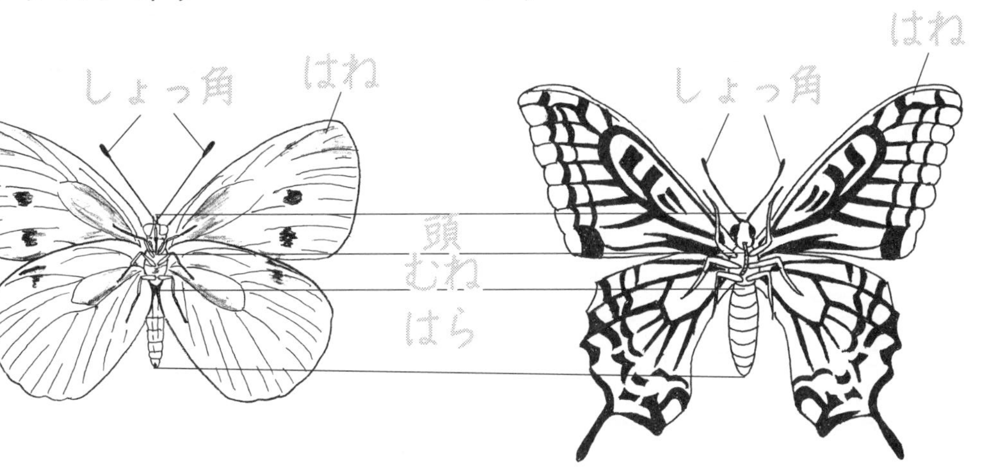

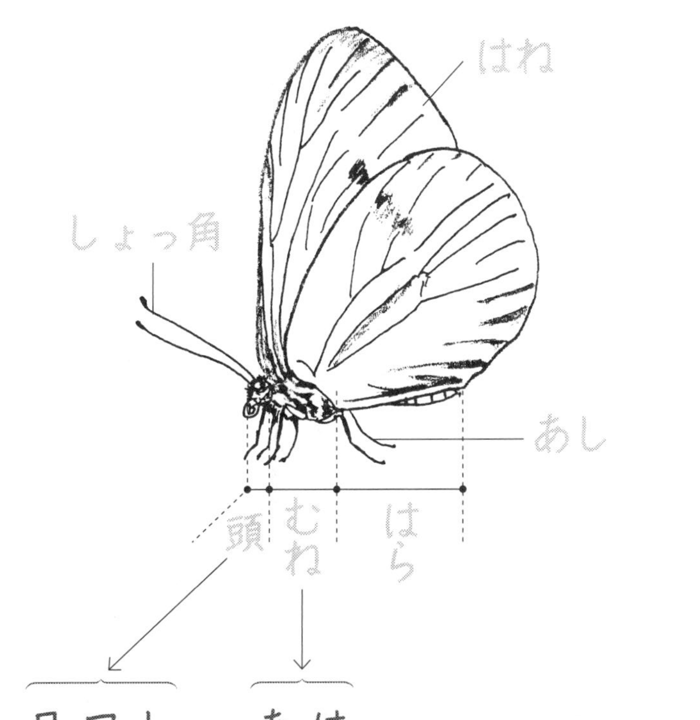

モンシロチョウの一生

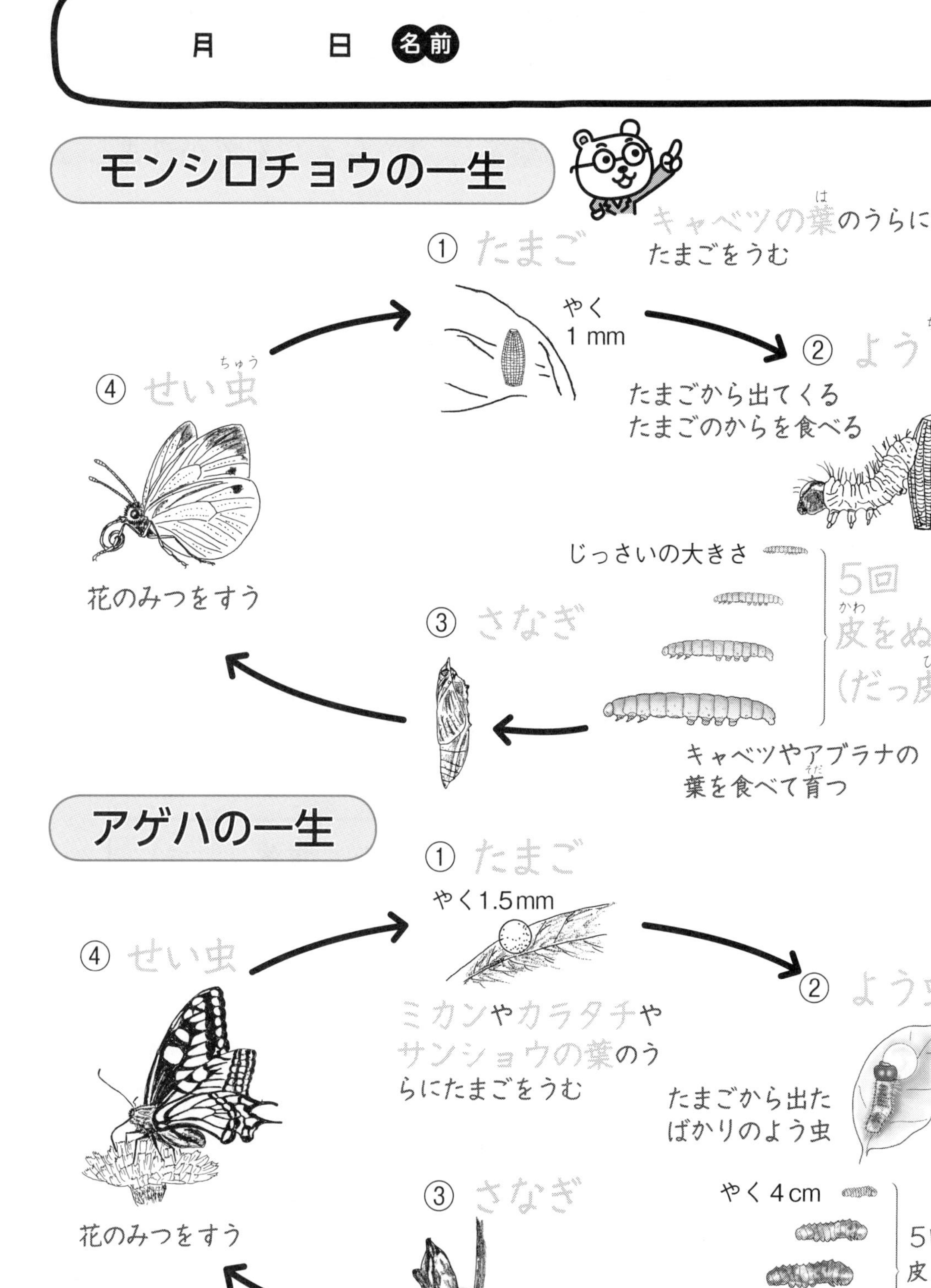

アゲハの一生

チョウを育てよう ①

チョウのたまごと食べ物

月　　日　名前

ポイント　チョウのたまごの形や、かえってからのようすを学びます。

1 次(つぎ)の(　　)にあてはまる言葉(ことば)を□からえらんでかきましょう。

(1) モンシロチョウのたまごは、(①　　　　)や(②　　　　)の葉(は)のうらで見つけられます。たまごの色は(③　　　)で(④　　　)形をしています。

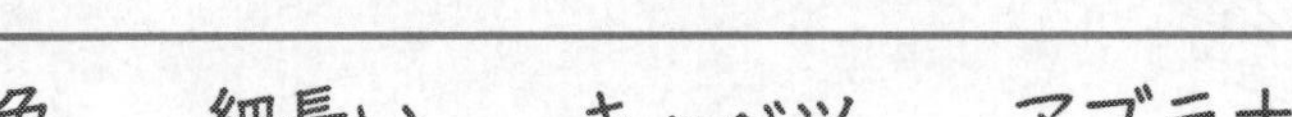

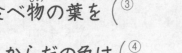

黄色　　細長い　　キャベツ　　アブラナ

(2) アゲハのたまごは、(①　　　　)や(②　　　　)や(③　　　　)の木の葉をさがすと見つけられます。たまごの色は、(④　　　)で(⑤　　　)形をしています。

ミカン　　サンショウ　　カラタチ　　黄色　　丸い

(3) モンシロチョウのたまごから出てきたよう虫の色は(①　　　)で、はじめに(②　　　　)のからを食べます。

食べ物(もの)の葉を(③　　　　)ように食べて、からだの色は(④　　　)にかわります。

かじる　　緑色(みどりいろ)　　黄色　　たまご

2 モンシロチョウとアゲハについて、答えましょう。

㋐

㋑

(　　　　　　)　　(　　　　　　)

(1) ㋐、㋑の名前をかきましょう。

(2) ㋐、㋑のたまごの色は何色ですか。①～④からえらんで○をかきましょう。

① 青(　　)　　② 黄(　　)
③ 緑(　　)　　④ 白(　　)

(3) ㋐のチョウが、たまごをうみつけるものを、下から２つえらんで○をかきましょう。

①(　　)ヒマワリ　　②(　　)スミレ
③(　　)キャベツ　　④(　　)ホウセンカ
⑤(　　)アブラナ　　⑥(　　)タンポポ

(4) ㋑のチョウが、たまごをうみつける木を、下から２つえらんで○をかきましょう。

①(　　)ミカン　　②(　　)ヒマワリ
③(　　)カキ　　④(　　)クリ
⑤(　　)サクラ　　⑥(　　)サンショウ

チョウを育てよう ②

チョウの育ち方

1 モンシロチョウの図を見て、あとの問(と)いに答えましょう。

㋐ ㋑ ㋒ ㋓

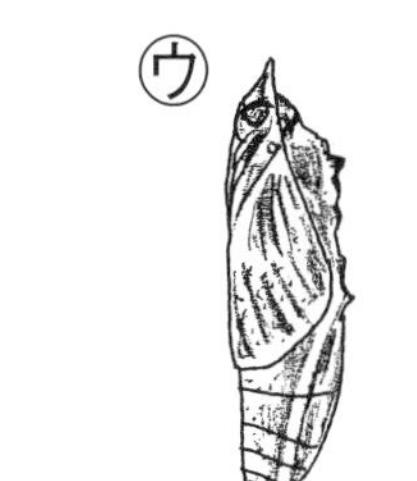

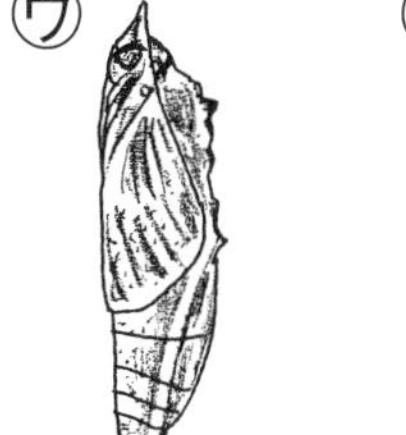

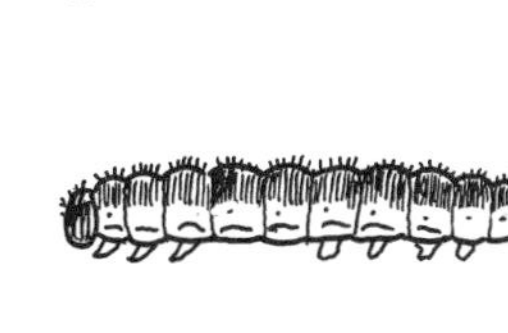

(1) ㋐～㋓のそれぞれの名前を□からえらんでかきましょう。

㋐（　　　　）　㋑（　　　　）

㋒（　　　　）　㋓（　　　　）

たまご　せい虫　よう虫　さなぎ

(2) ㋐～㋓の育(そだ)つじゅんに、記号(きごう)でかきましょう。

（　）→（　）→（　）→（　）

(3) ㋐～㋓で食べ物(もの)を食べないときは、どのときですか。記号でかきましょう。　（　）（　）

(4) モンシロチョウのよう虫とせい虫の食べ物を□からえらんでかきましょう。

よう虫……（　　　　）の葉(は)、（　　　　）の葉

せい虫……（　　）のみつ

花　アブラナ　キャベツ

月　日　名前

ポイント　モンシロチョウとアゲハのよう虫の育ち方を学びます。

2 アゲハの図を見て、あとの問いに答えましょう。

㋐ ㋑ ㋒ ㋓

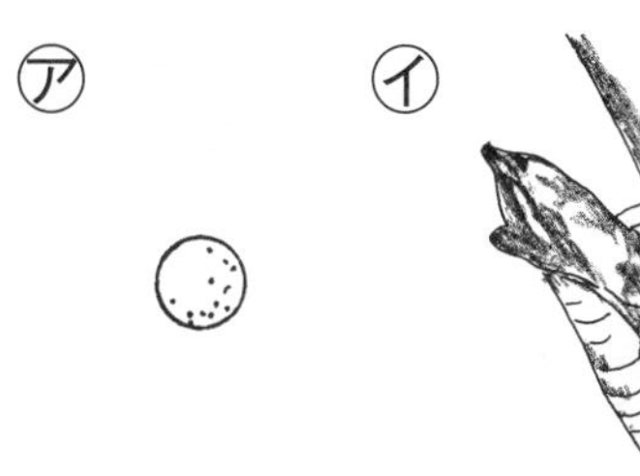

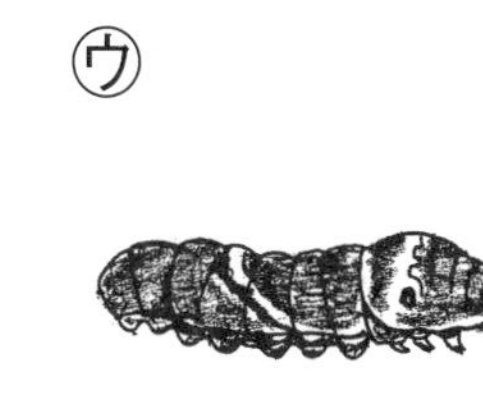

(1) ㋐～㋓のそれぞれの名前を□からえらんでかきましょう。

㋐（　　　　）　㋑（　　　　）

㋒（　　　　）　㋓（　　　　）

たまご　せい虫　よう虫　さなぎ

(2) ㋐～㋓の育つじゅんに、記号でかきましょう。

（　）→（　）→（　）→（　）

(3) ㋐～㋓で食べ物を食べないときは、どのときですか。記号でかきましょう。　（　）（　）

(4) アゲハのよう虫とせい虫の食べ物を□からえらんでかきましょう。

よう虫……（　　　　）の葉、（　　　　）の葉

せい虫……（　　）のみつ

ミカン　花　サンショウ

チョウを育てよう ③
チョウの育ち方

1 図を見て、あとの問いに答えましょう。

(1) 何をしていますか。よい方に○をかきましょう。

①（　　）葉を食べている。
②（　　）たまごをうみつけている。

(2) 図のようなことは、葉のどこでよく見られますか。よい方に○をかきましょう。

①（　　）葉のおもて　　②（　　）葉のうら

(3) モンシロチョウのたまごはどれですか。正しい方に○をかきましょう。

①（　　）　　②（　　）

(4) （　　）にあてはまる言葉を□からえらんでかきましょう。

モンシロチョウのたまごがついている葉をとってきました。ようきの中に（①　　）でしめらせた紙をしき、その上に（②　　）ごとおきます。ようきのふたには、（③　　）をあけておきます。

たまごからかえったよう虫は、はじめにたまごのからを食べます。そのあと、（④　　）などの葉を食べてからだの色が（⑤　　）にかわります。

葉	水	あな	キャベツ	緑色

月　　日　名前

チョウのよう虫は、５回皮をぬいでさなぎになります。さなぎのときは食べ物はとりません。

2 モンシロチョウのよう虫が、右の図のようになりました。

(1) よう虫は、何をしていますか。次の中からえらびましょう。（　　）

① からだが大きくなるので、皮をぬいでいます。
② からだを大きくさせるため、皮をきています。
③ 自分の皮を食べようとしています。

(2) 何回かこのようなことをして、よう虫は大きくなります。何回しますか。次の中からえらびましょう。（　　）

① 3回　② 4回　③ 5回

(3) 下の図のように、よう虫がからだに糸をかけて、さいごの皮をぬぐと何になりますか。次の中からえらびましょう。（　　）

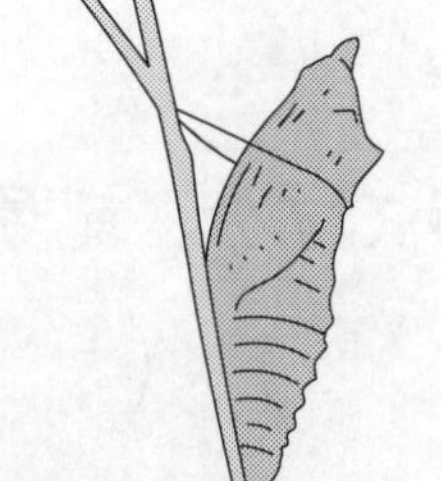

① たまご　② さなぎ　③ せい虫

(4) また、(3)のとき、何を食べますか。（　　）

(5) (3)のあと、モンシロチョウは何になりますか。次の中からえらびましょう。（　　）

① たまご　② さなぎ　③ せい虫

チョウを育てよう ④

からだのしくみ

月　　日　名前

ポイント チョウのせい虫のからだについて学びます。頭、むね、はらの３つの部分があります。

1 モンシロチョウとアゲハについて、あとの問いに答えましょう。

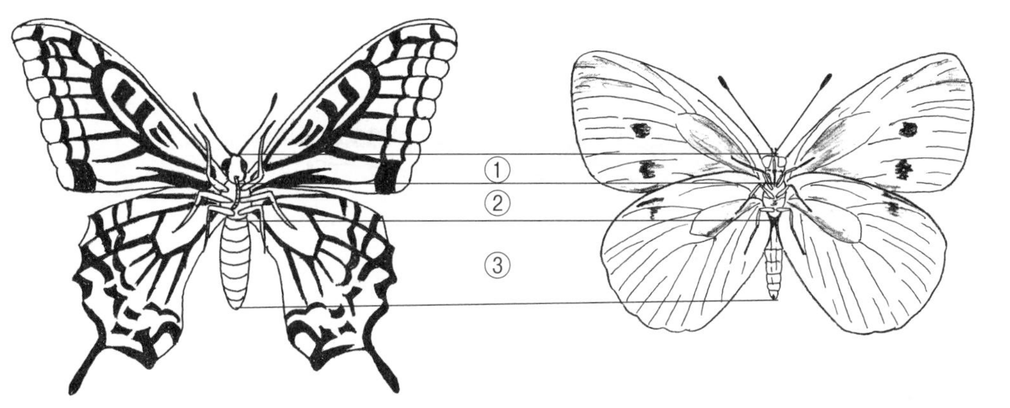

㋐（　　　　）　㋑（　　　　）

(1) チョウの名前を㋐、㋑にかきましょう。

(2) ①～③の部分の名前を□からえらんでかきましょう。

①（　　　）　②（　　　）　③（　　　）

頭	はら	むね

(3) チョウのあしの数とはねの数をかきましょう。

あし（　　本）　はね（　　まい）

(4) チョウのあしやはねは、からだのどの部分についていますか。正しいものに○をかきましょう。

①（　）頭　②（　）むね　③（　）はら

(5) 頭の部分にあるものに○をかきましょう。

①（　）口　②（　）目

③（　）はね　④（　）しょっ角

2 右のモンシロチョウの図を見て、あとの問いに答えましょう。

(1) 次の㋐～㋔はからだのどこをさしていますか。（　）に記号をかきましょう。

口（　）　あし（　）

目（　）　はね（　）

しょっ角（　）

(2) ㋐～㋔は、頭・むね・はらのどの部分についていますか。

㋐（　　）　㋑（　　）　㋒（　　）

㋓（　　）　㋔（　　）

3 右は、モンシロチョウのせい虫とよう虫の口の図です。あとの問いに答えましょう。

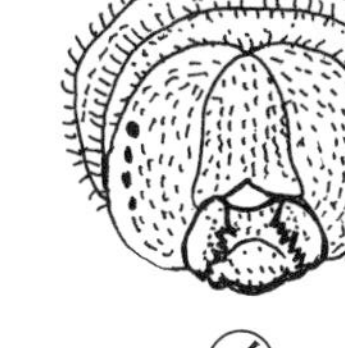

(1) どちらがせい虫かよう虫かを記号でかきましょう。

せい虫（　）　よう虫（　）

(2) ㋐、㋑の口は、すう口か、かむ口かをかきましょう。

㋐（　　）　㋑（　　）

(3) 食べ物は、キャベツの葉、花のみつのどちらですか。

せい虫（　　　）　よう虫（　　　）

まとめテスト

チョウを育てよう

月　日　名前　　／100点

1 次の(　)にあてはまる言葉を□からえらんでかきましょう。（1つ5点）

(1) モンシロチョウのたまごは、(①　　)や(②　　)の葉のうらで見つけられます。たまごの色は(③　　)で(④　　)形をしています。

黄色	細長い	キャベツ	アブラナ

(2) たまごから出てきたモンシロチョウのよう虫の色は(①　　)で、はじめにたまごの(②　　)を食べます。

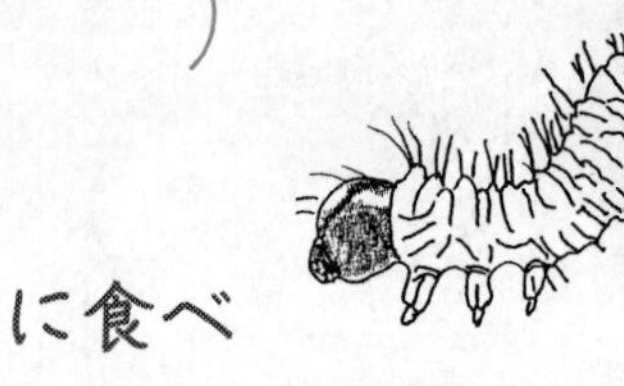

キャベツの葉を(③　　)ように食べて、からだの色は(④　　)にかわります。

かじる	緑色	黄色	から

(3) アゲハのたまごは、(①　　)や(②　　)や(③　　)の木の葉をさがすと見つけられます。それらは、アゲハの(④　　)のエサとなるからです。たまごの形は(⑤　　)、色は(⑥　　)です。

ミカン	サンショウ	カラタチ	黄色	よう虫	丸く

2 モンシロチョウの一生を、図のように表しました。あとの問いに答えましょう。（1つ5点）

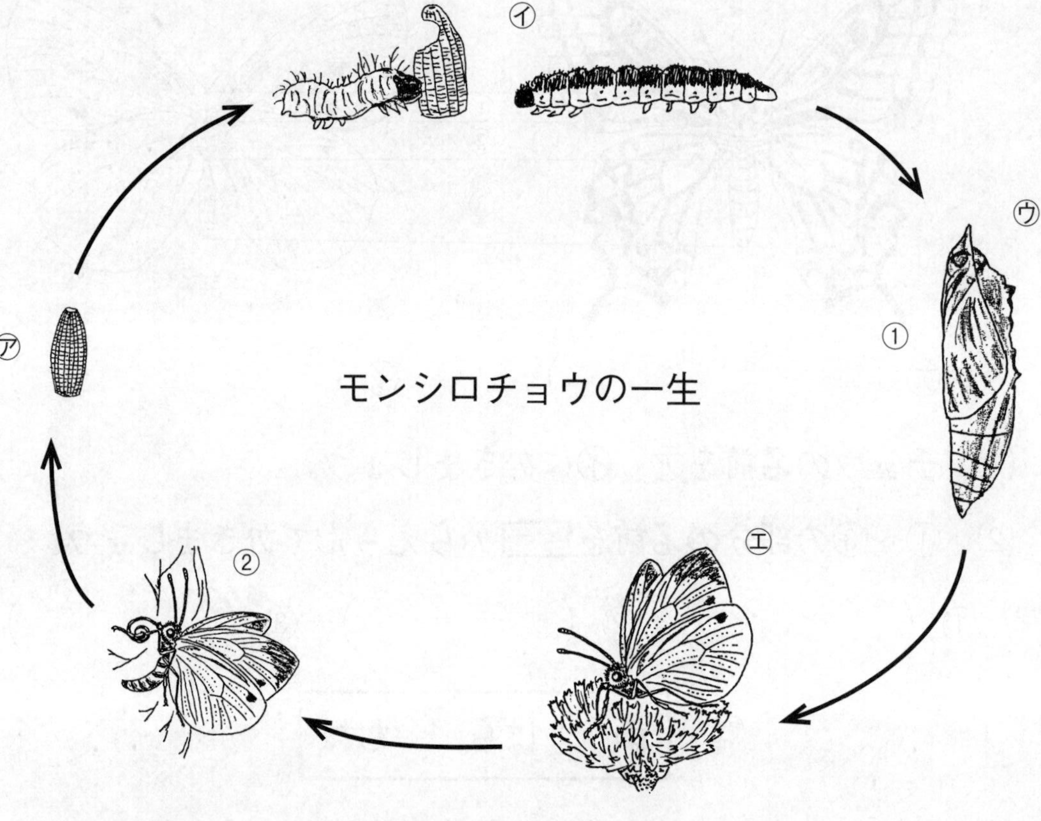

(1) ㋐～㋓のそれぞれの名前は何ですか。

㋐(　　)　㋑(　　)

㋒(　　)　㋓(　　)

(2) 上の図の①、②について、次の問いに答えましょう。

①のとき、食べ物を食べますか。(　　)

②でたまごをうんでいます。たまごをうむのは、ミカンの葉ですか、それともキャベツの葉ですか。(　　)

まとめテスト

チョウを育てよう

月　日　名前

100点

1 図を見て、あとの問いに答えましょう。（1つ5点）

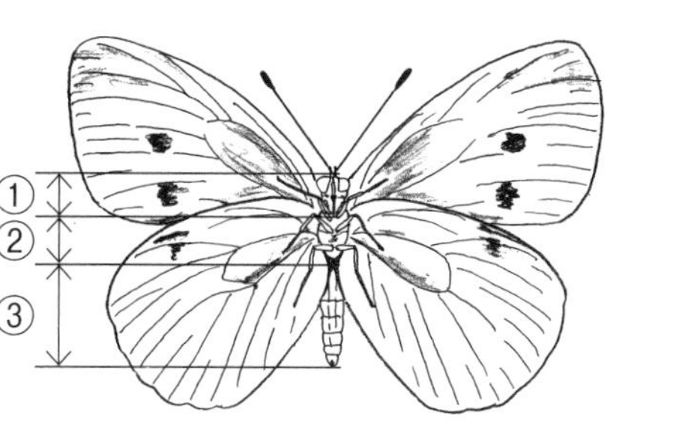

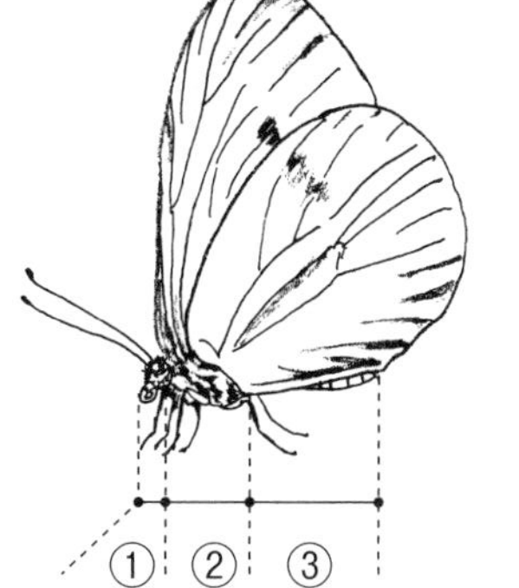

(1) ①～③の部分の名前をかきましょう。

① (　　　)　② (　　　)　③ (　　　)

(2) 口、目、しょっ角は、①～③のどこにありますか。(　　)

(3) はねは、①～③のどの部分に何まいついていますか。

(　　)の部分に(　　まい)

(4) あしは、①～③のどの部分に何本ついていますか。

(　　)の部分に(　　本)

2 図の①、②は何のよう虫ですか。またそれらが見られる場所を□からえらんで記号で答えましょう。（1つ5点）

① (　　　　)〔　　,　　〕

② (　　　　)〔　　,　　〕

㋐ キャベツの葉	㋑ ミカンの木	㋒ カラタチの木
㋓ アブラナの葉		

3 モンシロチョウを育てます。次の(　　)にあてはまる言葉を□からえらんでかきましょう。（1つ5点）

(1) モンシロチョウの(①　　　)がついている葉をとってきます。

ようきの中に(②　　　)でしめらせた紙をしき、その上に(③　　　)ごとおきます。ようきのふたには、小さなあなをあけておきます。

葉　　水　　たまご

(2) たまごからかえったばかりのモンシロチョウのよう虫の色は黄色です。よう虫は、はじめに(①　　　　)を食べます。そのあと、キャベツなどの葉を食べて、からだの色が、緑色にかわります。

よう虫は、からだの皮を４回ぬいで大きくなります。さいごに(②　　　)目の皮をぬいで(③　　　)になります。

さなぎがわれて、中からモンシロチョウのせい虫が出てきます。

5回　　さなぎ　　たまごのから

まとめテスト

チョウを育てよう

月　　日　名前

/100点

1 図を見て、あとの問いに答えましょう。　（1つ5点）

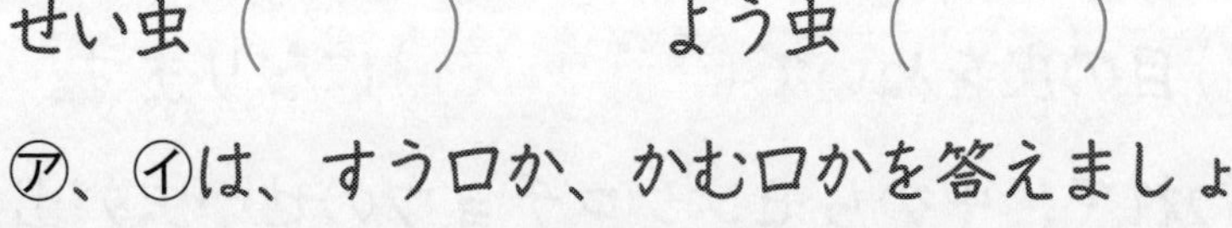

(1) 次の部分は、それぞれ㋐～㋔のどれですか。記号で答えましょう。

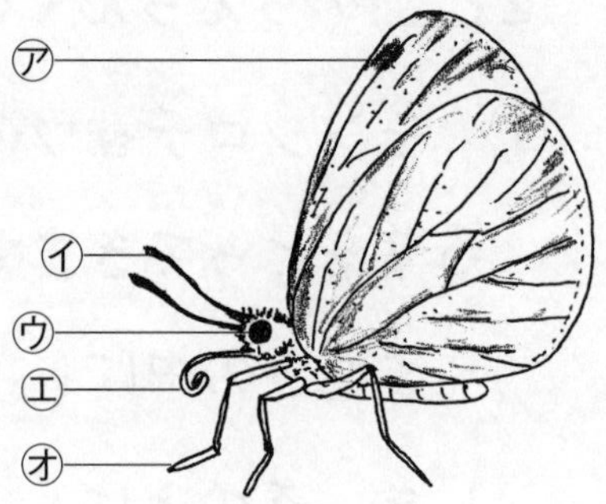

① 口（　　）　② あし（　　）

③ 目（　　）　④ はね（　　）

⑤ しょっ角（　　）

(2) ㋐～㋔は、頭・むね・はらのどの部分についていますか。

㋐（　　　）　㋑（　　　）　㋒（　　　）

㋓（　　　）　㋔（　　　）

2 右の図は、モンシロチョウのせい虫とよう虫の口の図です。　（1つ5点）

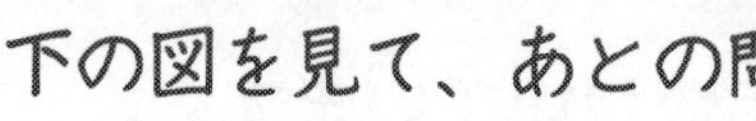

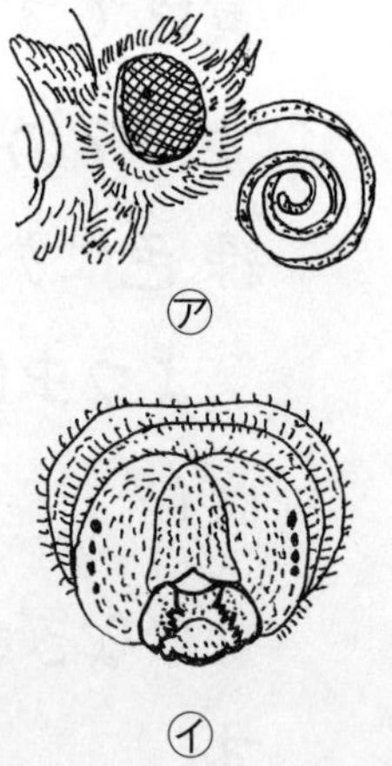

(1) どちらがせい虫かよう虫かを記号でかきましょう。

せい虫（　　）　　よう虫（　　）

(2) ㋐、㋑は、すう口か、かむ口かを答えましょう。

㋐（　　　）　　㋑（　　　）

(3) ㋐、㋑の食べ物は、キャベツの葉、花のみつのどれですか。

せい虫（　　　）　よう虫（　　　）

3 モンシロチョウのよう虫が、図のようになりました。　（1つ5点）

(1) よう虫は、何をしていますか。次の中からえらびましょう。（　　）

① からだが大きくなるので、皮をぬいでいます。

② からだを大きくさせるため、皮をきています。

③ 自分の皮を食べようとしています。

(2) よう虫が、からだに糸をかけて、さいごの皮をぬぐと何になりますか。次の中からえらびましょう。（　　）

① たまご　　② さなぎ　　③ せい虫

★4 下の図を見て、あとの問いに答えましょう。　（1つ5点）

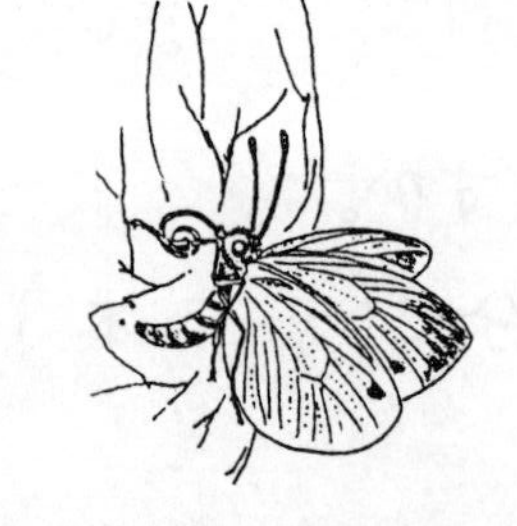

モンシロチョウがキャベツの葉のうらにたまごをうんでいます。

(1) なぜキャベツの葉にたまごをうむのでしょう。

［　　　　　　　　　　］

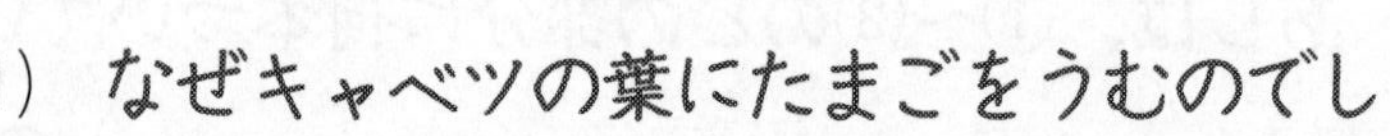

(2) なぜ、葉のうらにたまごをうむのでしょう。

［　　　　　　　　　　］

イメージマップ

こん虫をさがそう

◆ なぞったり、色をぬったりしてイメージマップをつくりましょう

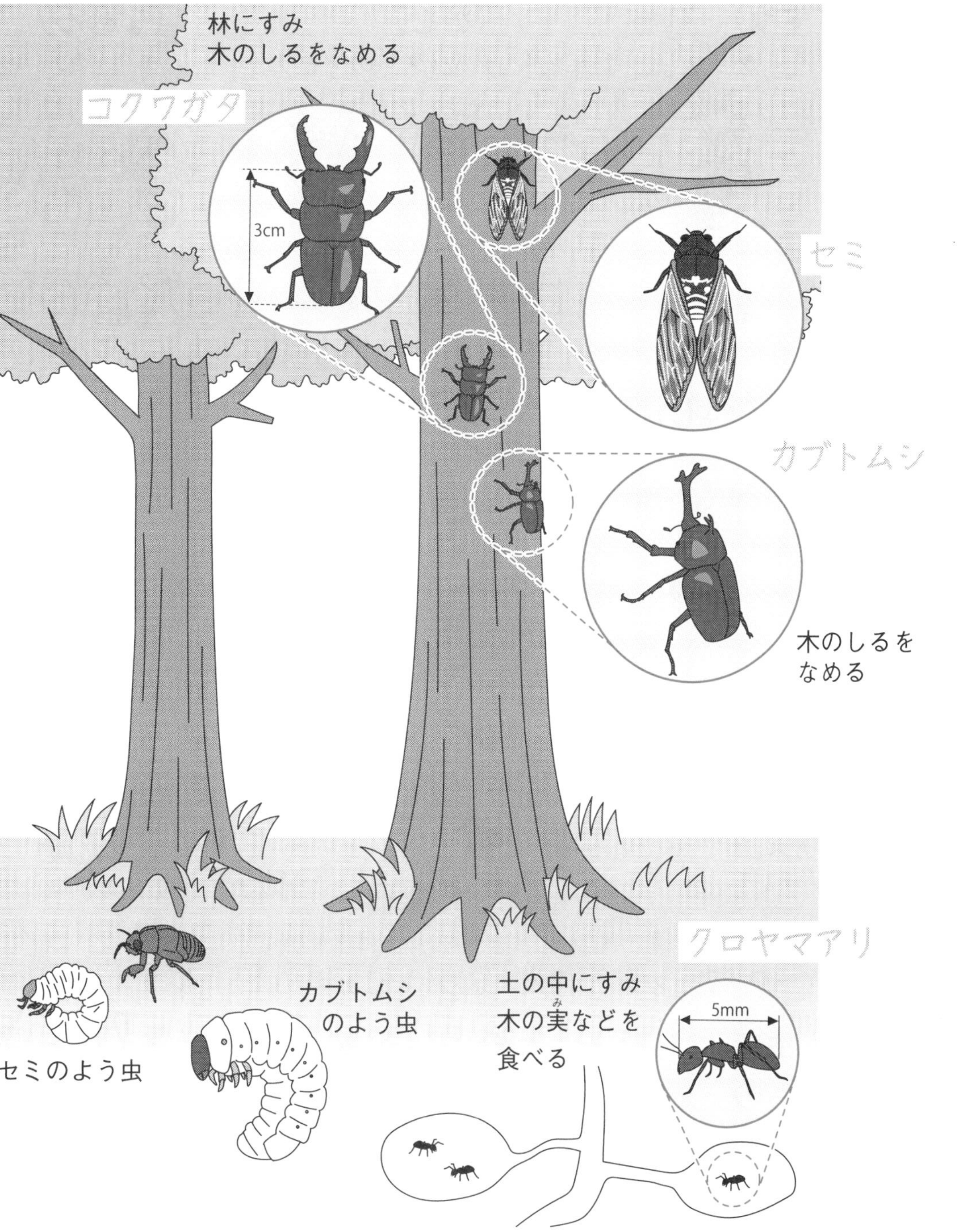

月　　日　名前

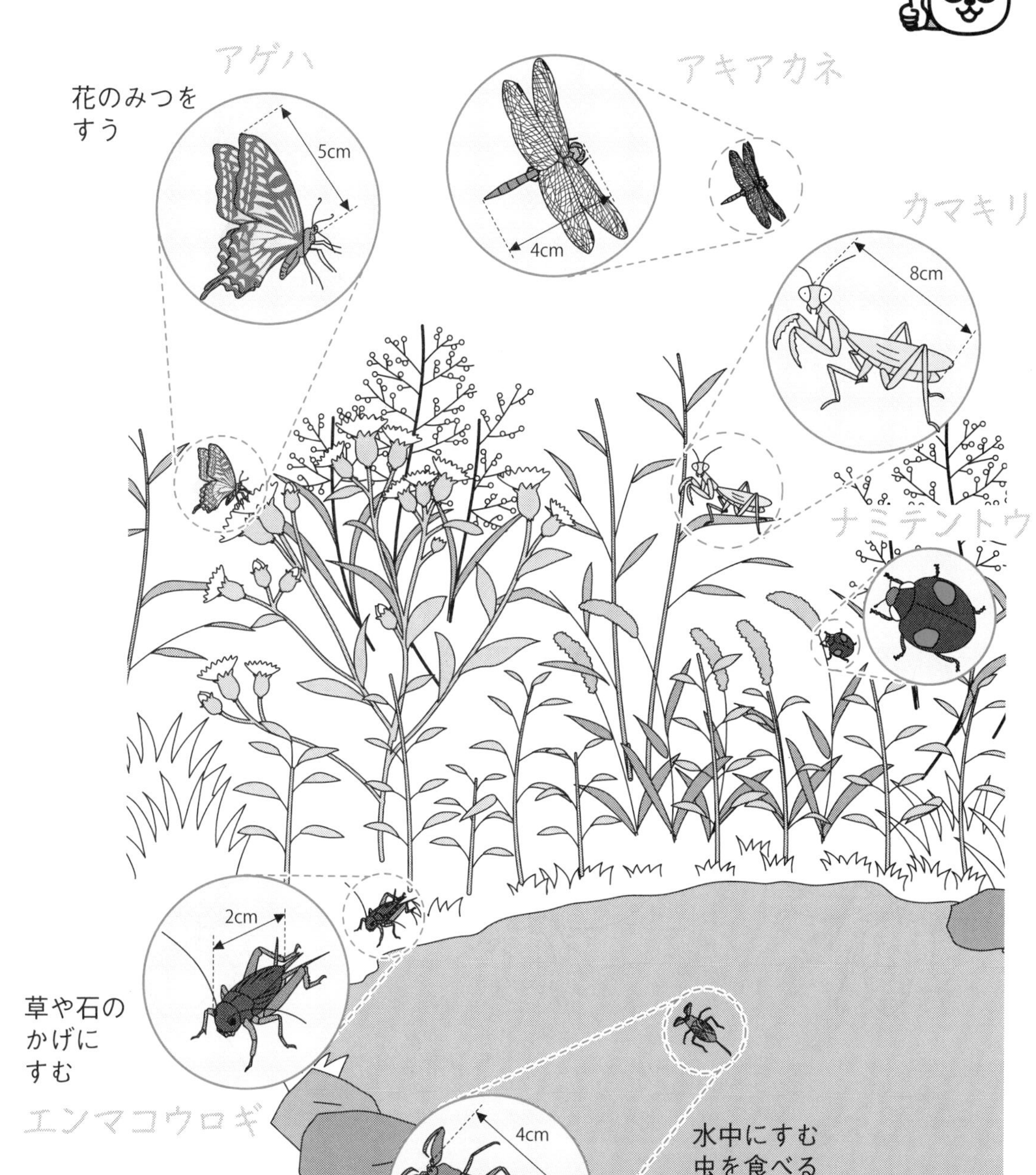

こん虫をさがそう

月　　日　名前

◆ なぞったり色をぬったりしてイメージマップをつくりましょう

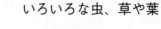

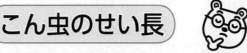

こん虫のからだ

頭・むね・はらの3部分（ぶぶん）
あし　（6本）
がある。

ショウリョウバッタ　　アキアカネ

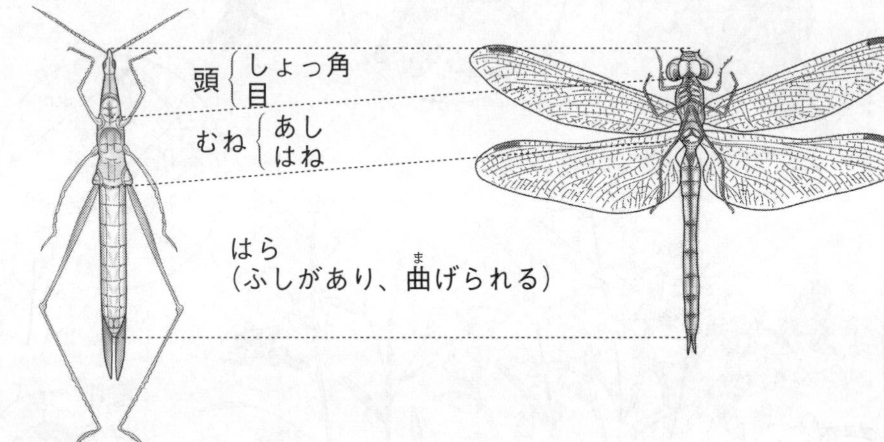

こん虫のからだ　3つのかた

ハチがた　　ハエがた　　アリがた

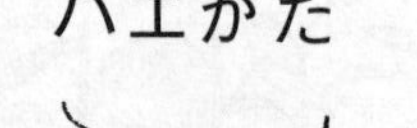
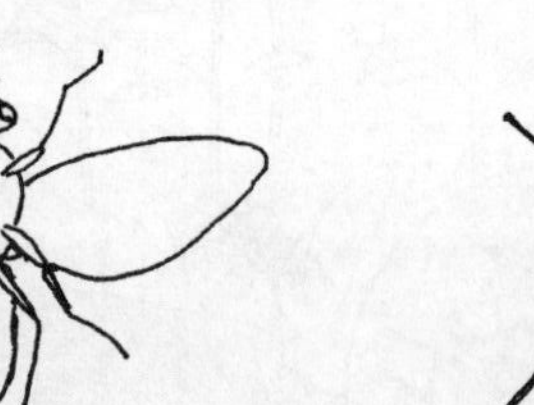
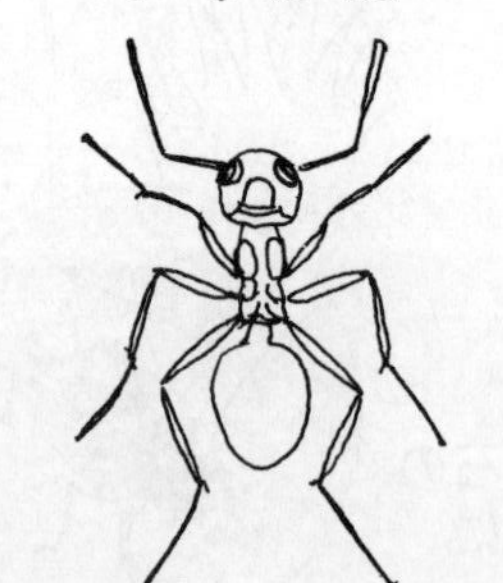

はね　4まい　　はね　2まい　　はね　なし

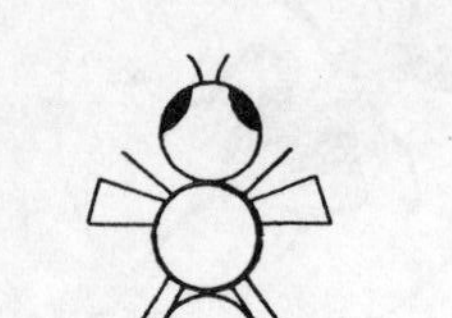

こん虫の口

（すう）
セミ　チョウ

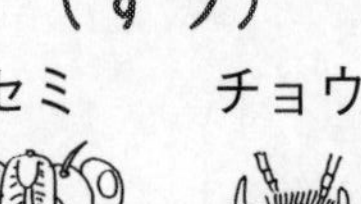
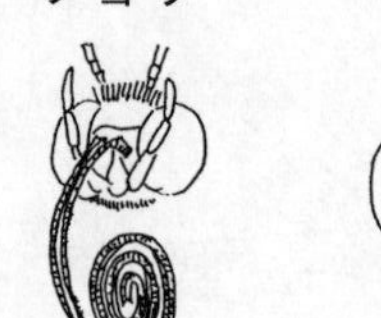

花のみつ
木のしる

（かむ）
トンボ　バッタ　カマキリ

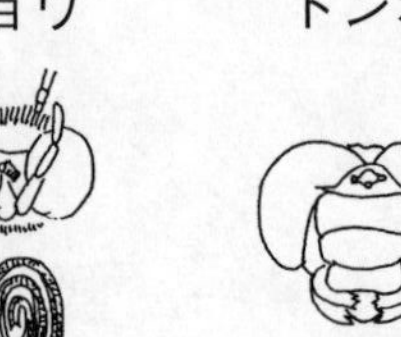
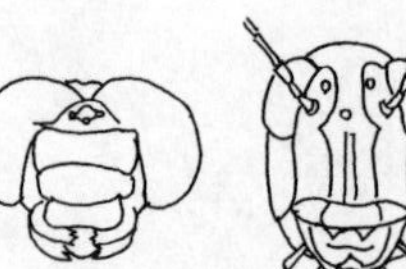
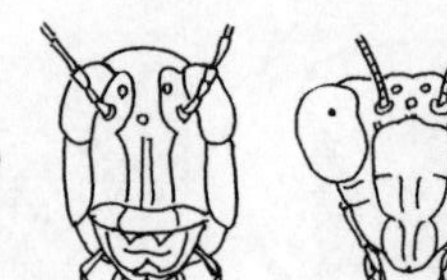

いろいろな虫、草や葉

（なめる）
ハエ　カブトムシ

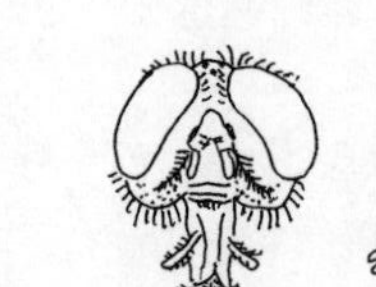

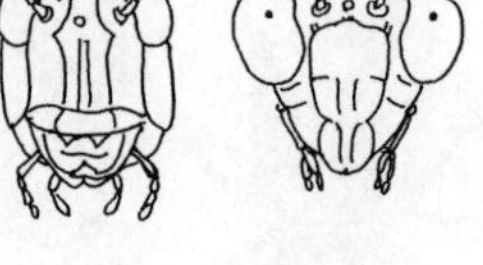
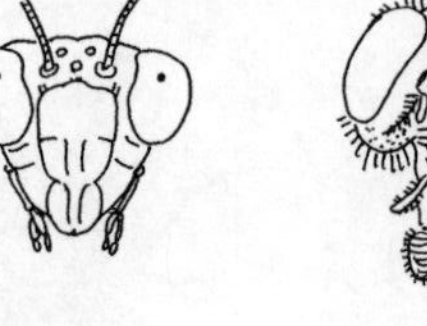

みつ、木のしる
くだもの

こん虫のせい長

モンシロチョウ：たまご → よう虫 → さなぎ → せい虫

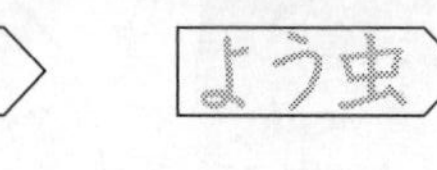
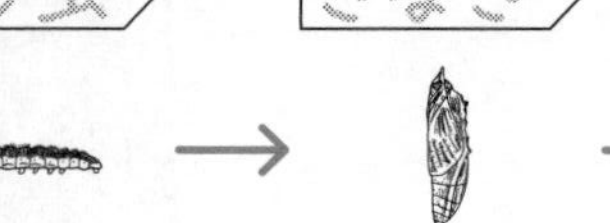
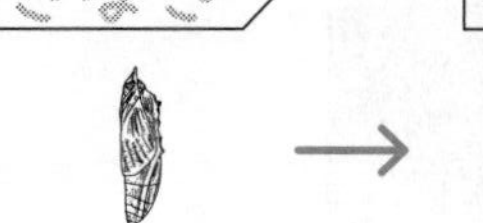

ショウリョウバッタ：たまご → よう虫 →（さなぎにならない）→ せい虫

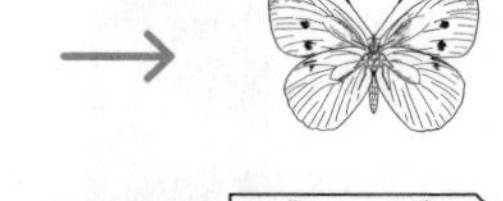
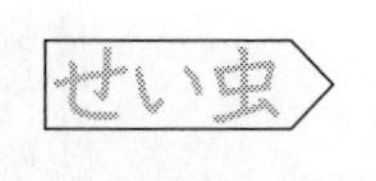

アキアカネ：→（ヤゴ）→（さなぎにならない）→

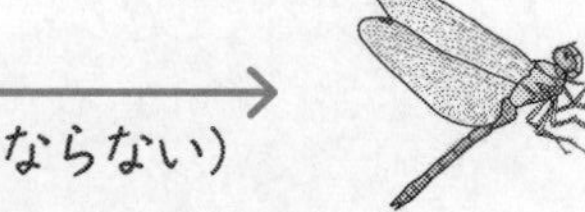

こん虫でないもの

クモ　ダンゴムシ　ムカデ

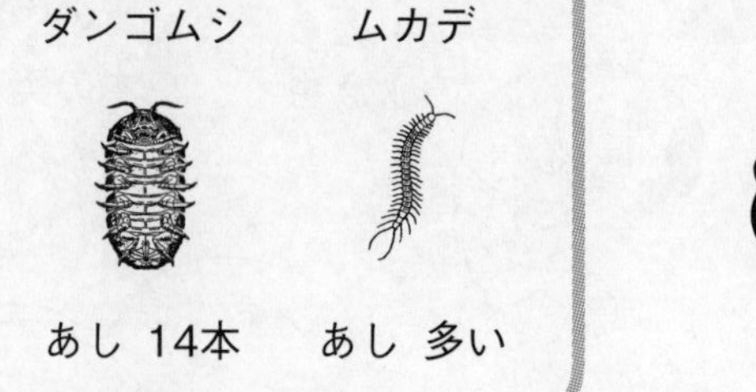

あし　8本　　あし　14本　　あし　多い

こん虫をさがそう ①
こん虫のすみか

1 次(つぎ)の(　　)にあてはまる言葉(ことば)を□からえらんでかきましょう。

(1) こん虫のからだの(①　　)や(②　　)や大きさは、しゅるいによってちがい、すむところや(③　　)もちがいます。

色　　食べ物(もの)　　形

(2) (①　　)を見つけました。(①)は(②　　)にすんでいます。食べ物は(③　　)です。

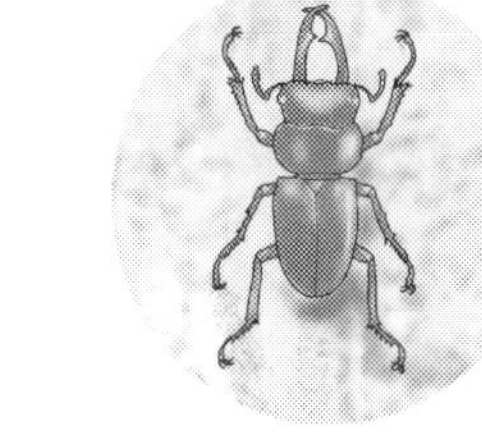

木のしる　　林　　コクワガタ

(3) (①　　)を見つけました。(①)は(②　　)にすんでいます。(③　　)をすいます。

アゲハ　　花のみつ　　野原

(4) (①　　)を見つけました。(①)は(②　　)や石のかげにすんでいます。草やほかの(③　　)を食べています。

草　　エンマコオロギ　　虫

月　　日 名前

こん虫のすんでいるところは、こん虫によってさまざまです。林の中や草原、土の中、水の中などです。

2 こん虫には水の中や、土の中にすむものもいます。次の(　　)にあてはまる言葉を□からえらんでかきましょう。

(1) (①　　)の中でタイコウチを見つけました。大きさはやく(②　　)ぐらいで、こん虫をつかまえて食べます。からだの色は(③　　)をしています。

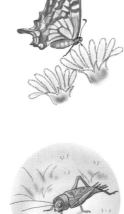

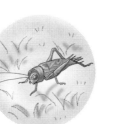

水　　4cm　　こげ茶色

(2) (①　　)の中でクロヤマアリを見つけました。大きさはやく(②　　)ぐらいで、虫の死(し)がいや小さい虫などを食べています。からだの色は(③　　)です。

土　　5mm　　黒色

(3) こん虫の中には、ほかのこん虫をつかまえて食べるものもあります。

ナミテントウは、(①　　)を食べます。また、(②　　)は、バッタなど小さい虫をつかまえて食べます。

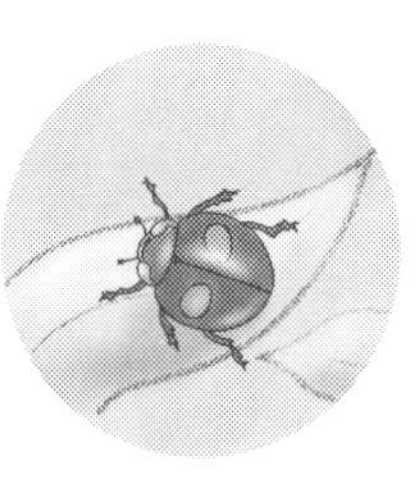

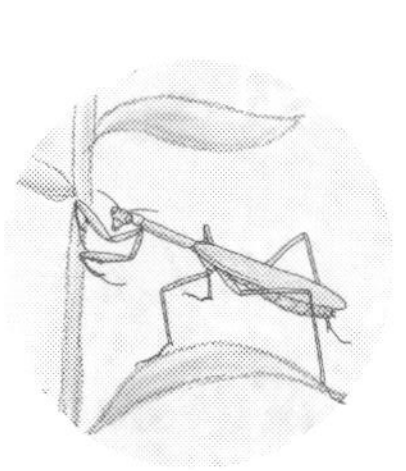

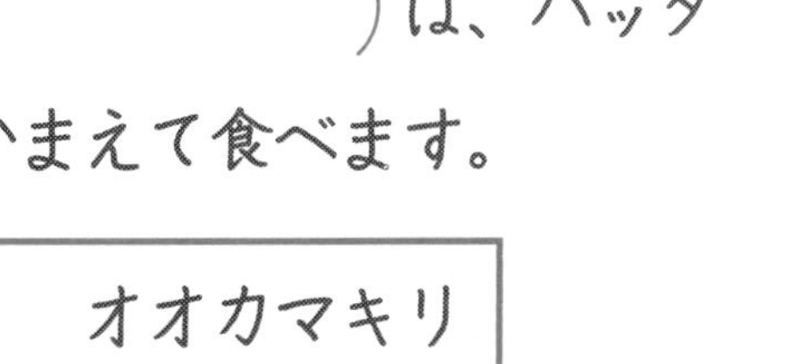

アブラムシ　　オオカマキリ

こん虫をさがそう ②

こん虫のからだ

1 次(つぎ)の(　　)にあてはまる言葉(ことば)を□からえらんでかきましょう。

(1) こん虫のからだは(①　　　)、むね、(②　　　)の3つの部(ぶ)分(ぶん)からできています。あしの数は(③　　　)で、からだの(④　　　)の部分についています。

頭　　むね　　はら　　6本

(2) トンボにははねが(①　　　)ありますが、ハエのようにははねが(②　　　)のこん虫や、アリのようにははねが(③　　　)こん虫もいます。

ない　　2まい　　4まい

(3) 頭には、目や(①　　　)や(②　　　)がついていて、口は(③　　　)によりいろいろな形があります。

しょっ角　　口　　食べ物(もの)

(4) クモのからだは(①　　)つに分かれていて、あしは(②　　　)あります。クモは(③　　　)のなかまではありません。

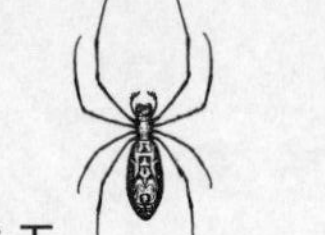

こん虫　　2　　8本

月　　日　名前

こん虫のからだのつくりを学びます。こん虫は、頭、むね、はらの3つの部分があり、あしは6本です。

2 図を見て、あとの問(と)いに答えましょう。

(1) アキアカネのしょっ角、目、口はどれですか。図の記号(きごう)をかきましょう。

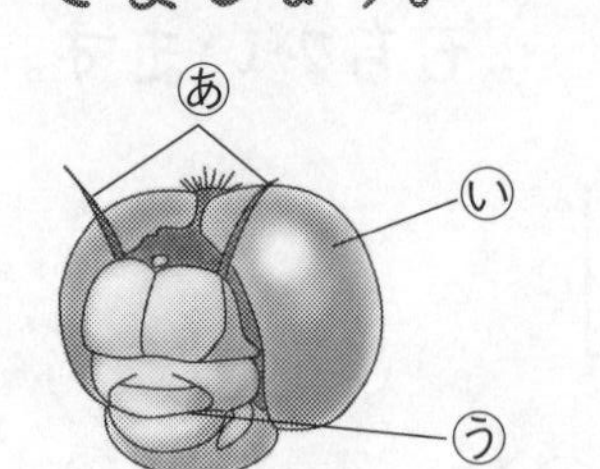

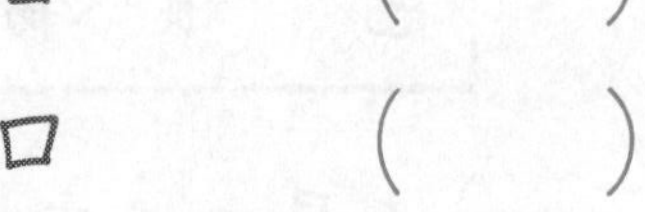

しょっ角(　　)
目(　　)
口(　　)

(2) こん虫の目やしょっ角は、どのようなことに役立(やくだ)っていますか。次の㋐～㋒から1つえらびましょう。(　　)

㋐ えさをはさむのに役立っている。
㋑ まわりのようすを知るのに役立っている。
㋒ からだをささえるのに役立っている。

3 図は、こん虫の口を表(あらわ)したものです。①～③はどのこん虫のどんな口ですか。□からえらんでかきましょう。

①
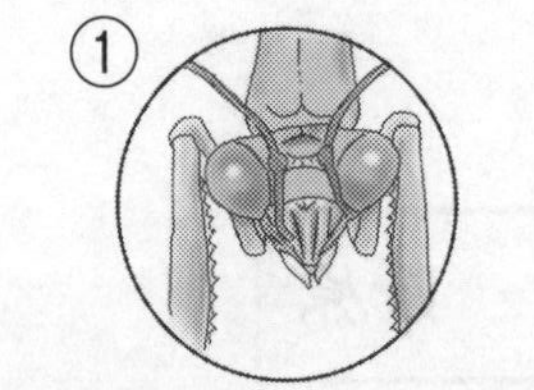
②

③
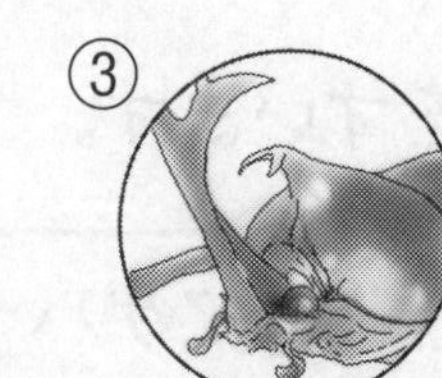

こん虫の名前 (　　)(　　)(　　)
口の形 〔　　〕〔　　〕〔　　〕

カブトムシ　　セミ　　カマキリ すう口　　かむ口　　なめる口

こん虫をさがそう ③

こん虫の育ち方

1 次の(　　)にあてはまる言葉を□からえらんでかきましょう。

(1) カブトムシは、たまごを(①　　　　)のまじった土の中にうみつけます。たまごがかえると(②　　　　)になり、(②)は土にまじった落ち葉や(③　　　　)などを食べて大きくなります。

かれた木	くさった葉	よう虫

(2) よう虫は、はじめ(①　　　　)色をしていますが、何度か(②　　　　)、さなぎになります。さなぎは、白色からだいだい色、茶色と色がかわり、やがて(③　　　　)色になります。(③)色になったさなぎは、からがわれて中から(④　　　　)が出てきます。カブトムシの一生は(⑤　　　　)の一生ににています。

チョウ	せい虫	
黒	白	皮をぬぎ

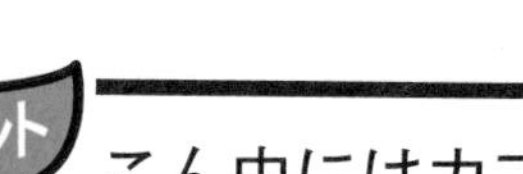

こん虫にはカブトムシのようにさなぎになるものや、コオロギのようにさなぎにならないものがあります。

月　　日　名前

2 次の(　　)にあてはまる言葉を□からえらんでかきましょう。

(1) 秋の終わりに、(①　　　　)の中にうみつけられたコオロギのたまごは、冬をこします。次の年の(②　　　　)ごろに(③　　　　)になります。

よう虫になったばかりのコオロギは、はねが短く小さいですが、(④　　　　)とよくにた形をしています。

何回か(⑤　　　　)、夏の終わりごろ、せい虫になります。

夏のはじめ	土
よう虫	皮をぬいで
せい虫	

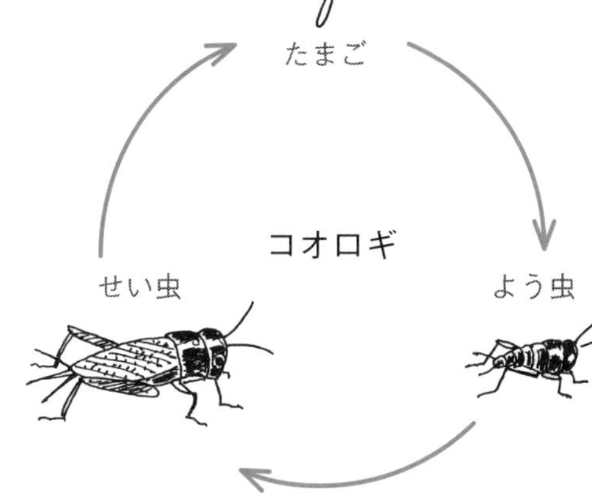

3 次の虫の中で、カブトムシの一生ににたこん虫に◎、コオロギの一生ににたこん虫に○、あてはまらないものに×をかきましょう。

(　　) アゲハ　(　　) クモ　(　　) カマキリ
(　　) ダンゴムシ　(　　) トンボ　(　　) クワガタ

こん虫をさがそう ④

こん虫の育ち方

月　　日　名前

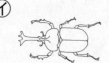

ポイント　トンボのよう虫は水中で生活して、水上にあがりトンボのせい虫になります。このときさなぎにはなりません。

1 こん虫の育ち方で、それぞれのときの名前（たまご、よう虫、さなぎ、せい虫）をかきましょう。また、下の□に育つじゅんに記号をかきましょう。

(1) カブトムシ

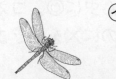

㋐　㋑　㋒　㋓

（　　　）（　　　）（　　　）（　　　）

□ → □ → □ → □

(2) モンシロチョウ

㋐　㋑　㋒　㋓

（　　　）（　　　）（　　　）（　　　）

□ → □ → □ → □

(3) アキアカネ

㋐　㋑　㋒

（　　　）（　　　）（　　　）

□ → □ → □

2 次の図は、こん虫のよう虫とせい虫を表したものです。こん虫の名前とせい虫のときの食べ物を□からえらんで（　）にかきましょう。

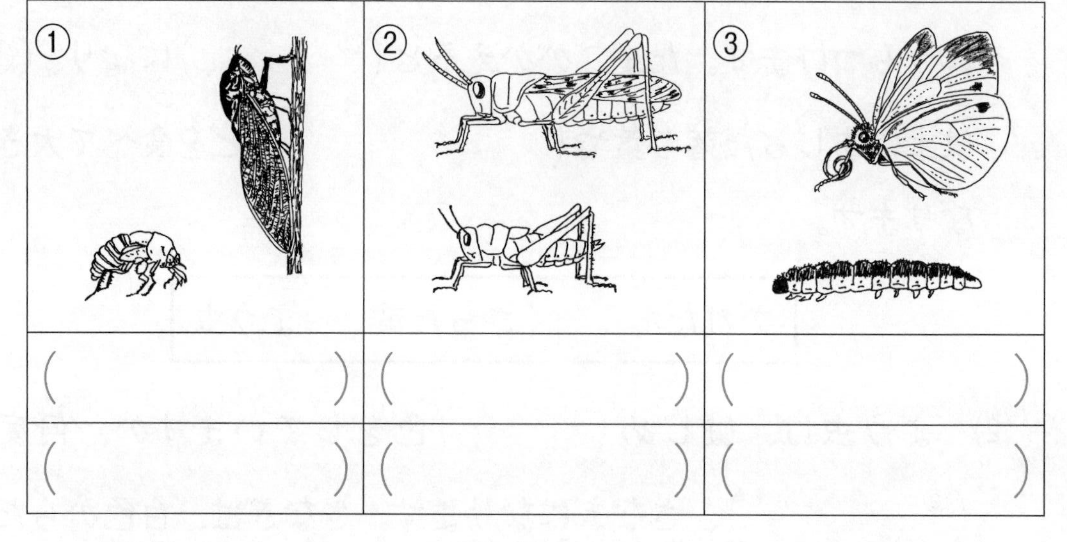

①	②	③
（　　　）	（　　　）	（　　　）
（　　　）	（　　　）	（　　　）

モンシロチョウ　アブラゼミ　トノサマバッタ
草や葉　木のしる　花のみつ

3 次の文で、正しいものには○、まちがっているものには×をかきましょう。

①（　）アゲハは、さなぎになってからせい虫になります。
②（　）アキアカネは、たまごを水の中にうみます。
③（　）トノサマバッタは、さなぎになってからせい虫になります。
④（　）セミは、さなぎにならずにせい虫になります。
⑤（　）アゲハのよう虫は、キャベツの葉を食べます。

まとめテスト

こん虫をさがそう

月　日　名前　

1 次の(　　)にあてはまる言葉を□からえらんでかきましょう。（1つ5点）

こん虫のからだは(①　　　)、むね、(②　　　)の3つの部分からできています。あしの数は(③　　　)で、からだの(④　　　)の部分についています。

カブトムシには、はねが(⑤　　　)あります。外がわの(⑥　　　)の中にとぶための(⑦　　　)がかくれています。また、ハエのようにはねが(⑧　　　)のこん虫や、アリのようにはねが(⑨　　　)こん虫もいます。

はら	むね	頭	6本	かたいはね
2まい	4まい	ない	うすいはね	

2 こん虫のすみかを□からえらんで答えましょう。（1つ5点）

① トノサマバッタ　② クワガタ　③ ハナアブ

(　　　)　(　　　)　(　　　)

花だん	林	草むら

3 あとの問いに答えましょう。

(1) 次のこん虫の育ち方で、それぞれのときの名前をかき、下の□に育つじゅんに記号をかきましょう。（①、②それぞれ16点）

① アゲハ

㋐　㋑　㋒　㋓

(　　　)(　　　)(　　　)(　　　)

□ → □ → □ → □

② ショウリョウバッタ

㋐　㋑　㋒

(　　　)　(　　　)　(　　　)

□ → □ → □

(2) 次のこん虫の育ち方がアゲハがたであれば①、ショウリョウバッタがたであれば②を(　　)にかきましょう。（1つ2点）

㋐(　　)コオロギ　　㋑(　　)トノサマバッタ
㋒(　　)モンシロチョウ　　㋓(　　)カブトムシ

まとめテスト

こん虫をさがそう

月　　日　名前　　　　／100点

1 図を見て、あとの問いに答えましょう。（1つ5点）

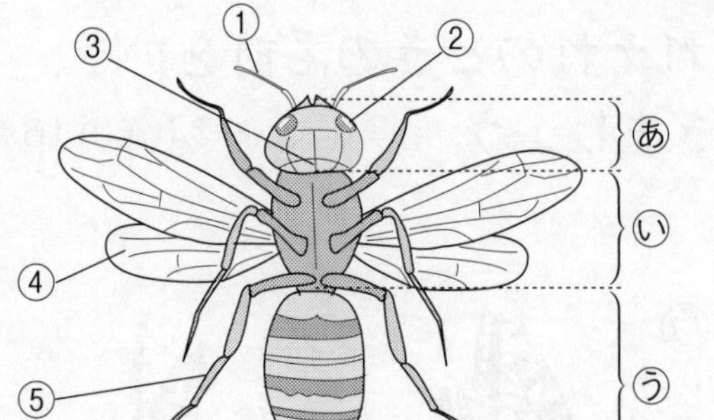
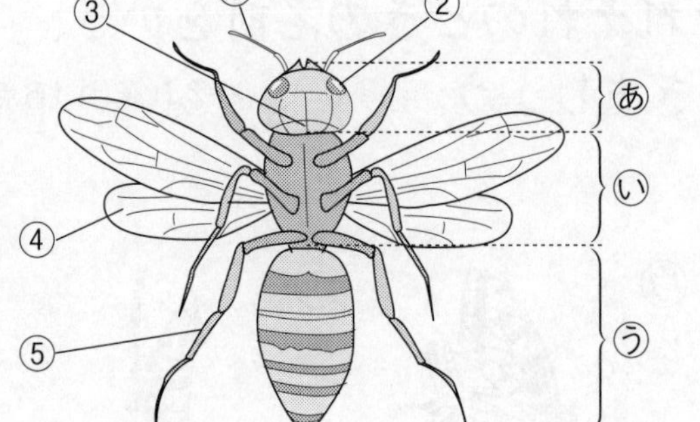

(1) あ、い、うの部分の名前は何ですか。

あ（　　　　　）
い（　　　　　）
う（　　　　　）

(2) ①～⑤の名前を□からえらんでかきましょう。

①（　　　　）②（　　　　）③（　　　　）
④（　　　　）⑤（　　　　）

はね　あし　しょっ角　目　口

2 次の生き物で、こん虫に○をかきましょう。（1つ6点）

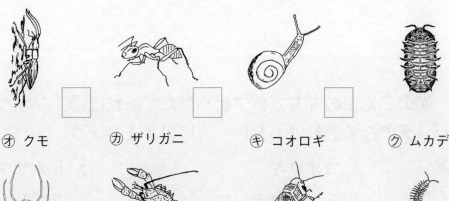

㋐ クワガタムシ　㋑ アリ　㋒ カタツムリ　㋓ ダンゴムシ

㋔ クモ　㋕ ザリガニ　㋖ コオロギ　㋗ ムカデ

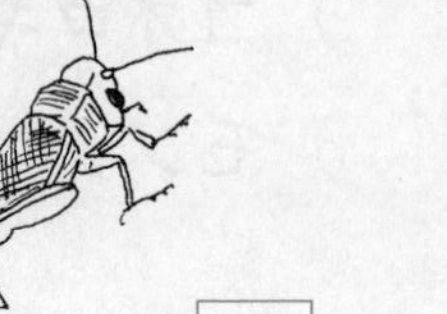
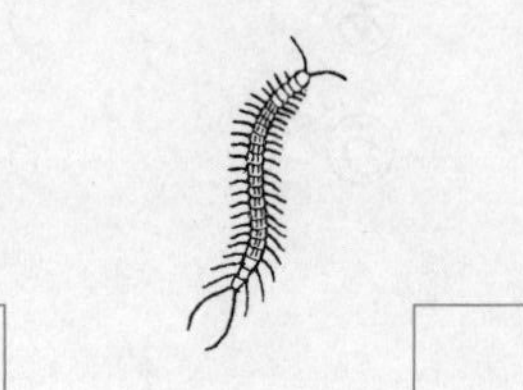

3 次の図は、こん虫の口を表しています。すう口、なめる口、かむ口の3つに分けます。

(1) 口の形を分け、記号をかきましょう。（1つ4点）

㋐ チョウ

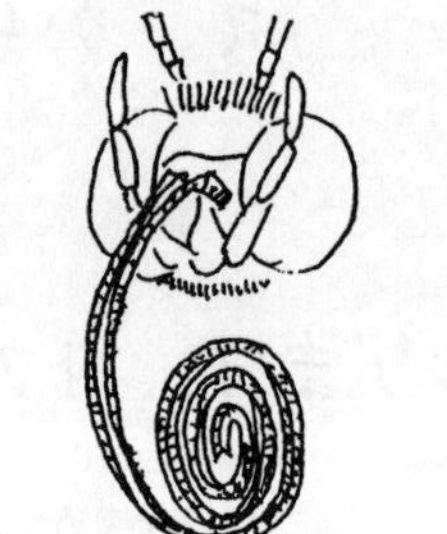

㋑ カマキリ

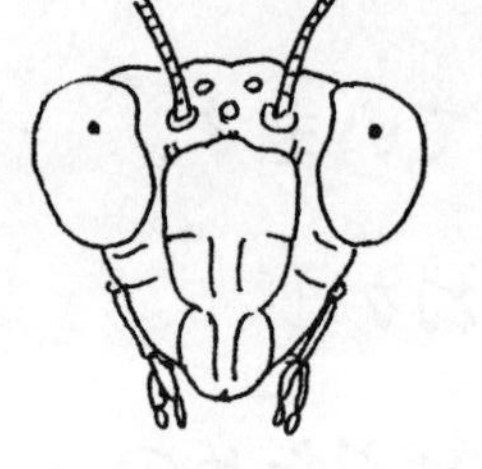

㋒ カブトムシ

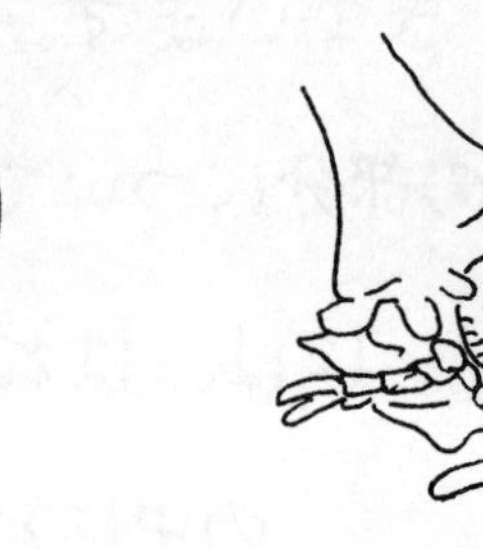

㋓ セミ

㋔ カミキリムシ

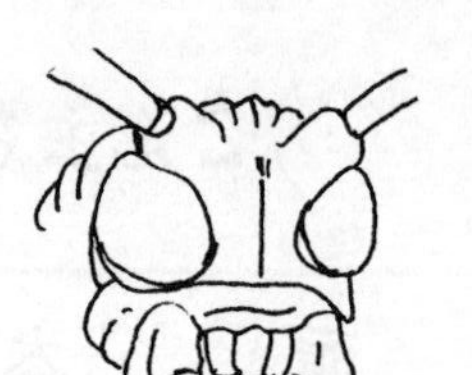
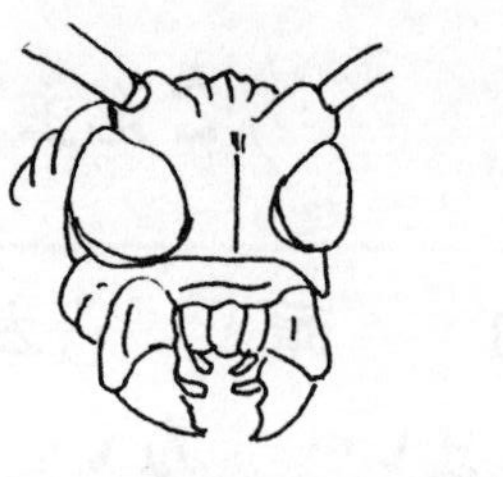

㋕ ハエ

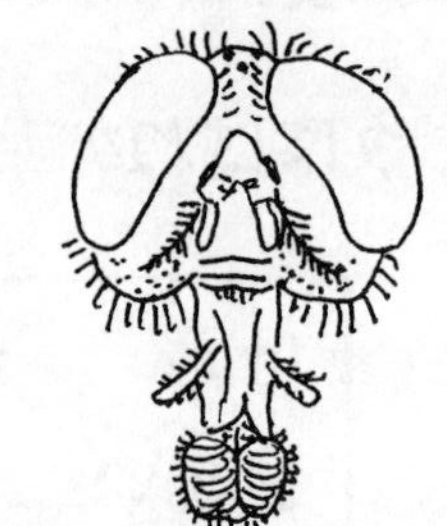

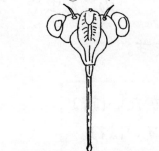

① すう（　　　　）② なめる（　　　　）
③ かむ（　　　　）

(2) ㋐、㋑、㋒の口のこん虫の食べ物を□からえらんでかきましょう。（1つ6点）

㋐（　　　　）㋑（　　　　）
㋒（　　　　）

木のしる　小さい虫　花のみつ

まとめテスト

こん虫をさがそう

月　　日　名前

/100点

1 次(つぎ)のこん虫について、名前と食べ物(もの)を□からえらんでかきましょう。（1つ5点）

①	②	③
（　　）	（　　）	（　　）
（　　）	（　　）	（　　）

クロヤマアリ　ナミテントウ　アゲハ
花のみつ　虫や木の実(み)　アブラムシ

2 次の（　）にあてはまる言葉(ことば)を□からえらんでかきましょう。（1つ5点）

こん虫の（①　）や（②　）は、（③　）をさがしたり（④　）を感(かん)じたりするはたらきをしています。また、まわりのようすを知るはたらきをします。

食べ物　しょっ角　目　きけん

3 次の文は、カマキリ、クワガタ、バッタについてかいています。それぞれ、下から2つずつえらびましょう。（1つ5点）

① カマキリ（　　）（　　）
② クワガタ（　　）（　　）
③ バッタ（　　）（　　）

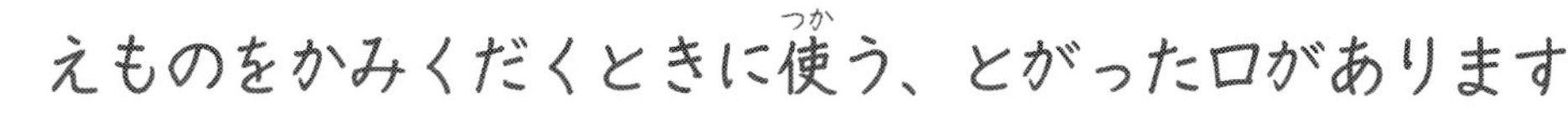

㋐ えものをかみくだくときに使(つか)う、とがった口があります。
㋑ 草をかみくだくことのできるじょうぶな口があります。
㋒ たたかうときに使う、大きなつののようなあごがあります。
㋓ 木をしっかりつかめるあしがあります。
㋔ 力強くジャンプができる、太くて長いあしがあります。
㋕ しっかりとえものをつかまえられる、かまのような前あしがあります。

★**4** クモはこん虫ではありません。
どんなところがこん虫とはちがうのでしょう。2つかきましょう。（20点）

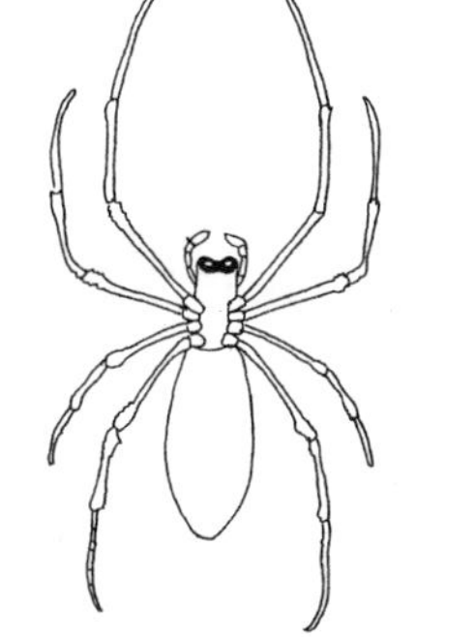
クモ

かげと太陽

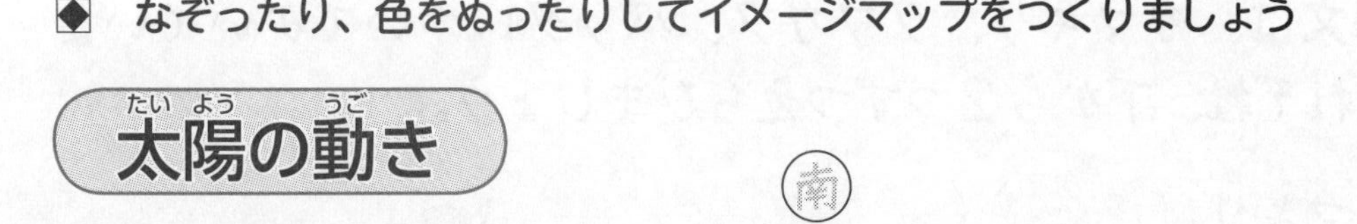

◆ なぞったり、色をぬったりしてイメージマップをつくりましょう

太陽(たいよう)の動(うご)き

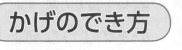

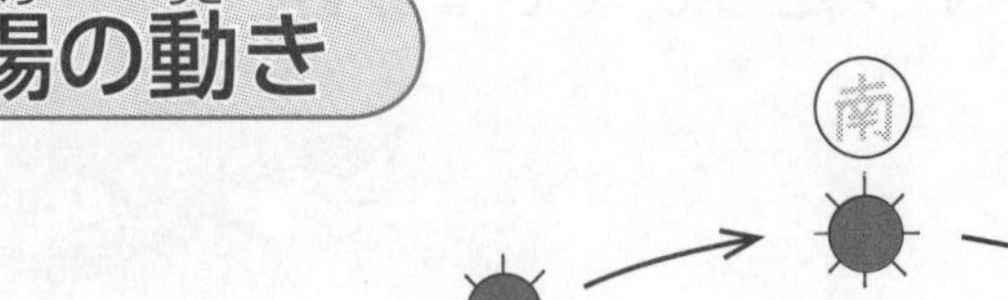

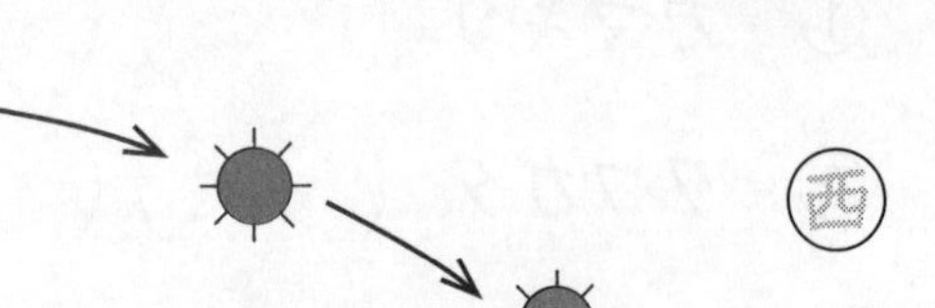

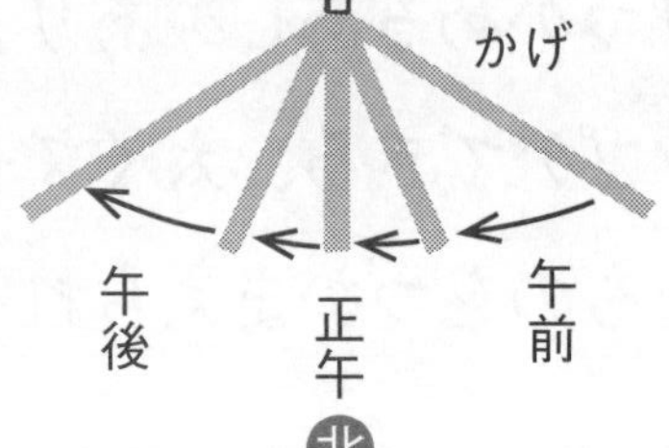

かんさつ道具(どうぐ)

方いじしん

ケースを回して、色のついたはりの先と北とをあわす。

しゃ光板(こうばん)

太陽の光はまぶしいのでしゃ光板をとおしてかんさつします。

かげのでき方

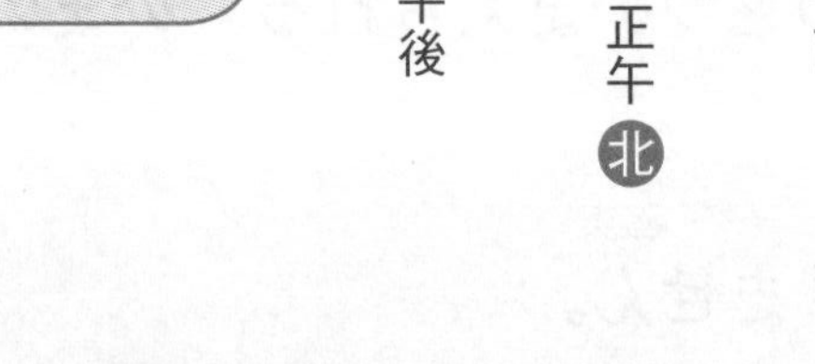

太陽の反対(はんたい)がわ
どれも同じむき

月　　日　名前

日なたと日かげ

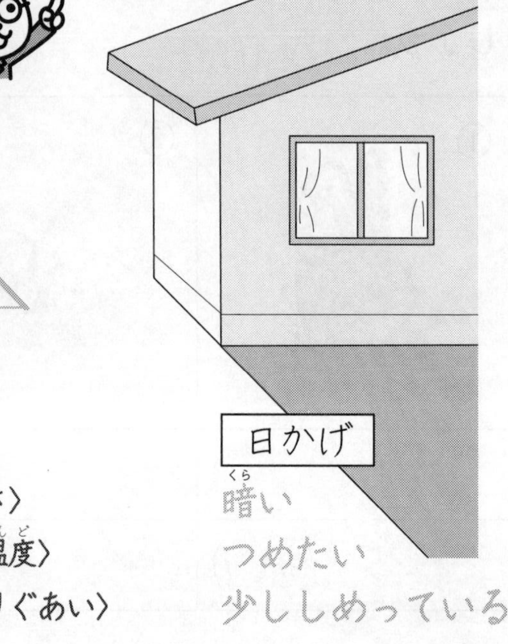

日なた		日かげ
明るい	〈明るさ〉	暗(くら)い
あたたかい	〈地面(じめん)の温度(おんど)〉	つめたい
かわいている	〈地面のしめりぐあい〉	少ししめっている

地面の温度のはかり方

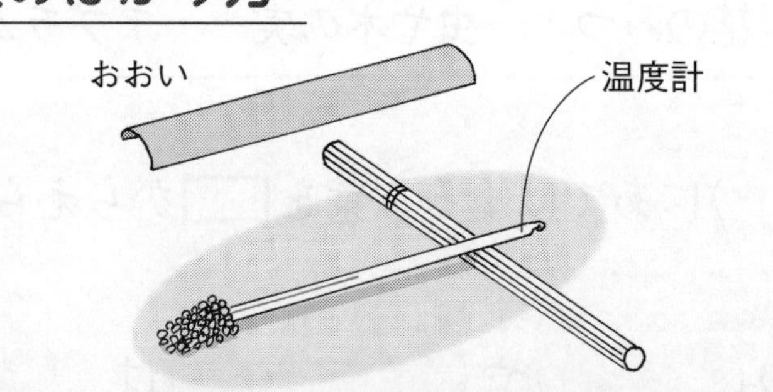

えきだめを少しうめる

温度(おんど)計(けい)と目を直角にして読む。

近い方の目もりを読む。

下の目もりを読み、「12℃」とかく。

上の目もりを読み、「13℃」とかく。

かげと太陽 ①

かげのでき方

1 次の(　　)にあてはまる言葉を□からえらんでかきましょう。

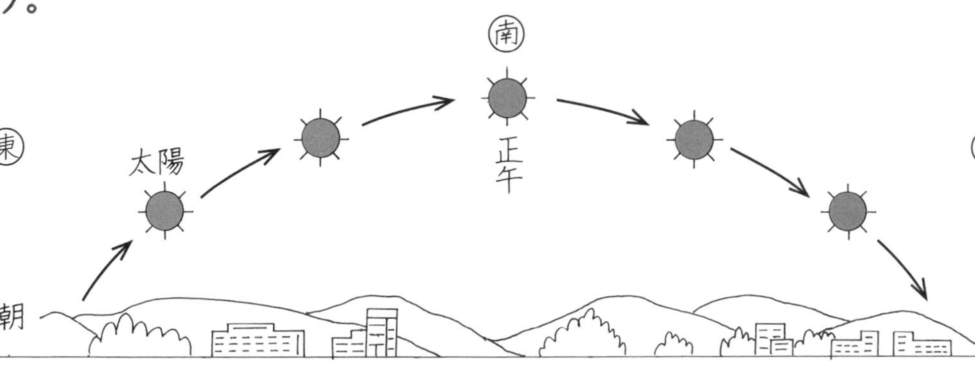

(1) 太陽は(①　　)から出て(②　　)の高いところを通り、(③　　)にしずみます。(④　　)が動くとかげの向きもかわります。

太陽　西　東　南

(2) かげは、(①　　)をさえぎるものがあると太陽の(②　　)にできます。人や物が動くとかげも(③　　)ます。

日時計は、太陽が動くと(④　　)の向きがかわることをりようしたものです。かげの向きで(⑤　　)を読みとります。

かげ　動き　時こく　日光　反対がわ

月　　日　名前

太陽の向きと、かげのでき方を調べます。また、方いじしんについても学びます。

2 次の(　　)にあてはまる言葉を□からえらんでかきましょう。

この道具の名前は、(①　　)といいます。これを手に持って、(②　　)の動きが止まると、はりは北と(③　　)をさします。

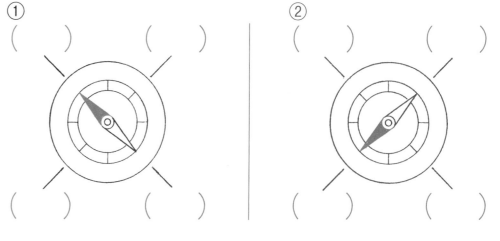

色をぬってある方が、(④　　)です。文字ばんをゆっくり(⑤　　)て、北にあわせるとほかの(⑥　　)もわかります。

方い　方いじしん　北　南　回し　はり

3 方いじしんのはりが次の図のように止まりました。それぞれの方い（東・西・南・北）をかきましょう。

①
(　　)　(　　)
(　　)　(　　)

②
(　　)　(　　)
(　　)　(　　)

かげと太陽 ②

かげのでき方

1 日なたにできるかげの向きについて、あとの問いに答えましょう。

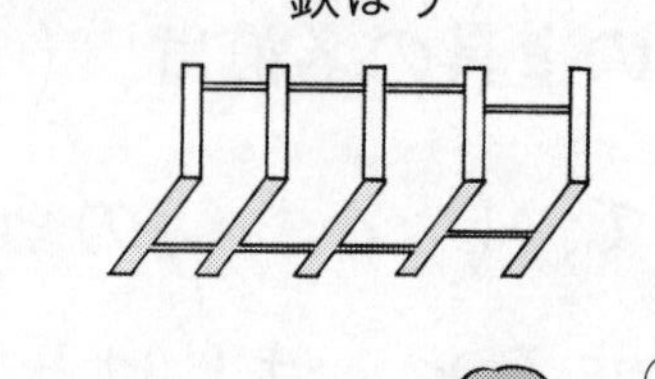

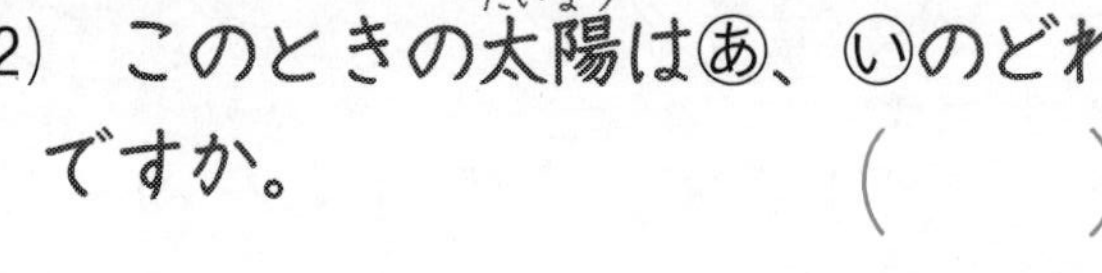

(1) 鉄ぼうのかげから考えると、人のかげはア〜エのどれですか。
(　　)

(2) このときの太陽はあ、いのどれですか。
(　　)

2 かげふみあそびの絵を見て、あとの問いに答えましょう。

(1) かげの向きが正しくない人が２人います。何番と何番ですか。
(　　)(　　)

(2) かげのできない人が２人います。何番と何番ですか。
(　　)(　　)

(3) 木のかげは、このあとア、イのどちらへ動きますか。
(　　)

ポイント　太陽は東からのぼり、南の空を通って、西にしずみます。太陽によってできるかげは、西から東へとうつります。

月　　日　名前

3 太陽の動きとかげの動きを調べています。あとの問いに答えましょう。

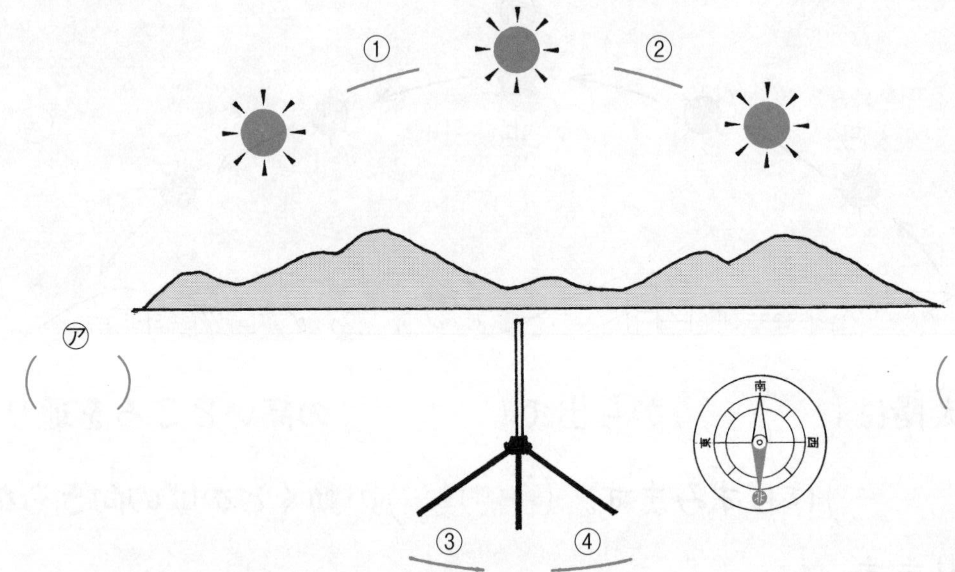

ア(　　)　イ(　　)

(1) 太陽の動き①、②の――に矢じるしをかきましょう。

(2) かげの動き③、④の――に矢じるしをかきましょう。

(3) ア、イの方いを(　　)にかきましょう。

4 お昼の12時ごろ太陽に向かって立ちました。そのときの方い（東西南北）を(　　)にかきましょう。

①(　　)
②(　　)　③(　　)
④(　　)

かげと太陽 ③

日なたと日かげ

1 図のように、日なたと日かげの地面のようすを調べました。

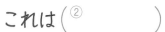

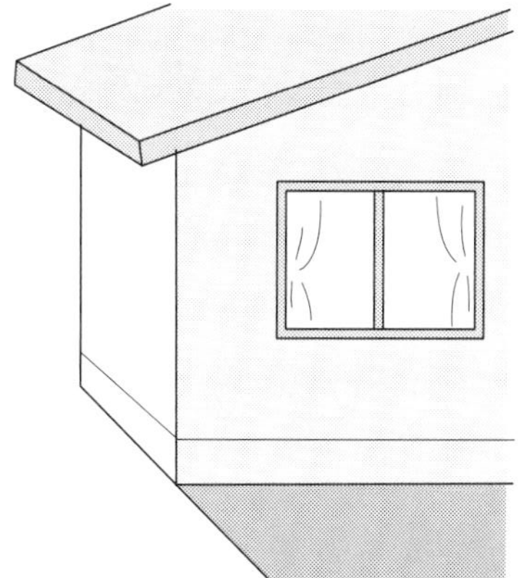

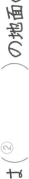

(1) 手を使って地面のあたたかさをくらべました。㋐と㋑とどちらの地面があたたかいですか。

(　　　　)

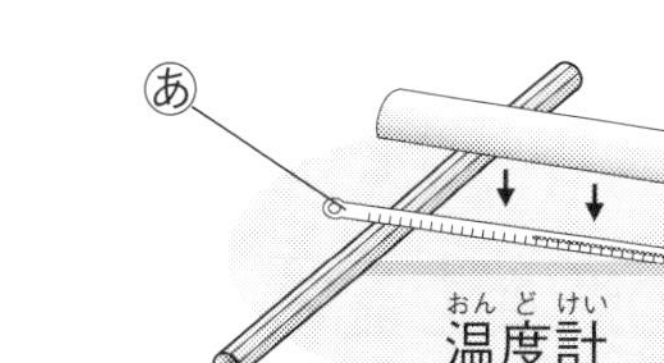

(2) 手でさわるのではなく、地面のあたたかさのちがいをはかる道具があります。道具あの名前をかきましょう。

(　　　　)

(3) 日なたと日かげの地面のようすを表にまとめます。①～④にあてはまる言葉を□からえらんでかきましょう。

	日なた	日かげ
明るさ	①	②
あたたかさ	③	つめたい
しめりぐあい	かわいている	④

明るい　暗い　あたたかい　少ししめっている

月　日　名前

ポイント 日なたと日かげの温度を調べます。日なたは、明るくあたたかですが、日かげは、暗くしめった感じがします。

2 次の(　)にあてはまる言葉を□からえらんでかきましょう。

(1) 日なたの地面の方が、日かげの地面より温度は(①　　)なります。

これは(②　　)の地面の方が(③　　)によってあたためられるからです。

日なた　日光　高く

(2) 日かげは(①　　)がさえぎられるので、明るさは日なたよりも(②　　)なります。また、日かげは(③　　)感じられます。

日光　暗く　すずしく

3 温度計の目もりを正しく読むには、㋐、㋑、㋒のどこから見るのがよいですか。記号でかきましょう。

(　　)

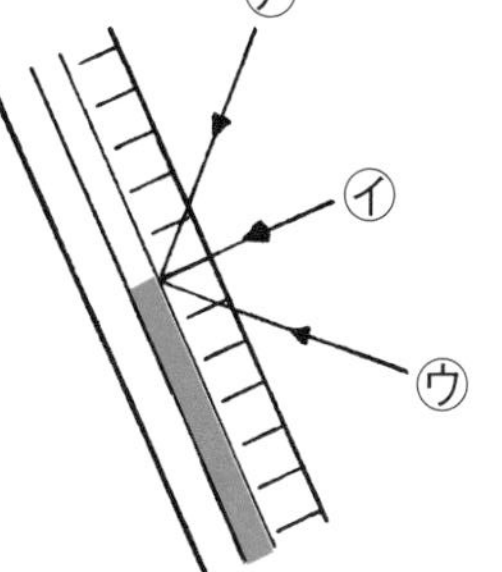

かげと太陽 ④

日なたと日かげ

月　　日　名前

日なたと日かげで、水のかわく速さは、あたたかい日なたの方が日かげより速くなります。

1 図のように、㋐、㋑、㋒に水を同じりょうだけまきました。

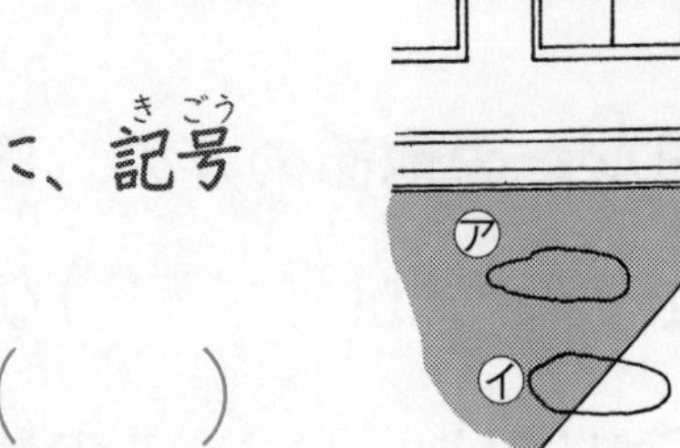

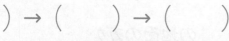

(1) まいた水が速くかわくじゅんに、記号をかきましょう。

(　　)→(　　)→(　　)

(2) ㋐と㋒では、どちらの地面の温度が高いですか。

(　　)

(3) ㋑の場所の、これからの日のあたり方はどうなりますか。①～③からえらんで○をかきましょう。

① (　　) 全部太陽があたるようになります。

② (　　) 全部太陽があたらなくなります。

③ (　　) 太陽のあたりかたはかわりません。

2 温度計で地面の温度をはかります。次の文で正しいものには○、まちがっているものには×をかきましょう。

① (　　) 地面を少しほって、えきだめを入れ、土をかぶせます。

② (　　) 地面の温度をはかるから、温度計に太陽があたってもかまいません。

③ (　　) 温度計のえきの先が、20より21の方に近いときは、21℃と読みます。

3 日なたと日かげの地面の温度を右のように記ろくしました。

(　)にあてはまる言葉を□からえらんでかきましょう。

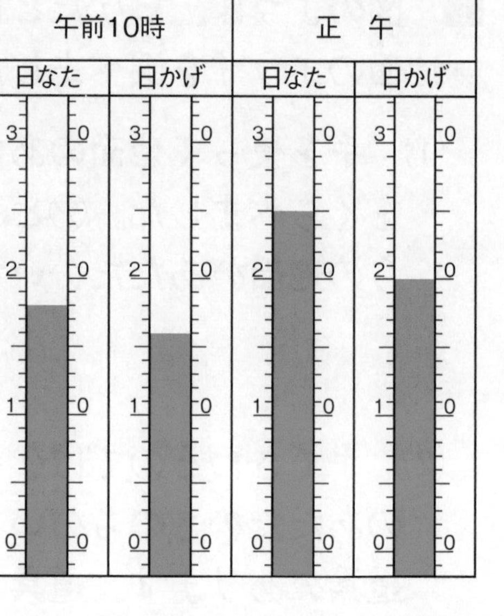

(1) (①　　　)を使って午前(②　　)と、(③　　)の地面の温度を記ろくしました。

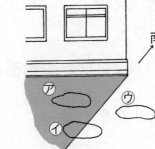

正午	10時	温度計

(2) 午前10時の日なたの温度は(①　　)、日かげの温度は(②　　)です。

正午の(③　　)の温度は25℃、(④　　)の温度は20℃です。

地面は(⑤　　)によってあたためられるから、日なたの方が日かげよりも地面の温度が(⑥　　)なります。

高く	日かげ	日なた	16℃	18℃	日光

4 太陽の光はまぶしいので、右の図のような道具を使って見ます。道具の名前をえらびましょう。

① 方いじしん　② しゃ光板　(　　)

まとめテスト

かげと太陽

月　　日　名前

/100点

1　次(つぎ)の図を見て、あとの問(と)いに答えましょう。　（1つ5点）

午前7時　午前9時　正午　午後3時　午後5時　東　西　㋐　㋑　㋒　㋓　㋔　あ　い

(1)　午前7時のかげは、㋐〜㋔のどれですか。
（　　）

(2)　午後3時のかげは、㋐〜㋔のどれですか。
（　　）

(3)　太陽(たいよう)が動(うご)くと、かげはあ、いのどちらに動きますか。
（　　）

(4)　㋐〜㋔のかげについて、正しいものには○、まちがっているものには×をかきましょう。

①（　　）　かげの長さは、動くにつれて長くなります。

②（　　）　かげの長さは、１日中かわりません。

③（　　）　かげの長さは、朝夕は長く、お昼ごろは短(みじか)くなります。

④（　　）　正午のかげは、北の方向(ほうこう)にできます。

⑤（　　）　かげの動きは、午前中は速(はや)く午後はおそくなります。

⑥（　　）　夜は、太陽がしずむから太陽の光によるかげはできません。

2　図は午前9時の鉄(てつ)ぼうのかげのようすです。　（1つ5点）

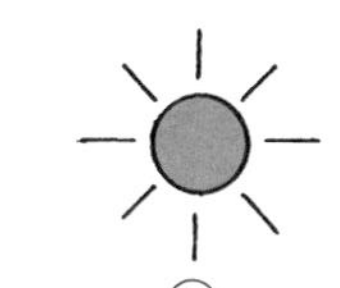

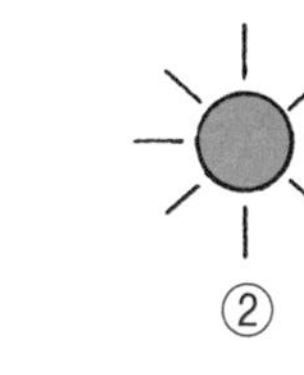

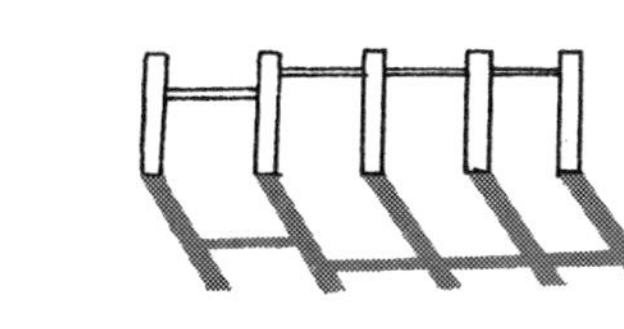

(1)　このときの太陽は①、②のどちらのいちですか。
（　　）

(2)　正午になると、かげはどうなりますか。正しいものには○、まちがっているものには×をかきましょう。

①（　　）　午前9時にくらべかげは長くなっています。

②（　　）　午前9時にくらべかげは短くなっています。

③（　　）　午前9時にくらべかげの向(む)きがかわっています。

④（　　）　午前9時にくらべかげの向きはかわりません。

3　太陽と太陽によってできるかげについて、正しいものには○、まちがっているものには×をかきましょう。　（1つ5点）

①（　　）　校しゃのかげの中に入ってもかげができます。

②（　　）　かげは、太陽に向かって反対(はんたい)がわにできます。

③（　　）　同じ木のかげは、太陽の動く方向へ動いていきます。

④（　　）　太陽は東から西へ、かげは西から東へ動いていきます。

⑤（　　）　地面(じめん)においたボールのかげは、正しい円の形です。

⑥（　　）　電線がゆれると、電線のかげも動きます。

かげと太陽

月　　日  名前　　　　／100点

1 図のように、日なたと日かげの地面(じめん)のあたたかさのちがいを、手でさわってくらべます。（1つ5点）

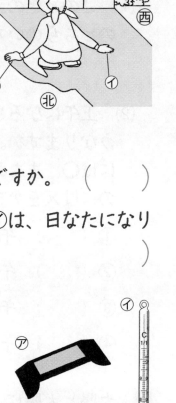

(1) ㋐と㋑で日なたと日かげはどちらですか。

㋐（　　　　　）　㋑（　　　　　）

(2) 地面があたたかいのは、㋐か㋑のどちらですか。（　　　）

(3) 図は午前10時のかげです。時間がたつと㋑は、日なたになりますか。それとも日かげのままですか。（　　　　　　　　）

2 かげと太陽(たいよう)を調(しら)べるのに、右のような道具(どうぐ)を使(つか)います。（1つ5点）

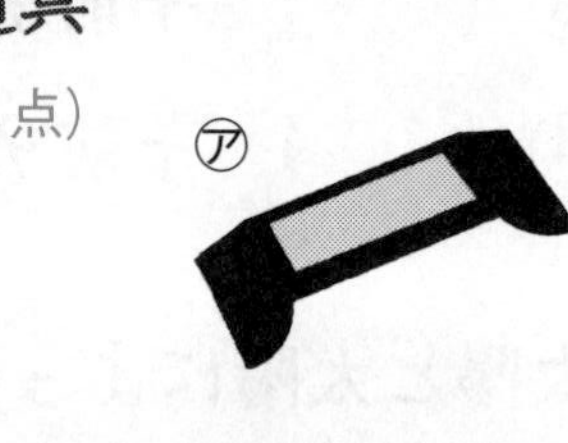

(1) ㋐〜㋒の名前をかきましょう。

㋐（　　　　　　　　）

㋑（　　　　　　　　）

㋒（　　　　　　　　）

(2) ㋐〜㋒の道具の使い方はどれですか。

①（　　）太陽を見るときに使います。

②（　　）方いを調べるときに使います。

③（　　）もののあたたかさをはかるときに使います。

3 図は、午前10時と正午にはかった、日なたと日かげの地面の温度(おんど)です。次(つぎ)の時こくの温度をかきましょう。（1つ5点）

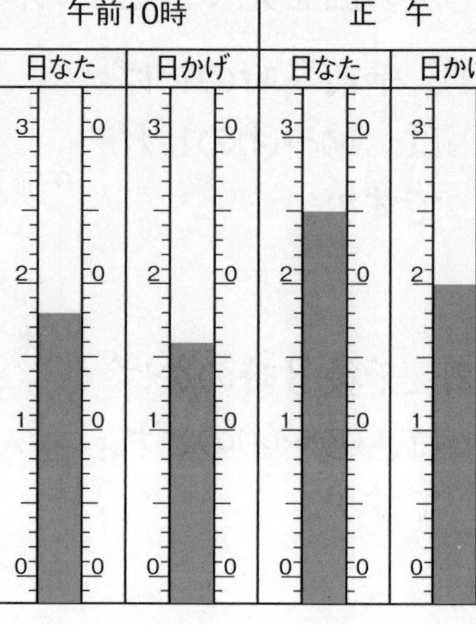

① 午前10時の日なた（　　　　）

② 午前10時の日かげ（　　　　）

③ 正午の日なた（　　　　）

④ 正午の日かげ（　　　　）

4 次の文で、日なたのことには○、日かげのことには×をかきましょう。（1つ5点）

①（　　）まぶしくて明るいです。

②（　　）地面に自分のかげができません。

③（　　）地面にさわると、しめっぽくつめたく感(かん)じます。

④（　　）地面に自分のかげができます。

⑤（　　）夜にふった雨が速(はや)くかわきました。

⑥（　　）日ざしの強いときは、ここがすずしいです。

まとめテスト

かげと太陽

月　　日　名前　　　／100点

1 次の方いじしんを見て、(　　)に東、西、南、北をかきましょう。（1つ5点）

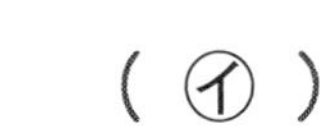

(㋐)　(㋑)　(㋓)　(㋒)

㋐(　　　　)
㋑(　　　　)
㋒(　　　　)
㋓(　　　　)

2 晴れた日の午前9時と正午に、日なたと日かげの地面の温度をはかりました。（1つ10点）

(1) ㋕と㋑では、どちらがあたたかいですか。(　　)

(2) ぬれている地面は、あといのどちらが速くかわきますか。(　　)

(3) あといのどちらが日なたですか。(　　)

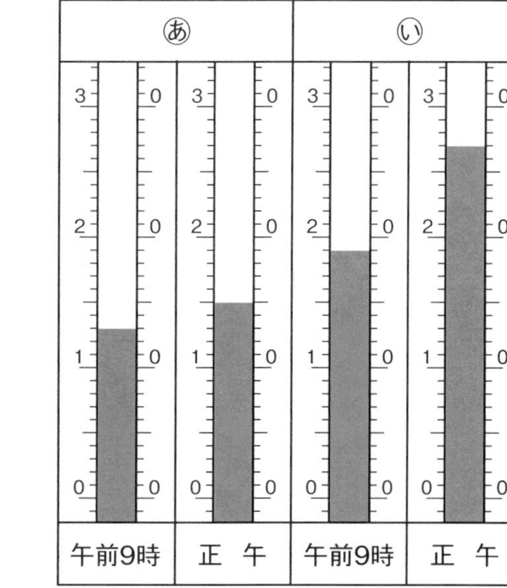

3 図のように、㋐、㋑、㋒に水を同じりょうだけまきました。

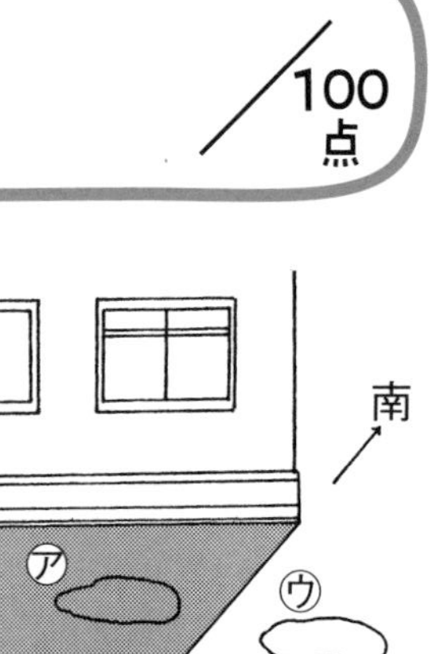

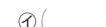

(1) まいた水が速くかわくじゅんに、記号をかきましょう。（全部で10点）

(　　)→(　　)→(　　)

(2) ㋐と㋒では、どちらの地面の温度が高いですか。（10点）

(　　)

(3) ㋑の場所の、これからの日のあたり方はどうなりますか。①～③からえらんで○をかきましょう。（10点）

① (　　) 全部太陽があたるようになります。
② (　　) 全部太陽があたらなくなります。
③ (　　) 太陽のあたりかたはかわりません。

4 図は午前10時の鉄ぼうのかげです。あとの問いに答えましょう。

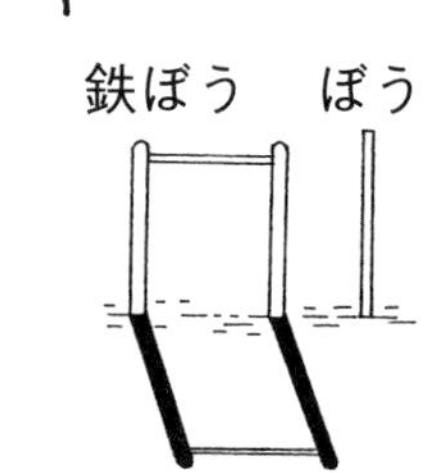

(1) ぼうのかげを、図にかきましょう。（5点）

★(2) 午後3時になったときの、鉄ぼうとぼうのかげをかきましょう。（絵5点、わけ10点）

また、かげが動いたわけをかきましょう。

[　　　　　　　　]

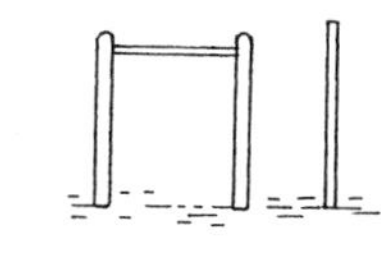

光のせいしつ

月　　日　名前

◆ なぞったり、色をぬったりしてイメージマップをつくりましょう

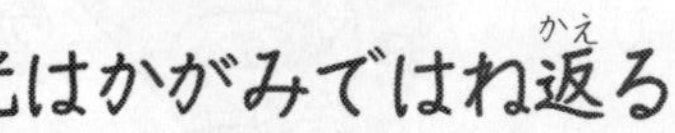

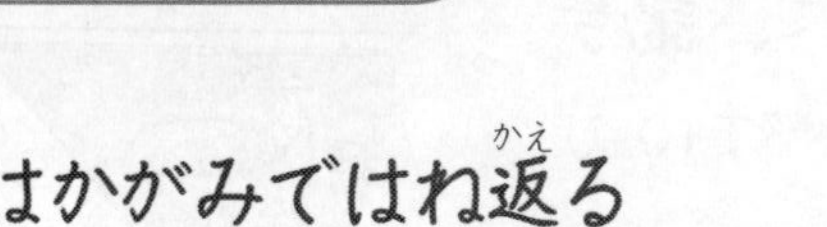

光の進み方

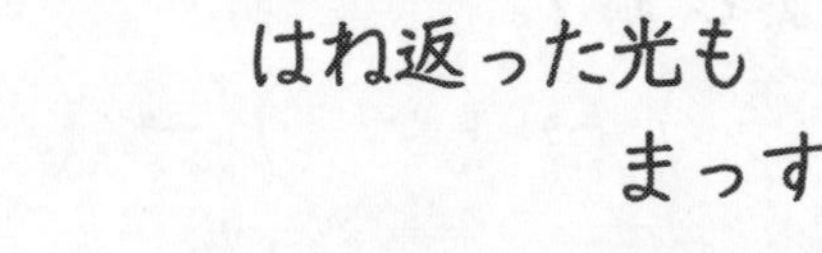

光はまっすぐ進む

光はかがみではね返る

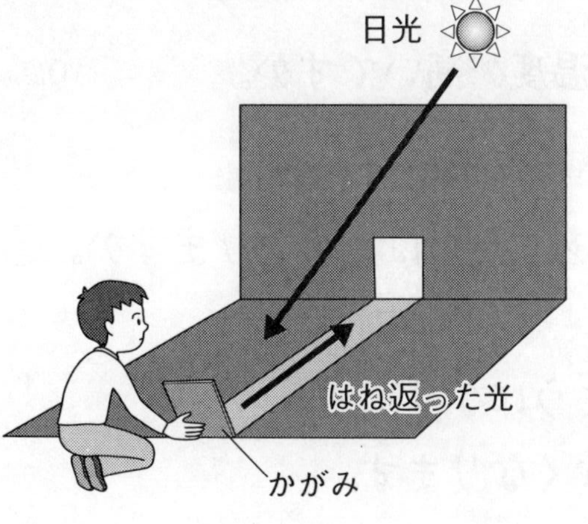

はね返った光もまっすぐ進む

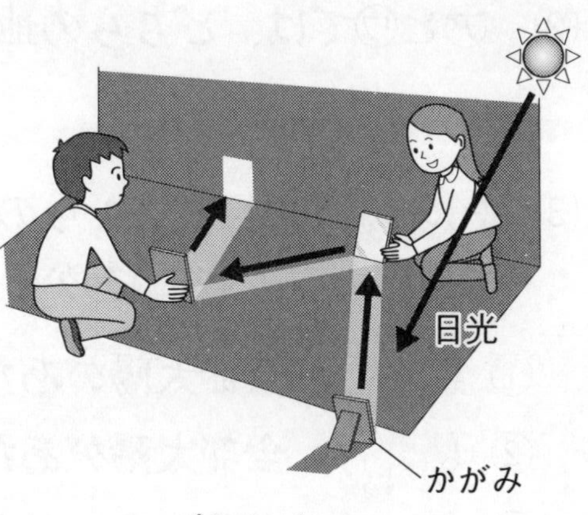

光のリレー

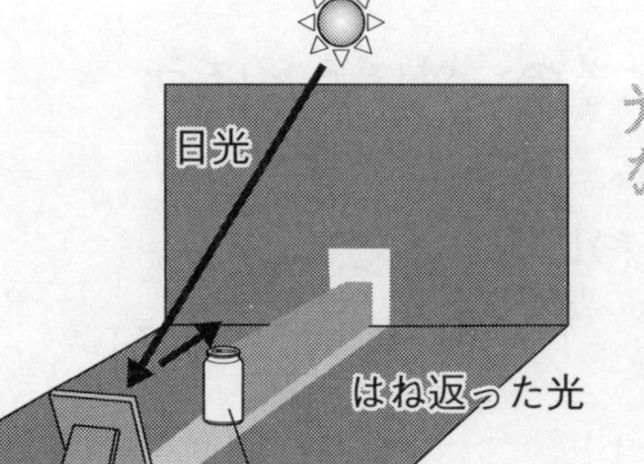

光をさえぎると
かげもまっすぐになる

日光を集める

かがみで集める

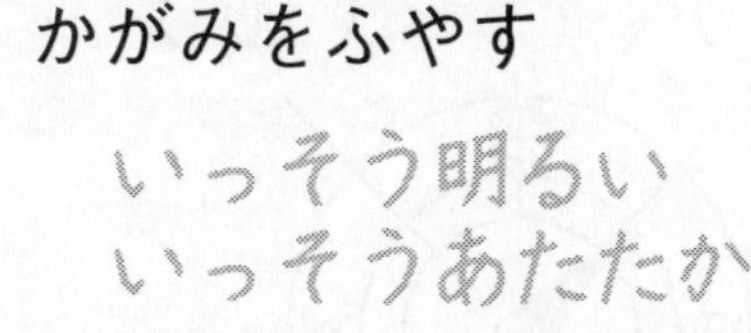

かがみをふやす

いっそう明るい
いっそうあたたかい

◆ 色をぬりましょう

かがみ１まい分の明るさ（黄）

かがみ２まい分の明るさ（だいだい）

かがみ３まい分の明るさ（赤）

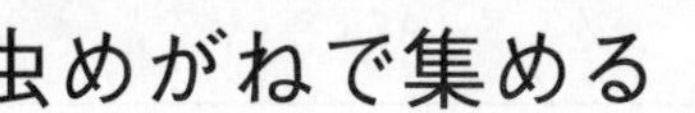

虫めがねで集める

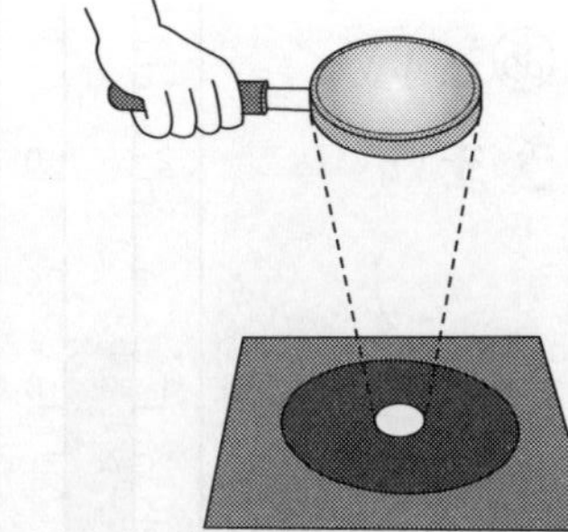

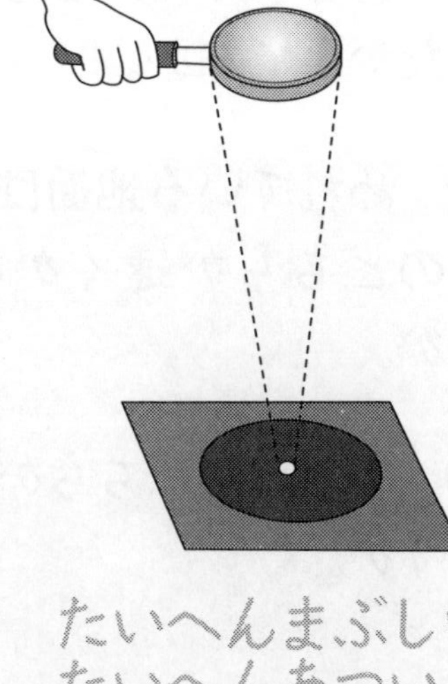

明るい
あたたかい

まぶしい
あつい

たいへんまぶしい
たいへんあつい
黒い紙をこがす

注意　虫めがねで太陽を見てはいけません。
虫めがねで集めた光を人にあててはいけません。

光のせいしつ ①

まっすぐ進む

月　　日　名前

ポイント　かがみではね返した光は、どのように進むか学びます。

1　かがみで日光をはね返して、かべにうつします。次の(　　)にあてはまる言葉を□からえらんでかきましょう。

かがみで(①　　　)をはね返すことができ、その光はまっすぐ進みます。そして光のあたったところは(②　　　)なります。

太陽を直せつ見ると(③　　　)をいためます。だから、はね返った光を、人の(④　　　)にあてではいけません。

丸いかがみで日光をはね返すと(⑤　　　)く、四角いかがみなら(⑥　　　)く、三角のかがみなら(⑦　　　)にうつります。

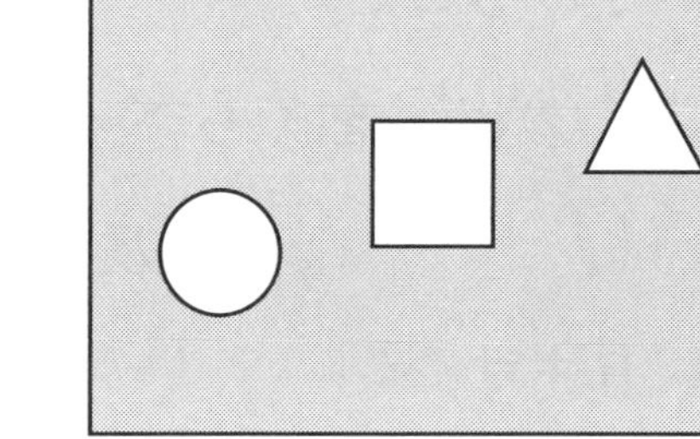

目	顔	日光	明るく	四角	三角	丸

2　図を見て、あとの問いに答えましょう。

(1)　かがみを上にかたむけると、Ⓐはどの方向に動きますか。(　　)

(2)　かがみを右にかたむけると、Ⓐはどの方向に動きますか。(　　)

(3)　Ⓐを㋐のところに動かすには、かがみをどちらへかたむけますか。(　　)

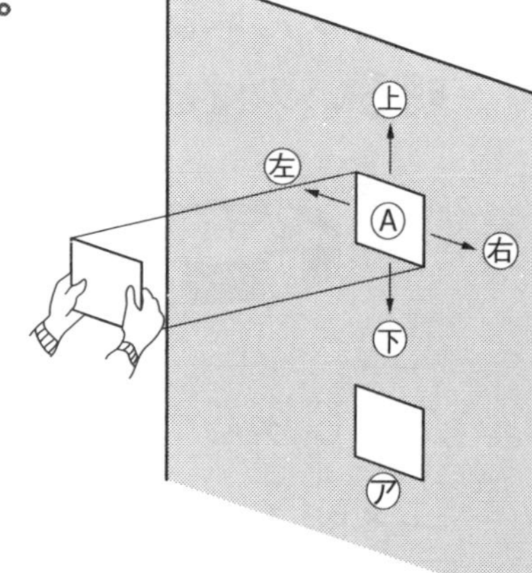

3　光の通り道にかんをおきました。かんは光を通さないのでかげができます。

①〜③の図で正しいのはどれですか。正しいものに○をかきましょう。

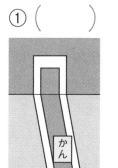

①(　　)　②(　　)　③(　　)

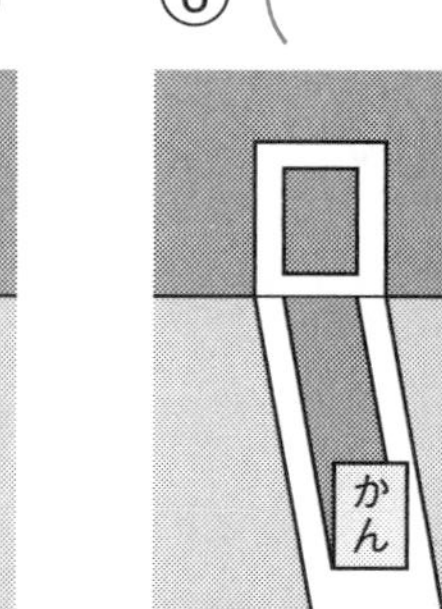

4　右の図のように、かがみを使って、光をはね返しています。次の(　　)にあてはまる言葉を□からえらんでかきましょう。

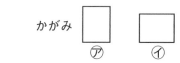

日光は(①　　　)に進みます。かがみで(②　　　)日光もまっすぐに進みます。

はね返った(③　　　)を日かげにあてると、その部分は(④　　　)なり、温度は(⑤　　　)なります。

明るく	まっすぐ	はね返った	日光	高く

光のせいしつ ②

光を集める

1 次の(　)にあてはまる言葉を□からえらんでかきましょう。

3まいのかがみで光をはね返しました。

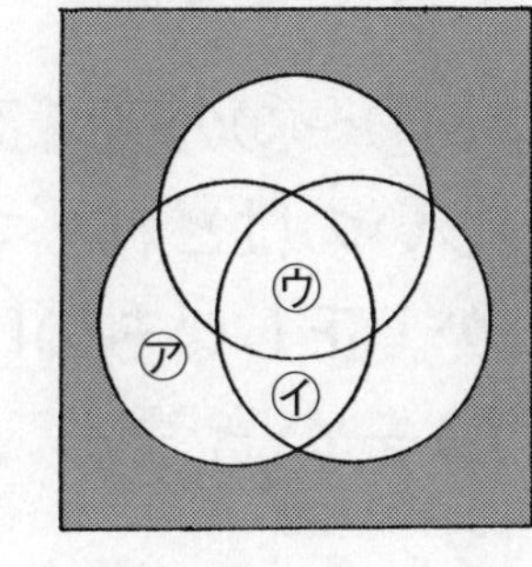

㋐はかがみ１まい、㋑はかがみ２まい、㋒はかがみ(①　　)まいでした。

はね返した光を集めれば、集めるほど(②　　)、温度は(③　　)なります。

3　　明るく　　高く

2 丸いかがみを３まい、四角いかがみを２まい使って、図のように、日かげのかべに日光をはね返しました。

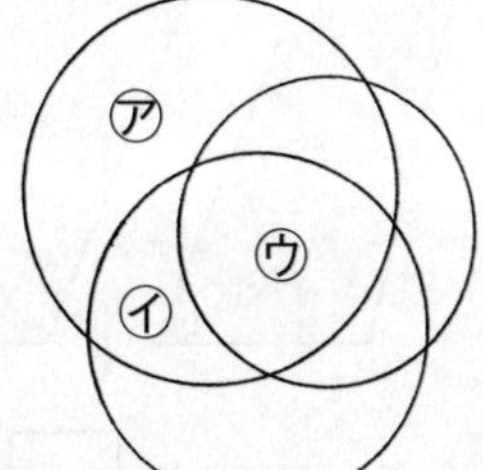

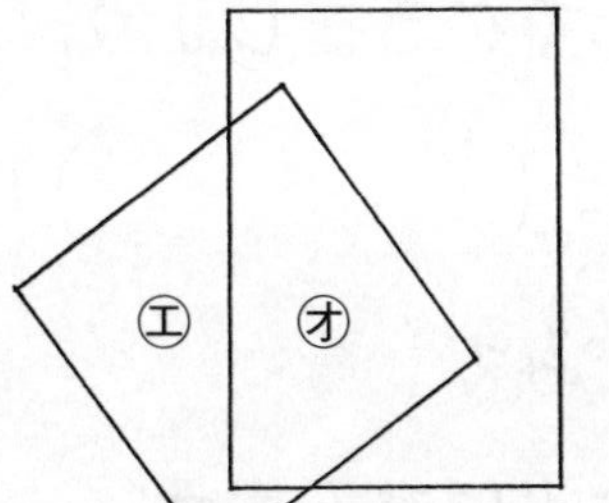

(1) ㋐～㋒の中で、一番明るいのはどこですか。　(　　)

(2) ㋐～㋒の中で、一番あたたかいのはどこですか。　(　　)

(3) ㋓と同じ明るさになっているのは、㋐～㋒のどこですか。　(　　)

(4) ㋔と同じ明るさになっているのは、㋐～㋒のどこですか。　(　　)

月　日　名前

ポイント　かがみを使って光をはね返したり、虫めがねで光を集めたりします。

3 虫めがねで日光を集めています。

(1) (　)にあてはまる言葉を□からえらんでかきましょう。

虫めがねを使うと(①　　)を集めることができます。

虫めがねを紙に近づけると明るいところは(②　　)なり、少し遠ざけると(③　　)なります。

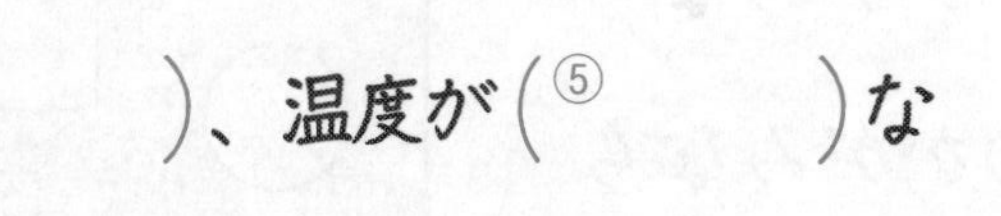

㋠と㋡をくらべると、㋡の方が(④　　)、温度が(⑤　　)なります。

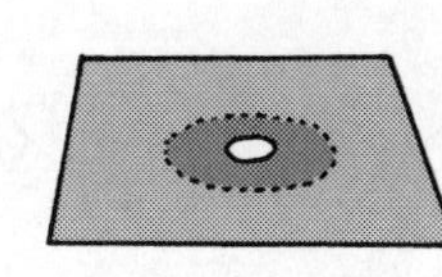

大きく　　小さく　　高く　　明るく　　日光

(2) ㋐～㋒の３つの虫めがねがあります。光を集めるところが広いじゅんに記号をかきましょう。また、光を集めたとき、一番明るいのはどれですか。

広いじゅん (　　)→(　　)→(　　)

一番明るい (　　)

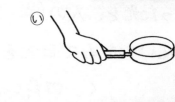

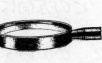

まとめテスト

光のせいしつ

月　　日　名前　　　　／100点

1 かがみにあたった日光が、はね返(かえ)ってかべにうつりました。あとの問(と)いに答えましょう。

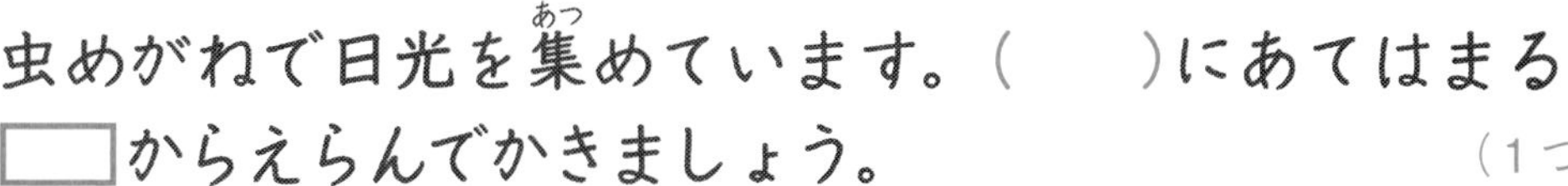

(1) かべにうつる形は、㋐～㋓のどれですか。（15点）　（　　）

(2) 光をあてるのによい方のかべに〇をかきましょう。（15点）

①（　　）日かげのかべ　　②（　　）日なたのかべ

2 次(つぎ)の（　　）にあてはまる言葉(ことば)を□からえらんでかきましょう。（1つ5点）

（①　　　）は、まっすぐ進(すす)みます。日光がかがみにあたると（②　　　）ます。三角形のかがみで日光をはね返すと、（③　　　）の光がかべにうつり、かがみが四角形なら（④　　　）の光がうつります。

かがみを上に向(む)けると、はね返った光は（⑤　　　）に動(うご)き、かがみを左に向けると、はね返った光は（⑥　　　）に動きます。はね返った光の向きは、かがみの（⑦　　　）できまります。

はね返り	四角形	三角形	向き	左	上	日光

3 虫めがねで日光を集(あつ)めています。（　　）にあてはまる言葉を□からえらんでかきましょう。（1つ5点）

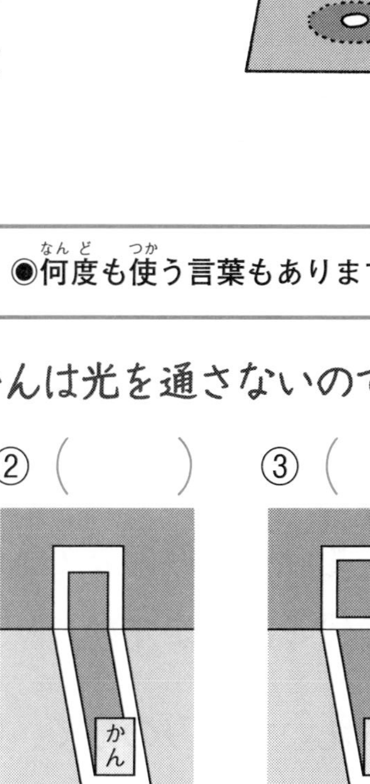

あの虫めがねを紙に（①　　　）と、明るいところは、大きくなり、少し遠ざけると、明るいところは、（②　　　）なります。明るいところが小さいほど、そこは（③　　　）なります。あの虫めがねを遠ざけて、いのようにすると、明るいところは（④　　　）なり、明るさは、さらに（⑤　　　）なります。

小さく	明るく	近づける	●何度(なんど)も使(つか)う言葉もあります。

4 光の通り道にかんをおきました。かんは光を通さないのでかげができます。（10点）

①～③の図で正しいのはどれですか。正しいものに〇をかきましょう。

①（　　）　②（　　）　③（　　）

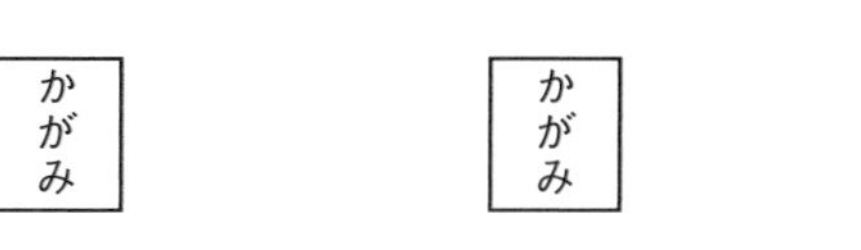

まとめテスト

光のせいしつ

月　　日　名前

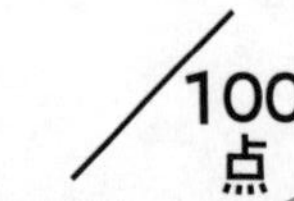

■1 丸いかがみを３まい、四角いかがみを２まい使って、図のように、日かげのかべに日光をはね返しました。あとの問いに答えましょう。（１つ10点）

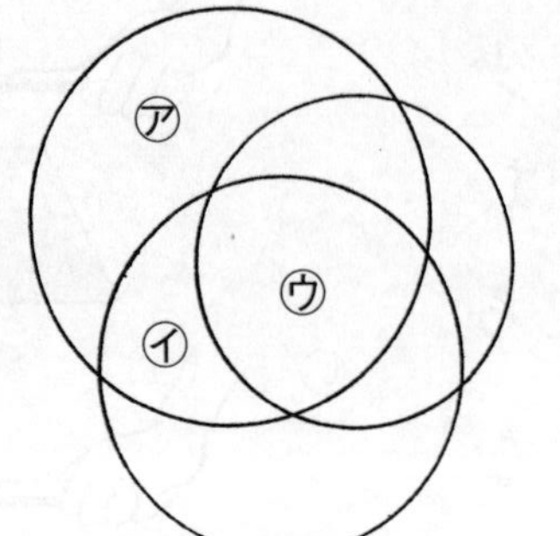

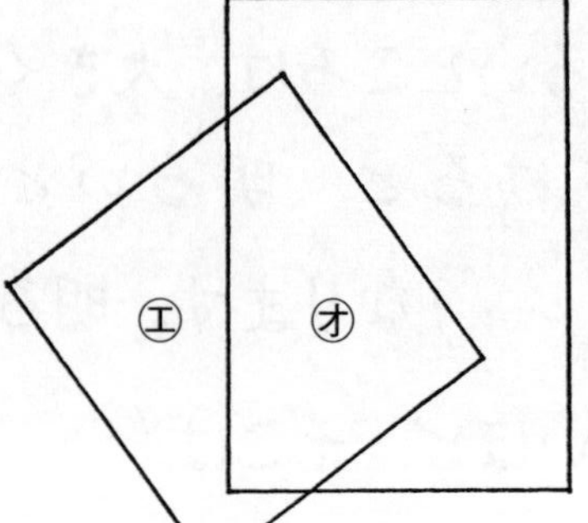

(1) ㋐～㋒の中で、一番明るいのはどこですか。（　　）

(2) ㋐～㋒の中で、一番あたたかいのはどこですか。（　　）

(3) ㋓と同じ明るさになっているのは、㋐～㋒のどこですか。（　　）

(4) ㋔と同じ明るさになっているのは、㋐～㋒のどこですか。（　　）

(5) 丸いかがみの方で、㋐と同じ明るさのところは、㋐とはべつに何こありますか。（　　）

(6) 丸いかがみの方で、㋑と同じ明るさのところは、㋑とはべつに何こありますか。（　　）

■2 日光をかがみではね返し、温度計を入れた空きかんにあてています。図や表を見て、あとの問いに答えましょう。

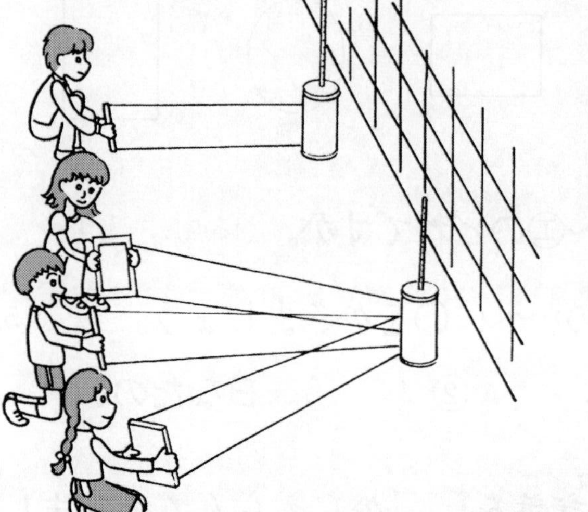

かんの中の空気の温度のかわり方

	①	②
はじめ	20℃	20℃
２分後	20℃	25℃
４分後	20℃	29℃
６分後	21℃	34℃

(1) 表を見て、①、②に「かがみ１まい」「かがみ３まい」のどちらかをかきましょう。（１つ５点）

①（　　）　②（　　）

(2) ４分後の「かがみ１まい」と「かがみ３まい」の温度は、何度ですか。（１つ５点）

① かがみ１まい（　　）　② かがみ３まい（　　）

★(3) このじっけんから、かがみのまい数とあたたまり方について、わかることをかきましょう。（20点）

［　　］

明かりをつけよう

◆ なぞったり、色をぬったりしてイメージマップをつくりましょう

回路（かいろ） 電気の通り道

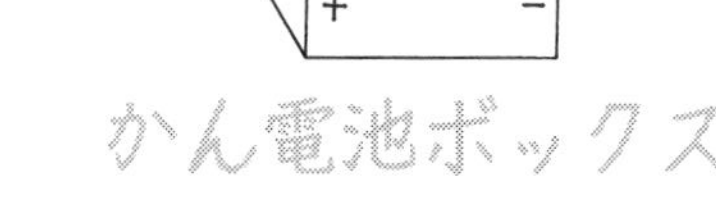

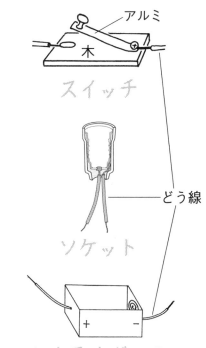

明かりがつかない　回路が切れている

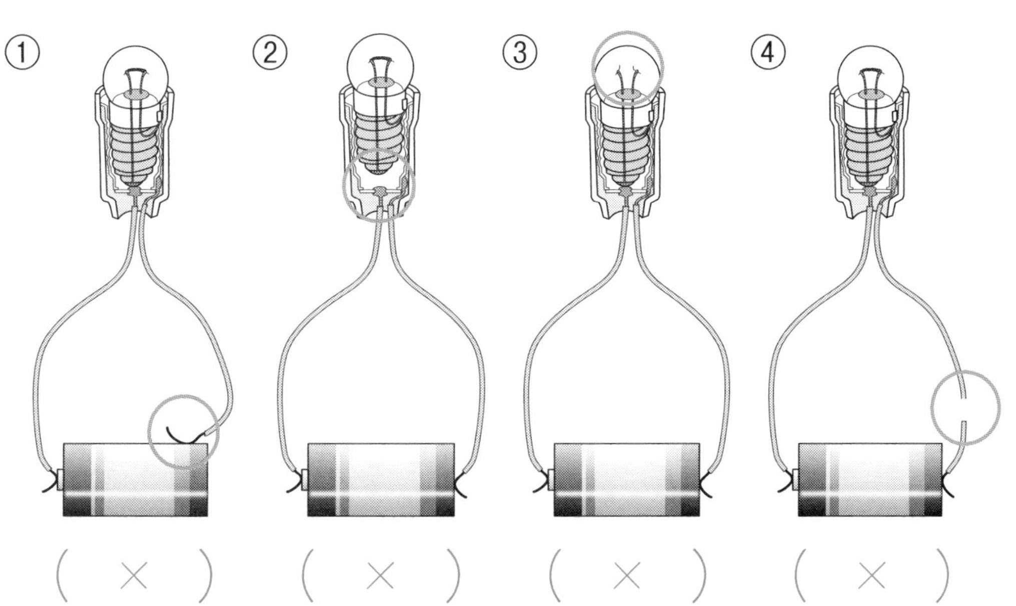

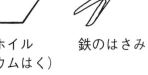

電気を通すもの・通さないもの

電気を通すもの　鉄(てつ)やどう、アルミニウムなどの金ぞく

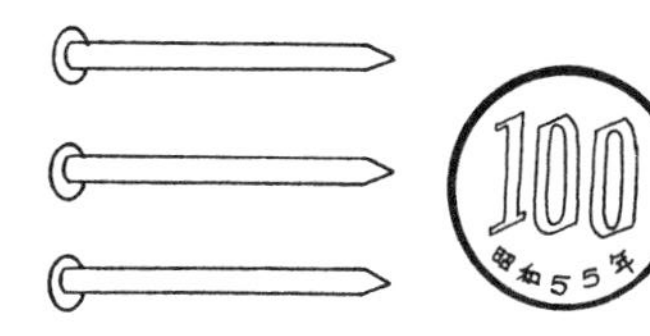
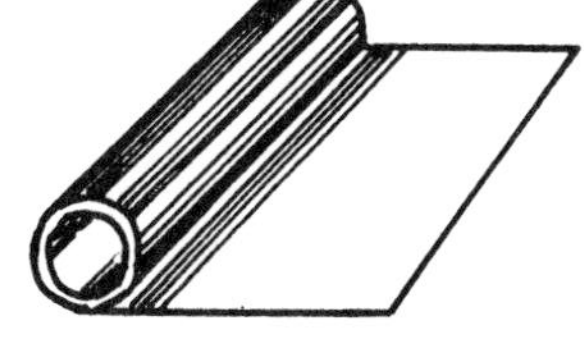
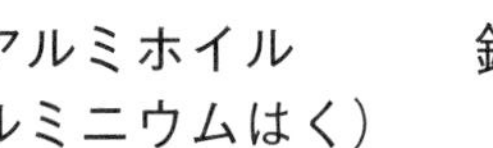
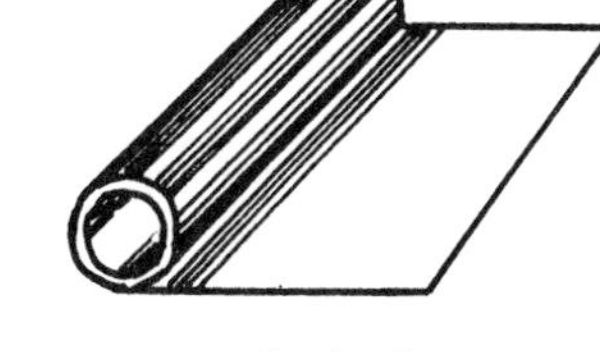
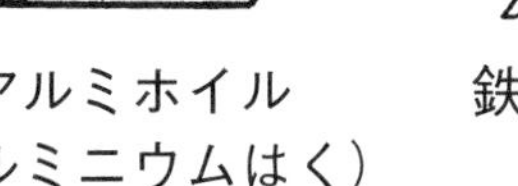
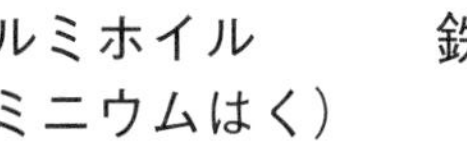

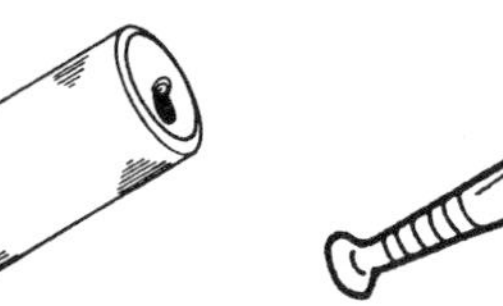

くぎ　100円玉　アルミホイル（アルミニウムはく）　鉄のはさみ

ゼムクリップ　アルミかん　スチールかん　金ぞくバット

電気を通さないもの　ガラス、紙、プラスチック、木など

ガラスコップ　プラスチックじょうぎ　竹のものさし　木の板(いた)　消(け)しゴム

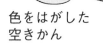

空きかんの色をはがすと電気は通る

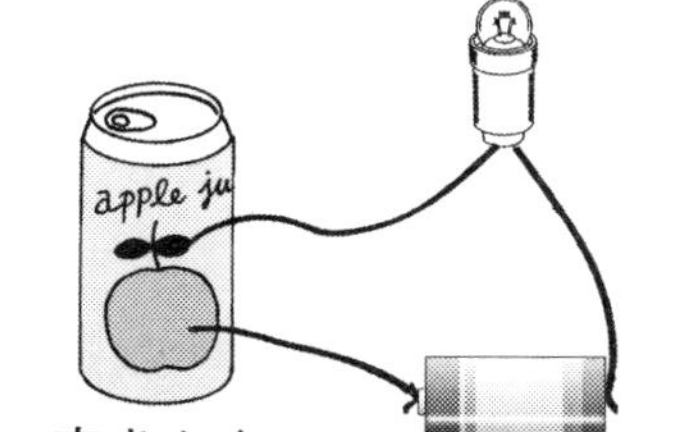
空きかん

色をはがした空きかん

明かりをつけよう ①
豆電球

1 明かりをつけるものを集めました。図を見て(　　)にあてはまる言葉を□からえらんでかきましょう。

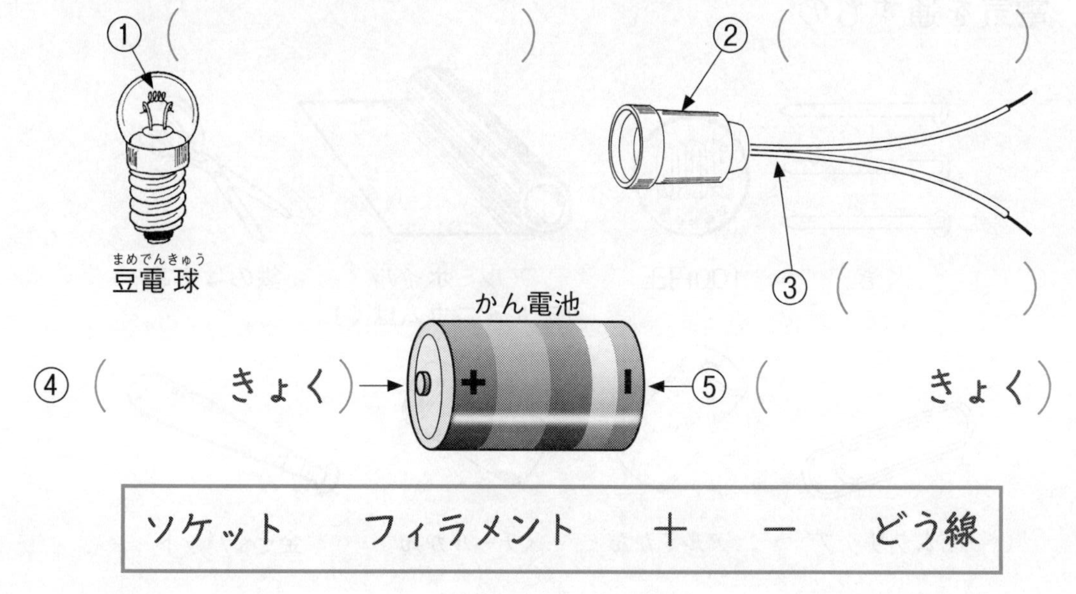

ソケット　フィラメント　＋　－　どう線

2 ソケットを使って、豆電球とかん電池をつなぎました。

㋐～㋓で明かりがつくものには○、つかないものには×をかきましょう。

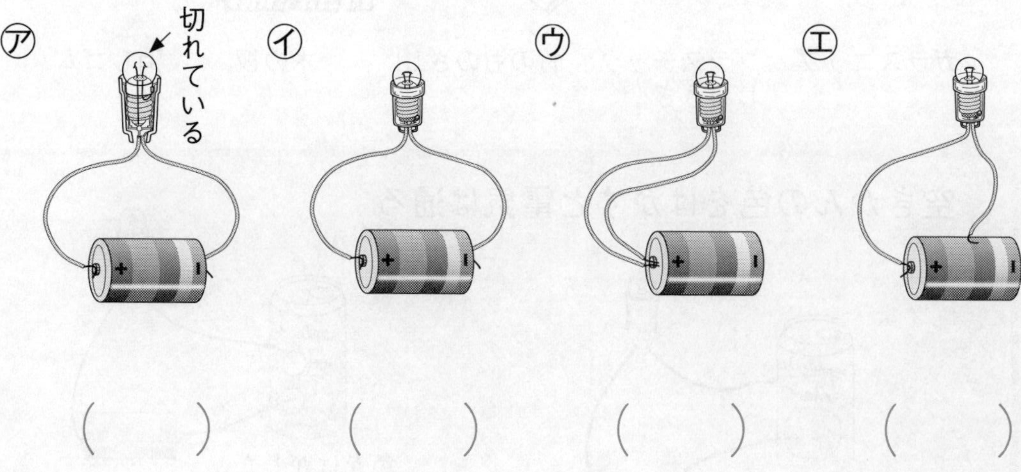

月　日　名前

ポイント　明かりがつくときのつなぎ方を学びます。電気の通り道が1つのわの形になったものを回路といいます。

3 次の(　　)にあてはまる言葉を□からえらんでかきましょう。

(1) かん電池の(①　　　)きょく、豆電球、かん電池の－きょくを(②　　　)で1つのわになるようにつなぐと、電気の(③　　　)ができて電気が流れ、豆電球の明かりがつきます。この1つのわのことを(④　　　)といいます。

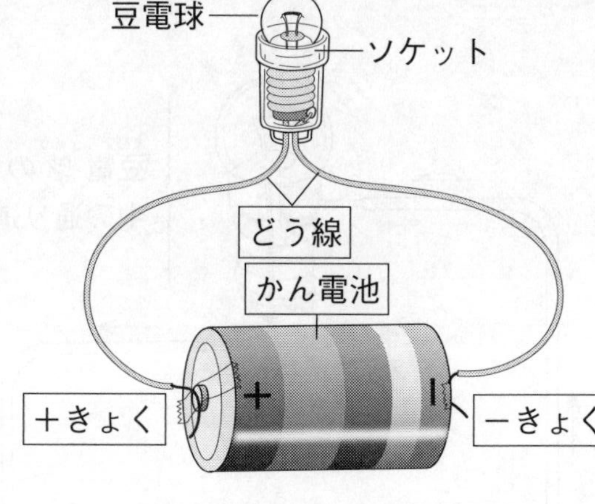

どう線　通り道　＋　回路

(2) 豆電球の明かりがつかないとき、豆電球が(①　　　)いないか、豆電球の(②　　　)が切れていないか、電池の(③　　　)にどう線がきちんと(④　　　)いるかなどをたしかめます。

また、(⑤　　　)が古くて切れていることもあります。

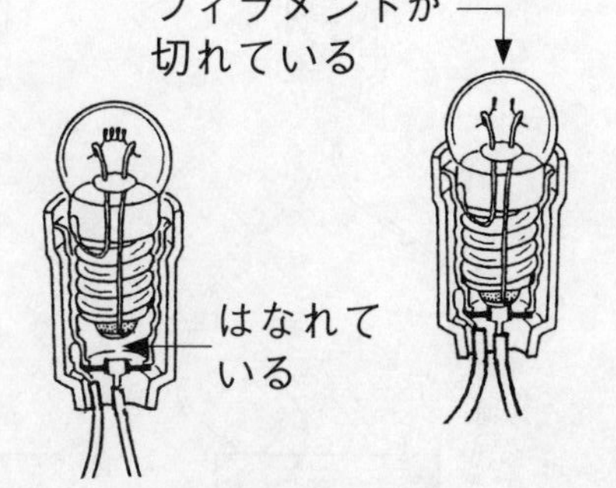

電池　ゆるんで　ついて　フィラメント　きょく

明かりをつけよう ②

豆電球

1 豆電球(まめでんきゅう)に明かりがついています。電気の通り道を赤色で、ぬりましょう。(電池の中はぬりません。) また、①～⑤の名前を□からえらんで(　)にかきましょう。

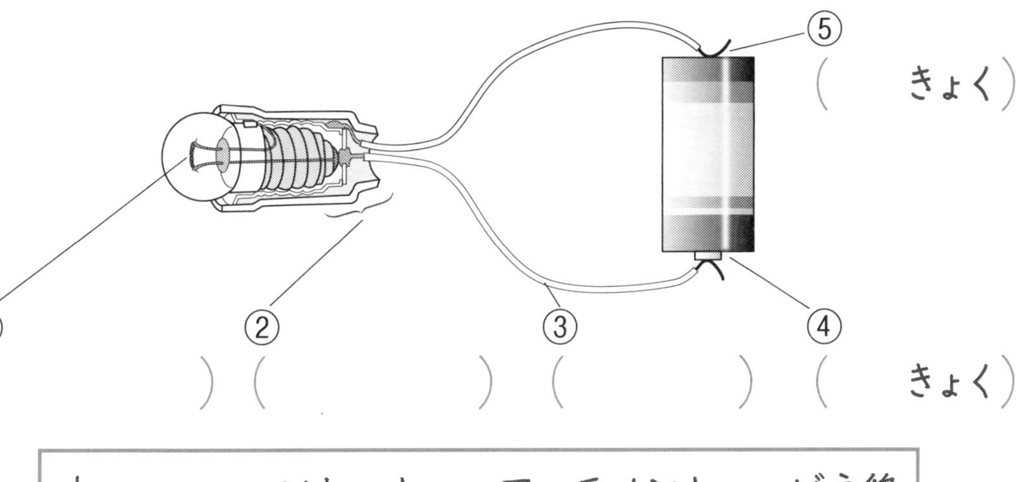

① (　　) ② (　　) ③ (　　) ④ (　　きょく) ⑤ (　　きょく)

＋	－	ソケット	フィラメント	どう線

2 次(つぎ)の(　)にあてはまる言葉(ことば)を□からえらんでかきましょう。

右の図のように(①　　)と(②　　)をどう線でむすび１つの(③　　)のような形になると、(④　　)が流(なが)れて、豆電球がつきます。電気の通り道のことを(⑤　　)といいます。回路(かいろ)が１か所(しょ)でも切れていると(⑥　　)はつきません。

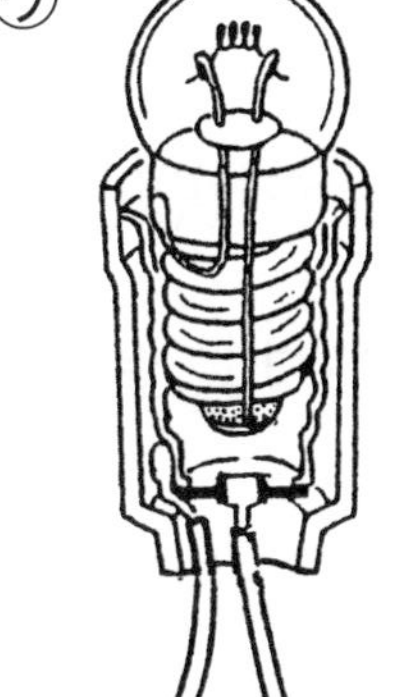

豆電球	電気	わ	かん電池	明かり	回路

月　　日 名前

ポイント 電気の通り道の回路がつながると豆電球はつきます。回路がどこかで切れていると豆電球はつきません。

3 次の図で豆電球に明かりがつくもの２つに○をつけましょう。

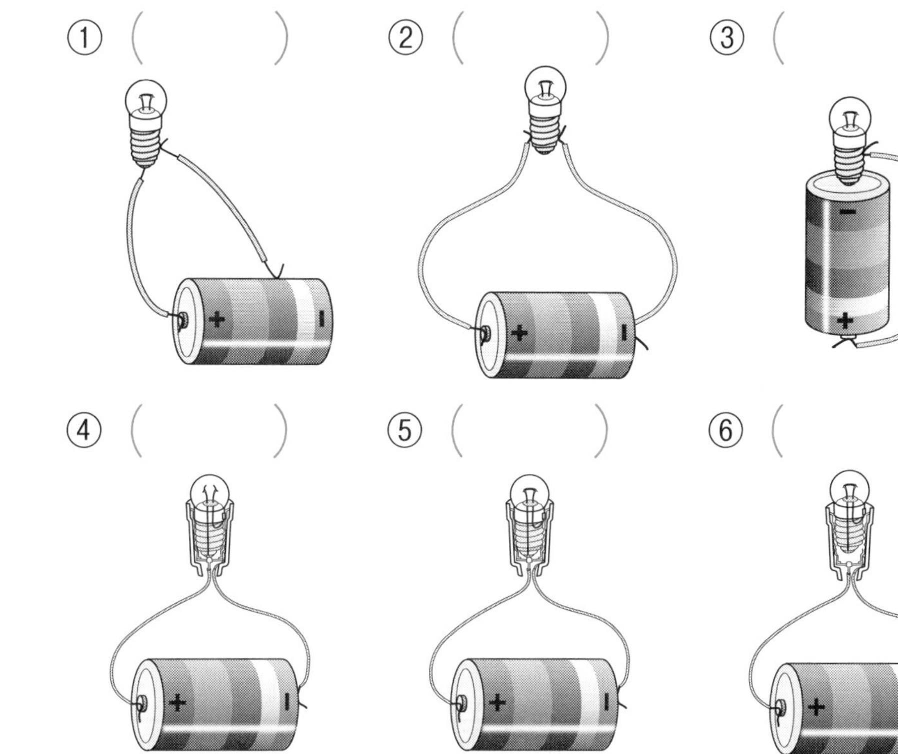

4 次の図で、かん電池をつなげても豆電球に明かりがつかないものが２つあります。㋐～㋒のどれですか。(　　) (　　)

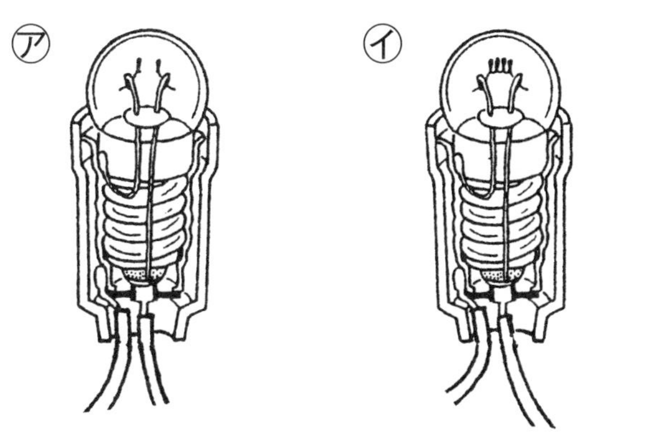

明かりをつけよう ③

電気を通す・通さない

ポイント 電気を通すものは金ぞくで、プラスチック、木、ガラスなどは電気を通しません。

月　　日　名前

1 図の㋐、㋑のところに、次のものをつなぎ、電気を通すものと通さないものを調べるじっけんをしました。電気を通すものには○を、通さないものには×をかきましょう。

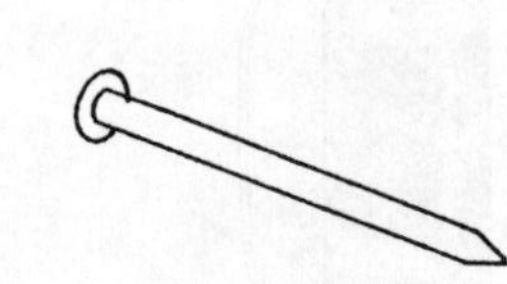
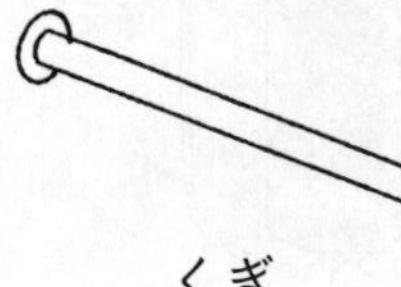

① (　　) くぎ　② (　　) プラスチックのじょうぎ

③ (　　) 鉄のはさみ　④ (　　) 木のわりばし　⑤ (　　) 100円玉

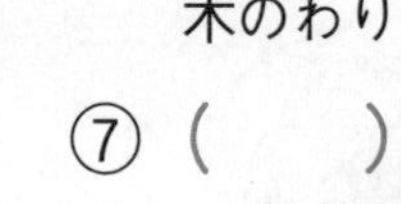

⑥ (　　) ガラスコップ　⑦ (　　) 消しゴム　⑧ (　　) ノート

2 次の(　　)にあてはまる言葉を□からえらんでかきましょう。

くぎや100円玉、鉄のはさみは(①　　　)でできていて電気を通します。金ぞくでない(②　　　)のじょうぎや木の(③　　　)、ガラスの(④　　　)などは電気を通しません。

コップ　プラスチック　わりばし　金ぞく

3 図のように、かん電池と豆電球とジュースのかん（スチールかん）をどう線でつなぎます。次の(　　)にあてはまる言葉を□からえらんでかきましょう。

(1) ㋐のようにつなぎました。

豆電球の明かりは

(①　　　)。

スチールかんの上には、

(②　　　)などがぬってあり

（②）は電気を

(③　　　)。

通しません　つきません　ペンキ

(2) ㋑のようにジュースのかんの(①　　　)を紙やすりでみがくと、㋐のように(②　　　)の部分があらわれました。

（②）は電気を(③　　　)ので明かりは(④　　　)。

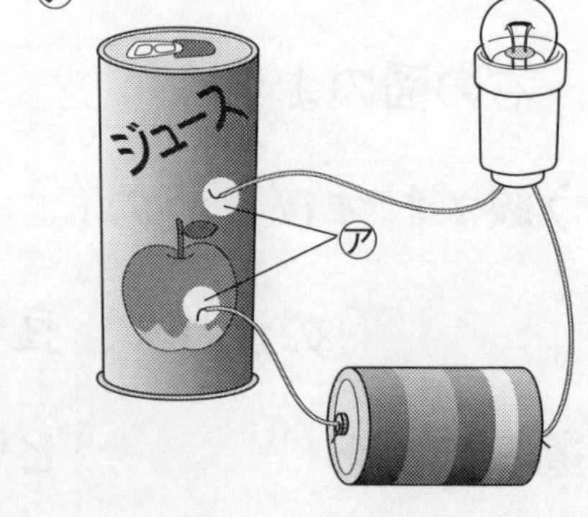

金ぞく　表面　通す　つきます

明かりをつけよう ④

電気を通す・通さない

1 次の(　　)にあてはまる言葉を□からえらんでかきましょう。

明かりがつくものは、鉄やどう、(①　　　　)などの(②　　　　)とよばれるものでできています。これらは電気を(③　　　　)せいしつがあります。

一方、明かりがつかないものは(④　　　　)や(⑤　　　　)、プラスチックや木などでできています。これらは電気を(⑥　　　　)ません。

通す	通し	アルミニウム	金ぞく	紙	ガラス

2 下の図のようにつなぐと明かりがつきました。電気の回路を赤えんぴつでなぞりましょう。

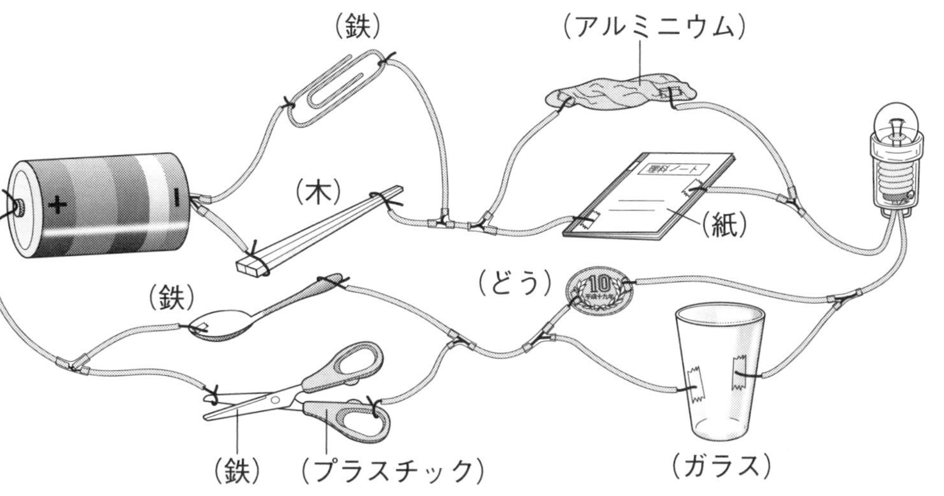

月　　日 名前

ポイント 電気を通す金ぞくで回路をつくります。

3 電気を通すものと通さないものに分けます。次のもので電気を通すものに○、通さないものに×をかきましょう。

① (　　) スプーン(鉄)

② (　　) スプーン(プラスチック)

③ (　　) はさみ　鉄の部分

④ (　　) はさみ　プラスチックの部分

⑤ (　　) 10円玉(どう)

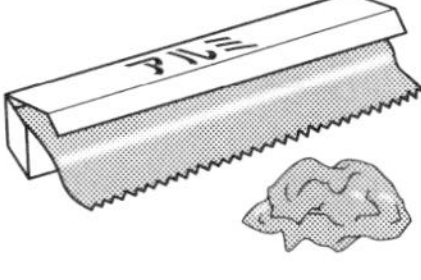

⑥ (　　) ノート(紙)

⑦ (　　) アルミニウムはく(アルミニウム)

⑧ (　　) 木のわりばし

⑨ (　　) 空きかん　色がぬってある部分

⑩ (　　) 空きかん　色をはがした部分

⑪ (　　) プラスチックじょうぎ

⑫ (　　) どう線のビニールの部分

4 次の文で、正しいものには○、まちがっているものには×をかきましょう。

① (　　) ビニールでつつまれたどう線を回路に使うときには、つなぐところのビニールをはがして使います。

② (　　) スイッチは、電気を通すものだけでできています。

③ (　　) アルミかんにぬってあるペンキなどは電気を通します。

まとめテスト

明かりをつけよう

月　　日　名前　　　　/100点

1 明かりをつけるのにひつような物を集めます。それぞれの名前を□からえらんでかきましょう。（1つ5点）

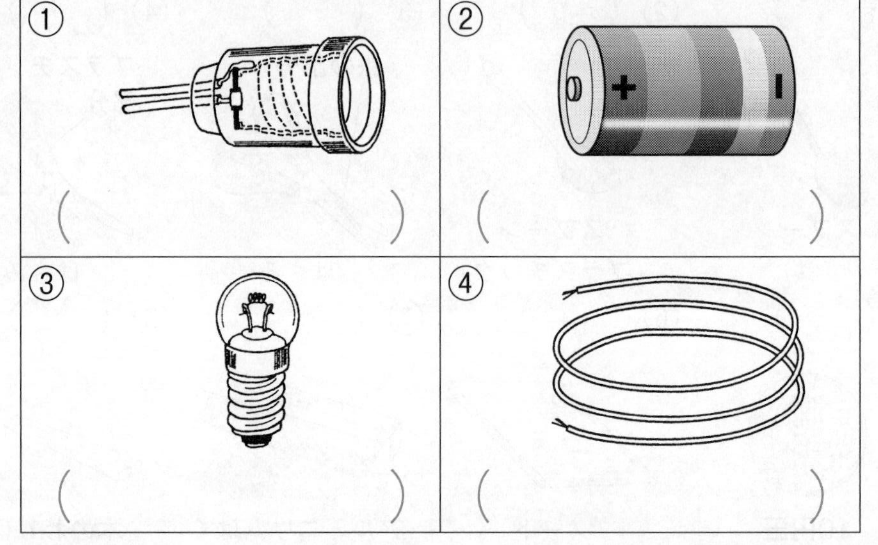

豆電球	かん電池	ソケット	どう線

2 次の（　）にあてはまる言葉を□からえらんでかきましょう。（1つ8点）

右の図のようにかん電池の（①　　）と（②　　）とかん電池の－きょくをどう線でむすび、1つの（③　　）のような形にすると（④　　）が流れて豆電球がつきます。この電気の通り道を（⑤　　）といいます。

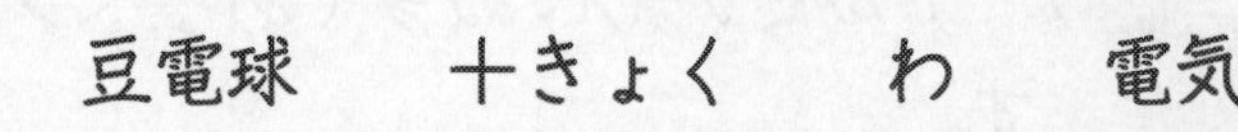

3 図の①～⑨のうち、豆電球に明かりがつくのはどれですか。3つえらび（　）に○をかきましょう。（1つ8点）

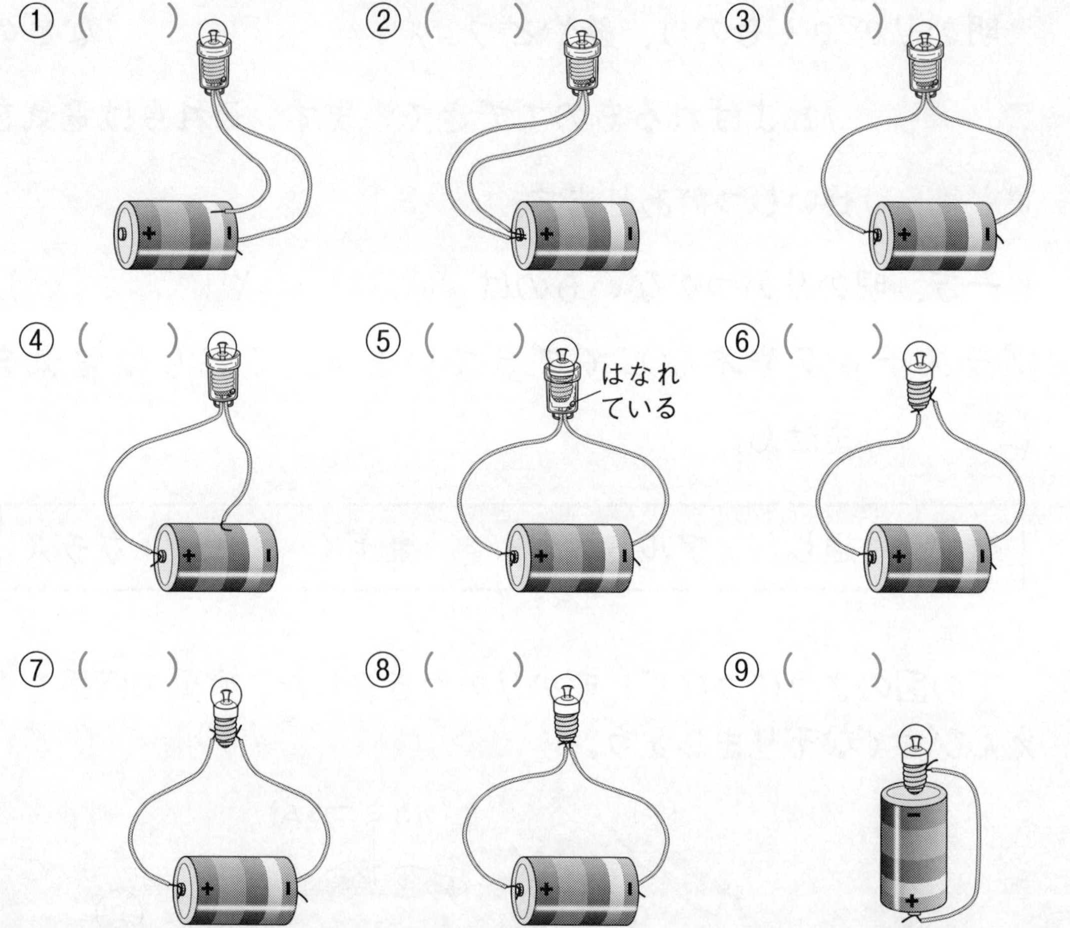

4 次の文で、正しいもの2つに○をかきましょう。（1つ8点）

①（　）フィラメントが切れていると明かりはつきません。

②（　）空きかんは表面にぬってあるものをはがしても電気を通しません。

③（　）どう線を使うときには、つなぐところのビニールをはがします。

まとめテスト

明かりをつけよう

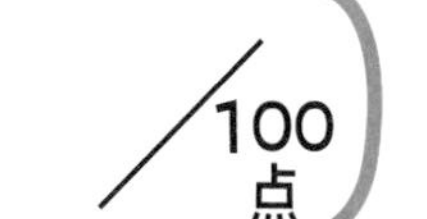

月　日　名前　　/100点

1 次の(　)にあてはまる言葉を□からえらんでかきましょう。（1つ5点）

明かりがつくものは、(①　　)やどう、アルミニウムなどの(②　　)とよばれるものでできています。

これらは、電気を(③　　)せいしつがあります。

一方、明かりがつかないものは、紙やガラス、(④　　)や(⑤　　)などでできています。これらは電気を(⑥　　)ません。

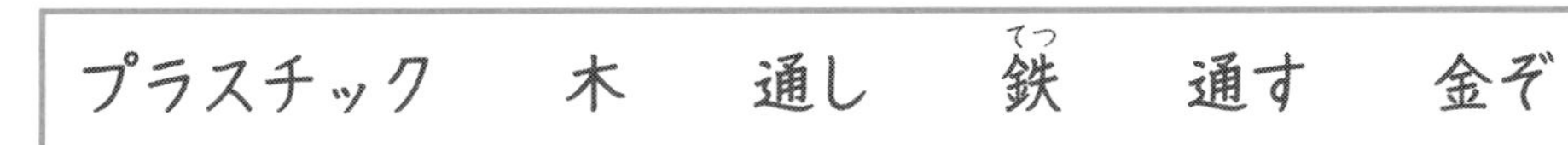

プラスチック	木	通し	鉄	通す	金ぞく

2 次のうち、電気を通すものをえらび(　)に○をつけましょう。（1つ5点）

①(　) 
紙

②(　)
アルミニウムはく

③(　)
金ぞくのナイフ

④(　)
くぎ

⑤(　)
100円玉

⑥(　)  
竹のものさし

3 明かりのつくものを4つえらび、○をつけましょう。（1つ5点）

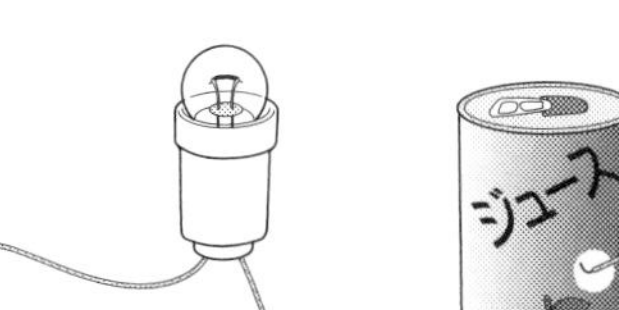
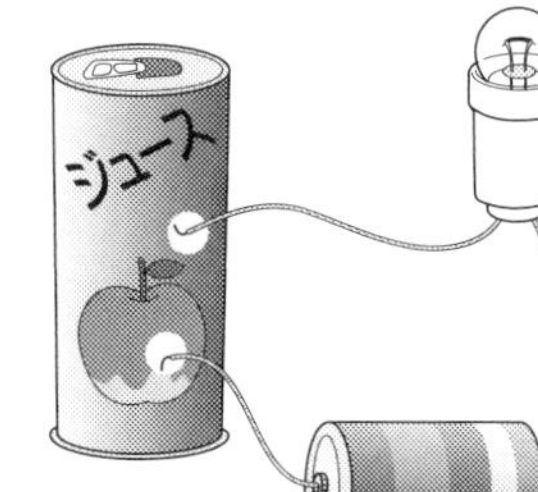
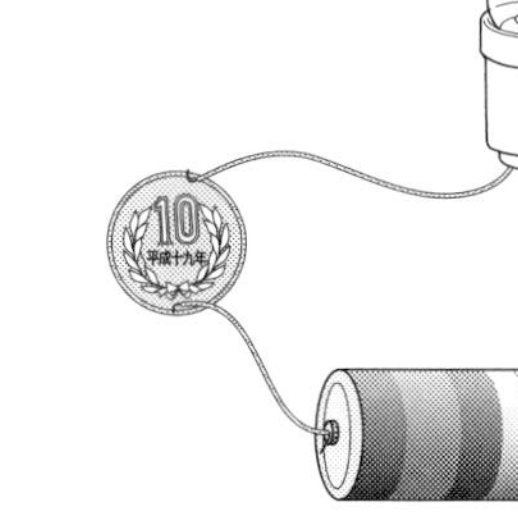

①(　)
1か所をはがしてある

②(　)
2か所はがしてある

③(　)
10円玉

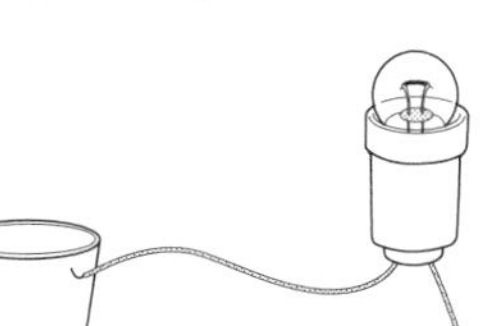
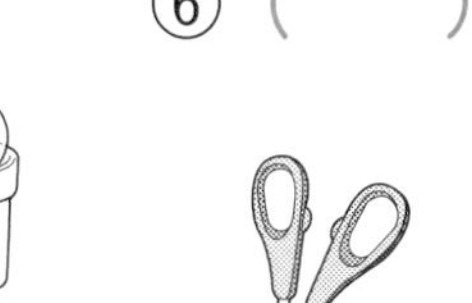
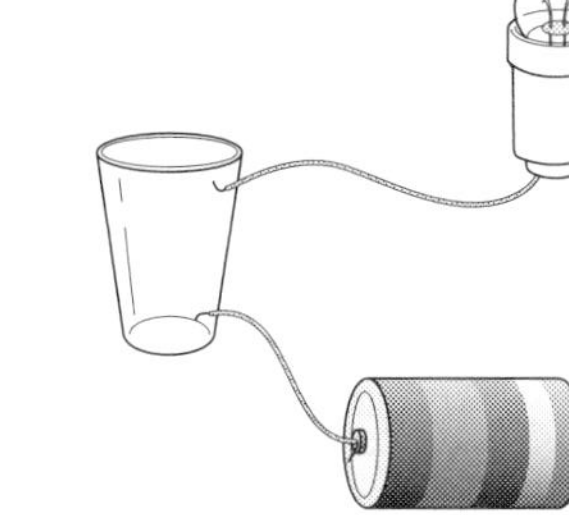
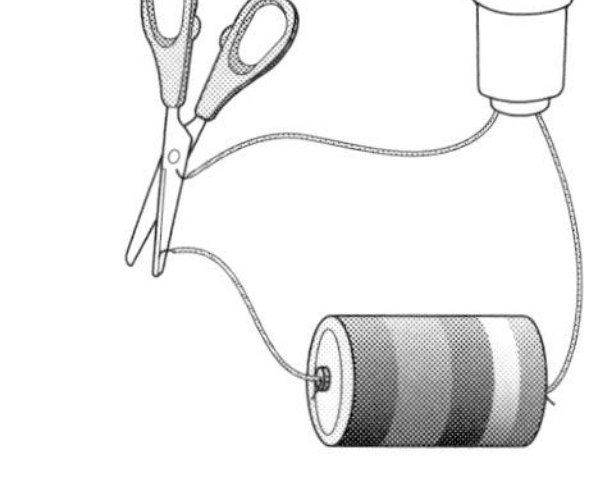

④(　)
鉄の目玉クリップ

⑤(　)
ガラスのコップ

⑥(　)
鉄のはさみ

4 スイッチをおすと、豆電球に明かりがつくようにつなぎます。㋐～㋕をどのようにつなぐかを(　)にかきましょう。（1つ10点）

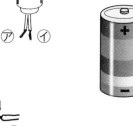

①(　と　)をつなぎ

②(　と　)をつなぎ

③(　と　)をつなぎます。

まとめテスト

明かりをつけよう

月　　日　名前

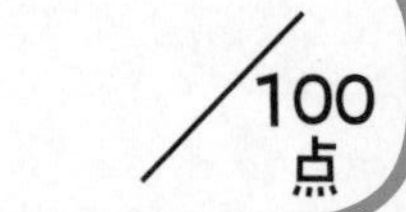

/100点

1 豆電球(まめでんきゅう)に明かりがついています。電気の通り道を赤色で、ぬりましょう。（電池の中はぬりません。）また、①～⑤の名前を□からえらんで（　）にかきましょう。（色5点、1つ5点）

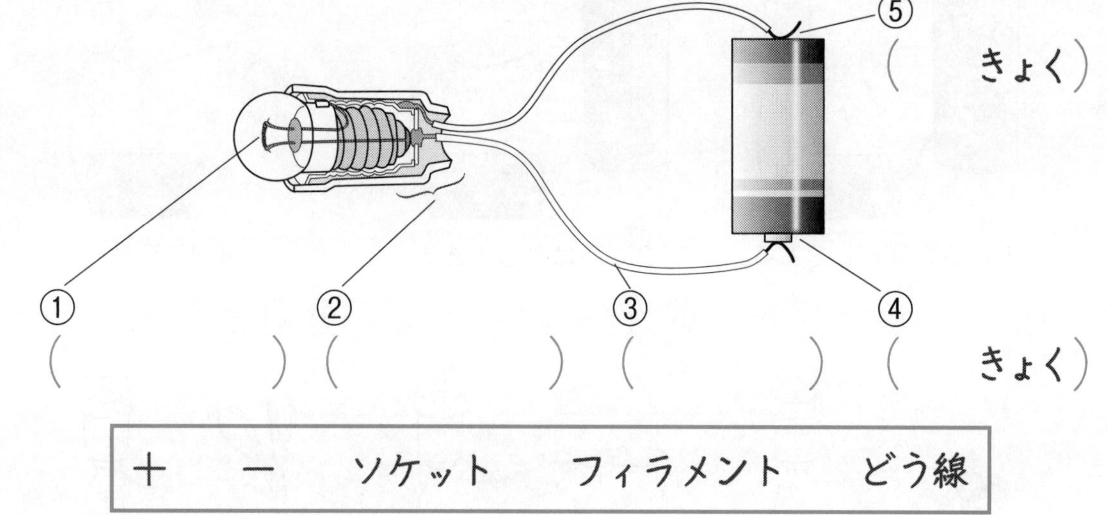

⑤（　　きょく）

①（　　）②（　　）③（　　）④（　　きょく）

＋　－　ソケット　フィラメント　どう線

2 次(つぎ)の図は、豆電球がつきません。回路(かいろ)が切れている部分(ぶぶん)を見つけ、そこに○をかきましょう。（1つ5点）

①　②　③　④

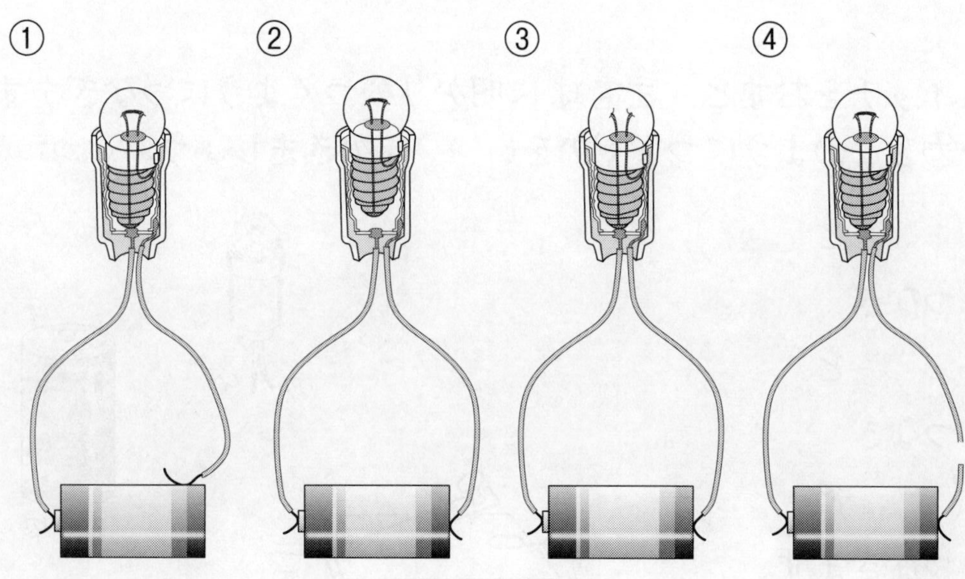

3 ソケットを使(つか)わないで豆電球に明かりをつけるには、豆電球にどう線をどのようにつなげばよいですか。

(1) 次の㋐～㋓からえらびましょう。（10点）（　　）

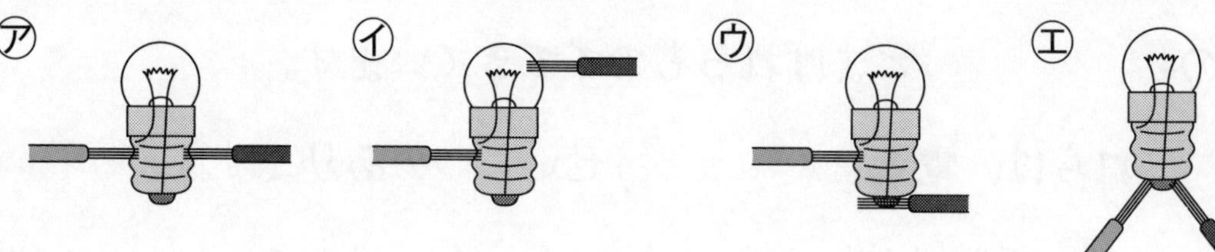

★(2) このとき、どう線の先のビニールをはがすのはなぜですか。（10点）

［　　　　　　　　　　］

4 図で、スイッチⒶをおすと青の豆電球がつき、スイッチⒷをおすと、赤の豆電球がつくように回路をつなぎます。（　）に㋐～㋕をかきましょう。（1つ10点）

①（　　と　　）をつなぎ

②（　　と　　）をつなぎ

③（　　と　　）をつなぎます。

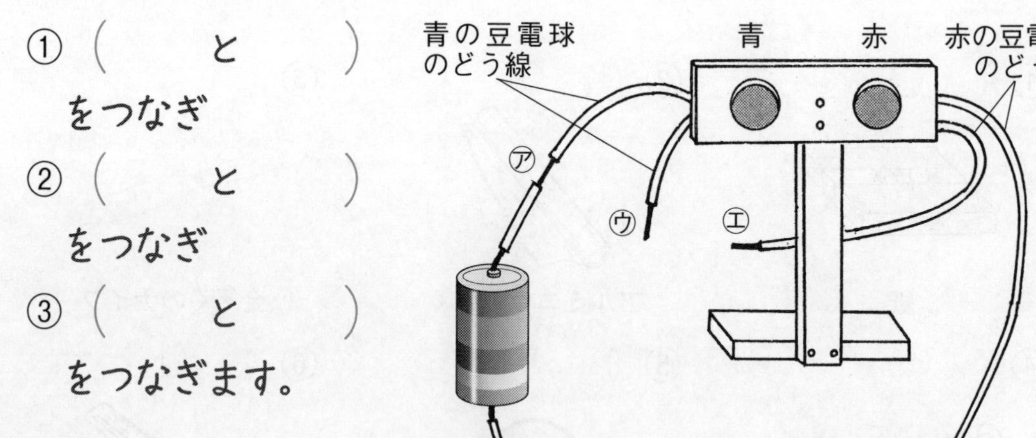

イメージマップ

じしゃくの力

◆ なぞったり、色をぬったりしてイメージマップをつくりましょう

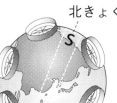

じしゃくの力

鉄(てつ)を引きつける

きょく　力が強い

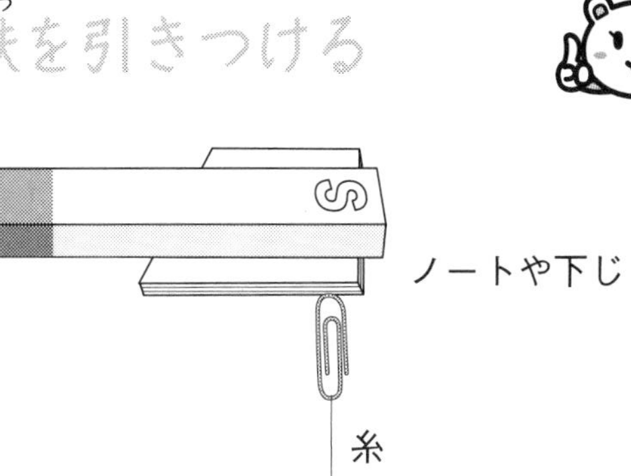

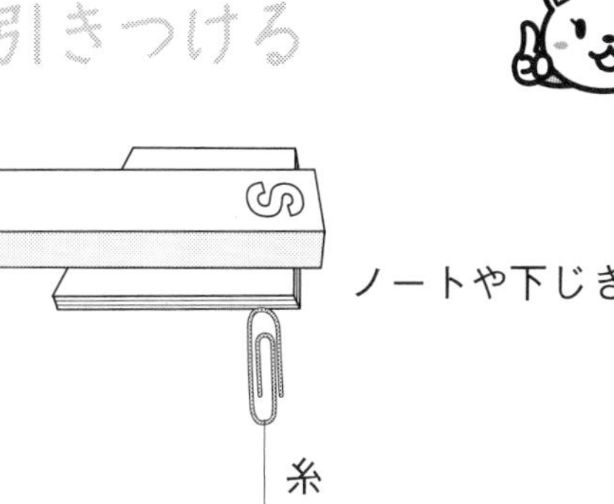

鉄

空きかん（鉄）

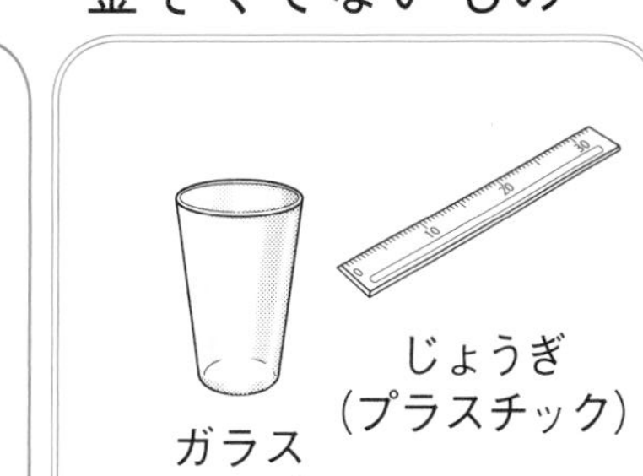

ゼムクリップ（鉄）

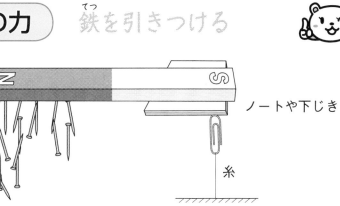

スプーン（鉄）

クリップ（鉄）

さ鉄（すなの中にある）

鉄いがいの金ぞく

空きかん（アルミニウム）

10円玉（どう）

金ぞくでないもの

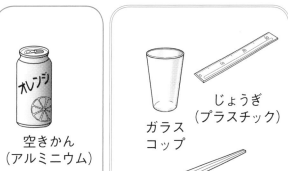

ガラスコップ

じょうぎ（プラスチック）

わりばし（木）

紙

注意(ちゅうい)　じしゃくでこわれるもの

時計

ビデオテープ

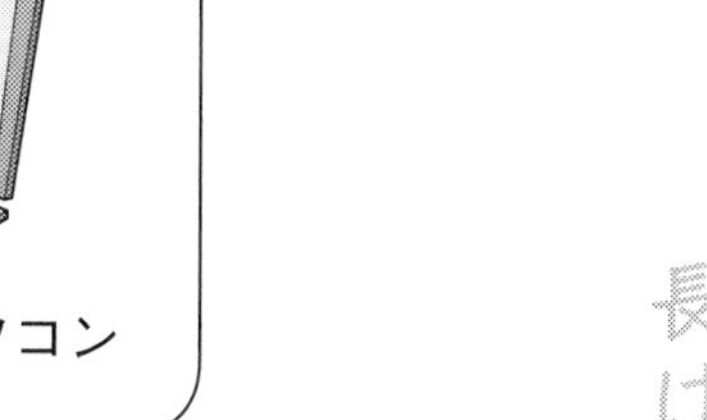

じきカード

パソコン

月　　日　名前

じしゃくのせいしつ

Nきょく・Sきょくがある

ちがうきょくどうし　引きあう

引きあう

引きあう

同じきょくどうし　しりぞけあう

しりぞけあう

しりぞけあう

じしゃくのりよう　方いじしん

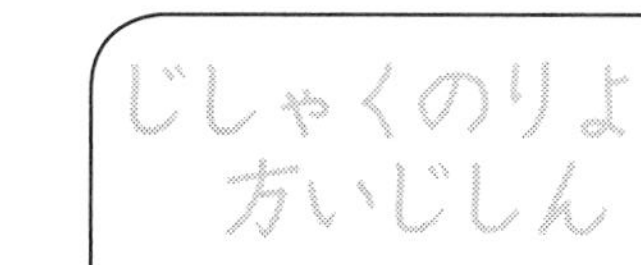

水にうかす

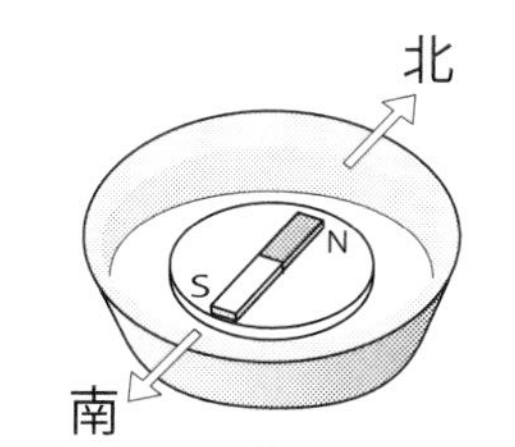

方いじしん

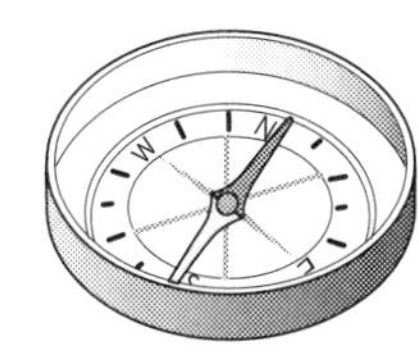

地球(ちきゅう)もじしゃく

北きょく

南きょく

鉄をじしゃくにする

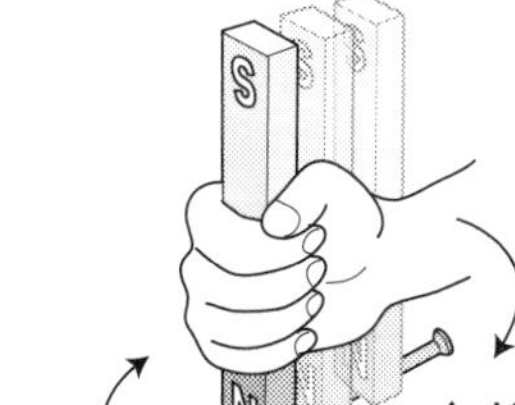

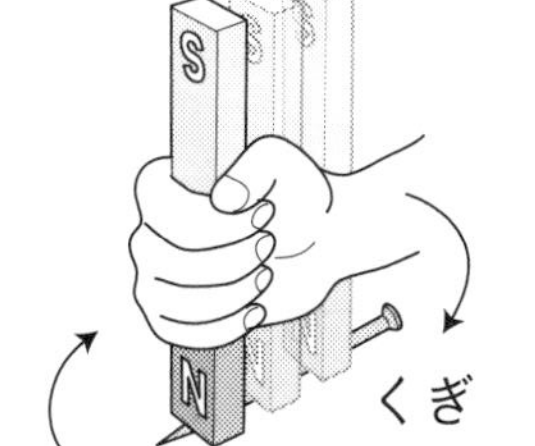

長時間くっつけておく

くぎ

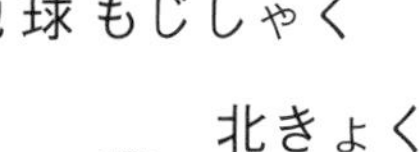

くぎ

じしゃくでこする

月　　日 名前

じしゃくの力 ①
じしゃくのきょく

ポイント　じしゃくのきょくのはたらきを調べます。ちがうきょくは引きあい、同じきょくはしりぞけあいます。

1　次の(　　)にあてはまる言葉を□からえらんでかきましょう。

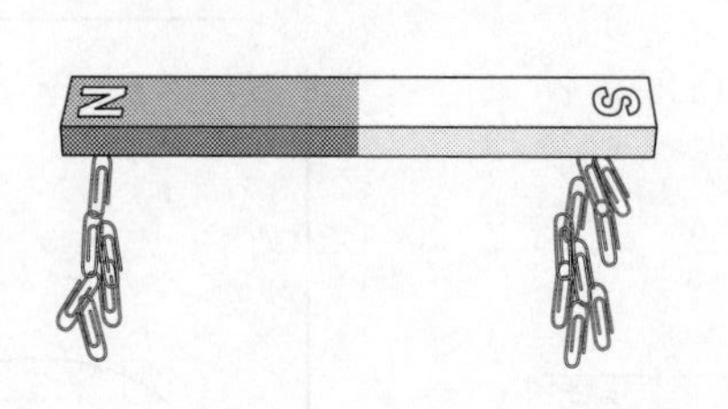

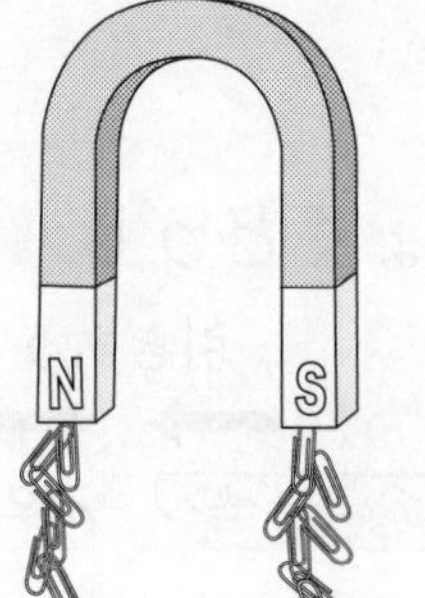

じしゃくがもっとも強く(①　　　)を引きつける(②　　　)の部分を(③　　　)といいます。

どんな形や大きさのじしゃくにも(④　　　)と(⑤　　　)があります。

Nきょく　　Sきょく　　きょく　　鉄　　両はし

2　図のように、2つのじしゃくを近づけたときに、引きあうものには○、しりぞけあうものには×をかきましょう。

①(　　)

②(　　)

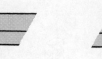

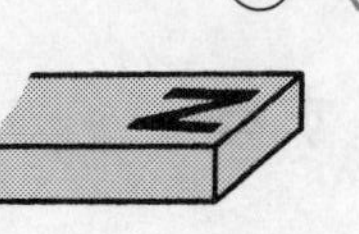

③(　　)

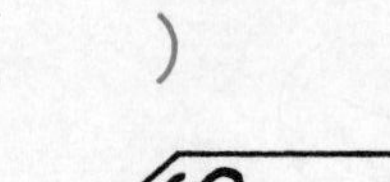

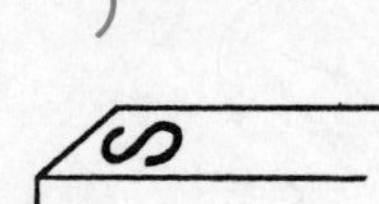

④(　　)

3　丸いドーナツがたのじしゃくが2つあります。1つはぼうを通して下におきます。もう1つをぼうの上の方から落とします。

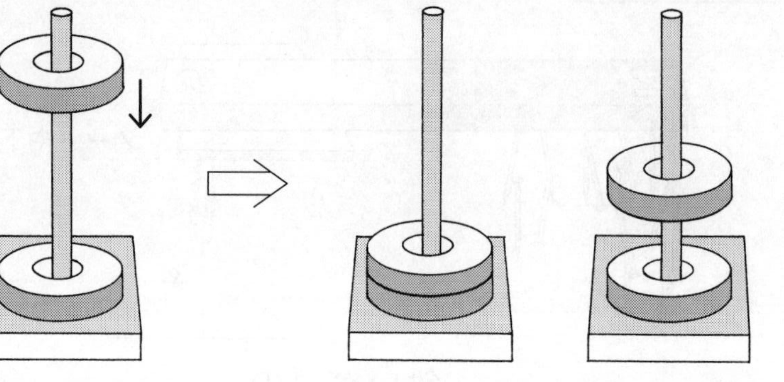

次の文で、正しいものには○、まちがっているものには×をかきましょう。

①(　　)　上のじしゃくが、下のじしゃくにくっつくときは、ちがうきょくが向きあっています。

②(　　)　上のじしゃくが、下のじしゃくにくっつくときは、同じきょくが向きあっています。

③(　　)　上のじしゃくと下のじしゃくは、きょくにかんけいなく、かならずくっつきます。

④(　　)　上のじしゃくが、下のじしゃくにくっつかずにういているときは、ちがうきょくが向きあっています。

⑤(　　)　上のじしゃくが、下のじしゃくにくっつかずにういているときは、同じきょくが向きあっています。

じしゃくの力 ②
じしゃくのきょく

1 次の（　　）にあてはまる言葉を□からえらんでかきましょう。

じしゃくは（①　　　）を引きつけます。じしゃくには、（②　　　　）と（③　　　　）があります。ぼうじしゃくでは、きょくのところがじしゃくの力は一番（④　　　）なります。

じしゃくのNきょくと、べつのじしゃくの（⑤　　　　）は引きあいます。じしゃくのNきょくと、べつのじしゃくの（⑥　　　　）はしりぞけあいます。

強く	Nきょく	Sきょく	鉄

●何回も使う言葉もあります。

2 図のように、ぼうじしゃくの上に鉄のくぎを近づけます。

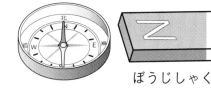

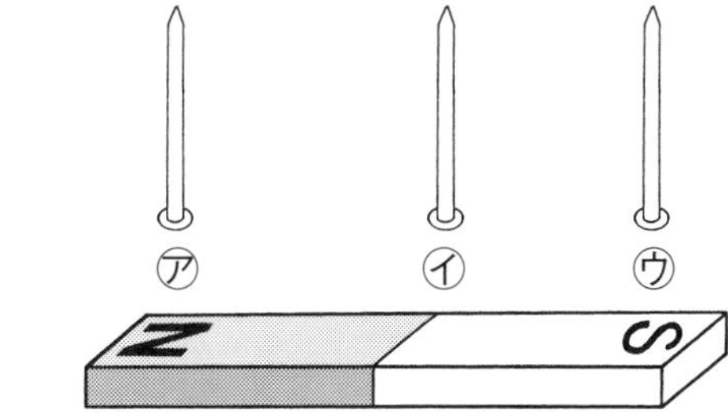

(1) 鉄のくぎが、じしゃくによくついたのは、㋐～㋒のどこですか。2つ答えましょう。
（　　）（　　）

(2) じしゃくの力が弱いところがあります。それは、どこですか。記号で答えましょう。（　　）

(3) くぎがよくついたきょくの名前をかきましょう。
（　　きょく）（　　きょく）

月　　日 名前

ポイント 方いじしんは、じしゃくのせいしつをりようしています。

3 次の（　　）にあてはまる言葉を□からえらんでかきましょう。

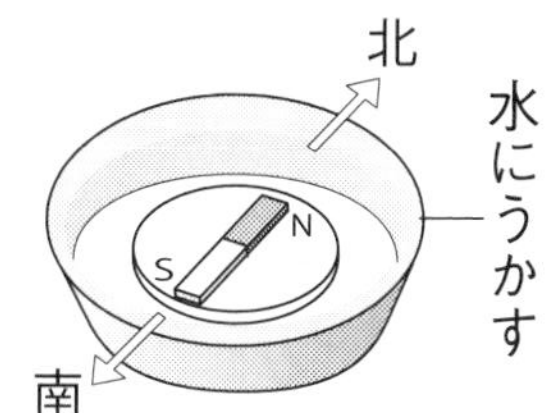

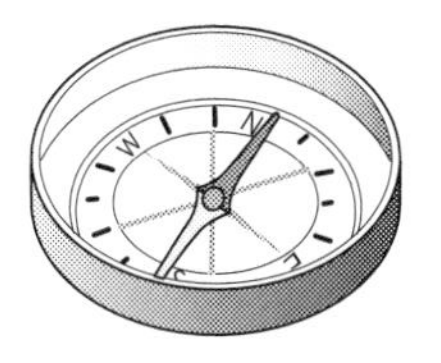
方いじしん

(1) 上の図のようにじしゃくを自由に（①　　　）ようにしておくと、どこでも（②　　　　）は北を、（③　　　　）は南をさして止まります。（④　　　　）は、そのせいしつをりようした道具です。

方いじしん	Nきょく	Sきょく	動く

(2) この北をさしている方いじしんに横からぼうじしゃくを近づけると方いじしんの北をさしているはりは（①　　　）をさしました。これは、ぼうじしゃくのNきょくが、はりの（②　　　）きょくを引きつけたからです。

ぼうじしゃく

このように、方いじしんの近くに（③　　　　）があると、正しい方いを知ることができなくなります。

S	じしゃく	西

じしゃくの力 ③

じしゃくにつく・つかない

1 図の中で、じしゃくにつくものには〇、つかないものには×をかきましょう。

①（　）	②（　）	③（　）	④（　）
ゆのみ（土）	アルミホイル	目玉クリップ（鉄）	虫めがね（ガラス）
⑤（　）	⑥（　）	⑦（　）	⑧（　）
鉄のはさみ	10円玉	Tシャツ（ぬの）	ノート（紙）
⑨（　）	⑩（　）	⑪（　）	⑫（　）
本	鉄のくぎ	アルミかん	えんぴつ

2 次の（　）にあてはまる言葉を□からえらんでかきましょう。

じしゃくは、くぎなど（①　）でできたものを引きつけます。一方（②　）やガラス、プラスチックなどは、引きつけられません。また、（③　）や（④　）などの金ぞくも引きつけられません。

紙　どう　鉄　アルミニウム

じしゃくにつくのは鉄です。アルミニウムやどうは金ぞくですが、じしゃくにつきません。

月　日　名前

3 じしゃくについて、正しいものには〇、まちがっているものには×をかきましょう。

①（　）じしゃくは、金ぞくなら何でも引きつけます。

②（　）じしゃくの形は、いろいろあります。

③（　）じしゃくは、プラスチックを引きつけません。

④（　）じしゃくは、鉄を引きつけます。

⑤（　）じしゃくは、ガラスを引きつけます。

⑥（　）じしゃくは、ゴムは引きつけません。

4 次の（　）にあてはまる言葉を□からえらんでかきましょう。

図㋐のように、じしゃくが直せつクリップに（①　）いなくてもクリップを引きつけます。

また、図㋑、㋒のように、じしゃくとクリップなどの間に（②　）や（③　）をはさんでもクリップを引きつけます。

図㋓のように、鉄のくぎを（④　）でこすると、鉄のくぎもじしゃくになります。

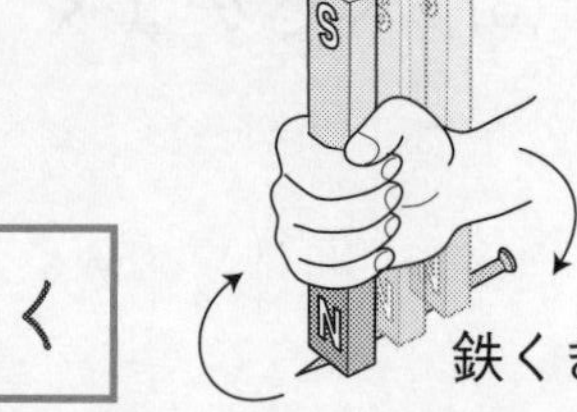

プラスチック　ふれて　板　じしゃく

じしゃくの力 ④

じしゃくをつくる

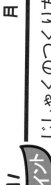

1 図のように、じしゃくに鉄(てつ)くぎをつけてしばらくして、じしゃくからはずすと、2本のくぎはくっついたままになります。

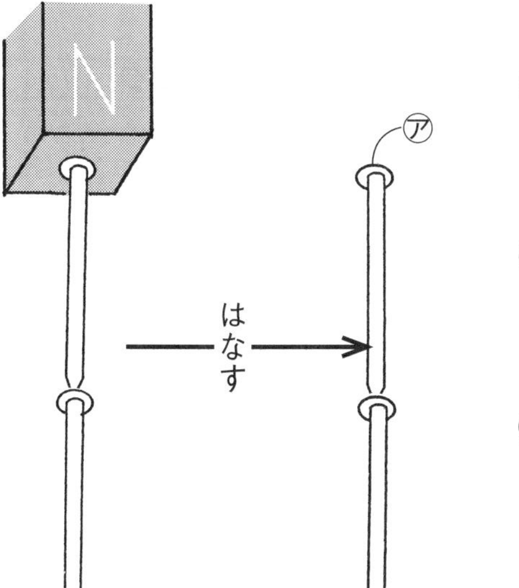

あとの問(と)いに答えましょう。

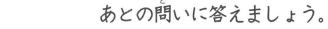

① このくぎは、何になったといえますか。（　　　　　）

② アは、NきょくとSきょくのどちらですか。（　　　　　）

③ イは、Nきょくとどちらですか。（　　　　　）

2 次(つぎ)の（　）にあてはまる言葉(ことば)を□からえらんでかきましょう。

ア
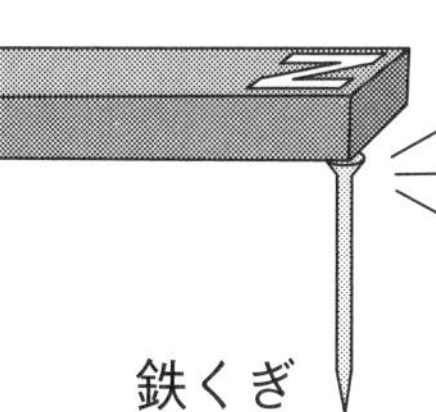

イ
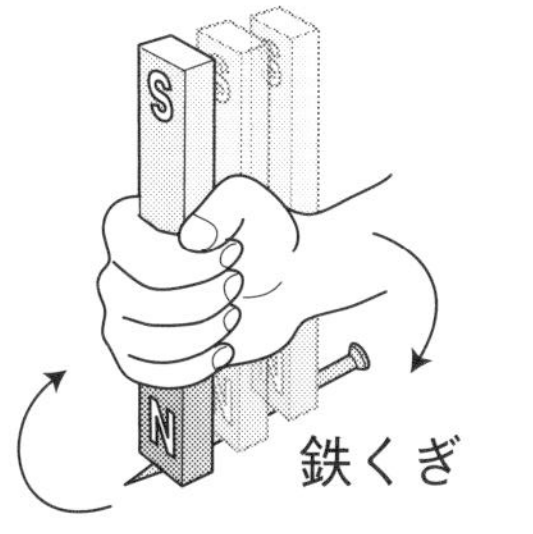

図アのようにしばらくじしゃくについていた鉄くぎは、じしゃくからはなしても（①　　　　）になっていることがあります。

図イのようにじしゃくで鉄くぎを（②　　　　）も、じしゃくになります。

じしゃく　　こすって

月　　日　名前

ポイント　じしゃくのつくり方について調べます。また、地球も大きなじしゃくになっています。

3 じしゃくにつけたくぎが、じしゃくになっているかどうかを調(しら)べます。次の（　）にあてはまる言葉を□からえらんでかきましょう。

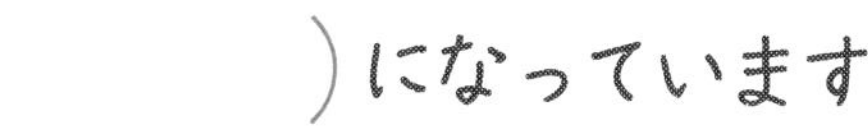

くぎをさ鉄の中に入れると、くぎの頭と先の両方(りょうほう)にさ鉄がついたので、（①　　　　）になっています。

くぎを水にうかべると、くぎの先が北をさして止まったので、くぎの先は（②　　　）きょくになっています。

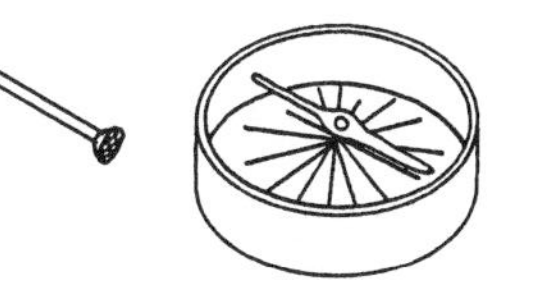

くぎを方いじしんに近づけると、方いじしんのはりが（③　　　　）。

動(うご)きました　　N　　じしゃく

4 次の（　）にあてはまる言葉を□からえらんでかきましょう。

地球(ちきゅう)は大きな（①　　　　）です。方いじしんのNきょくは（②　　　）をさします。地球の北きょくは、Nきょくを引きつけるので（③　　　　）で、南きょくは（④　　　　）です。

Nきょく　　Sきょく　　北　　じしゃく

じしゃくの力

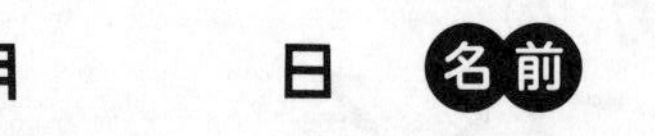

/100点

1 次(つぎ)のもので、じしゃくにつくものには○、つかないものには×をかきましょう。（1つ5点）

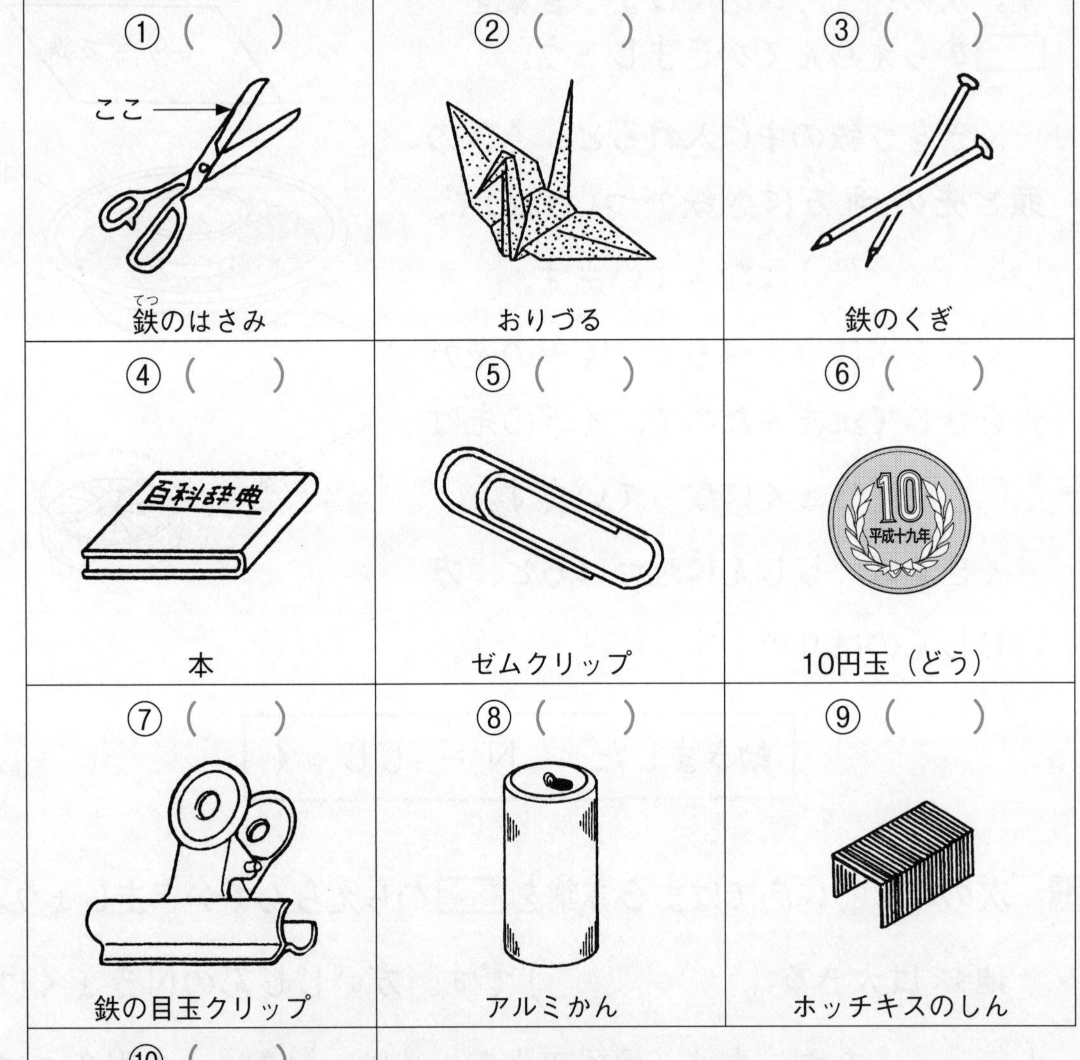

2 図のように、2つのじしゃくを近づけたときに、引きあうものには○、しりぞけあうものには×をかきましょう。（1つ5点）

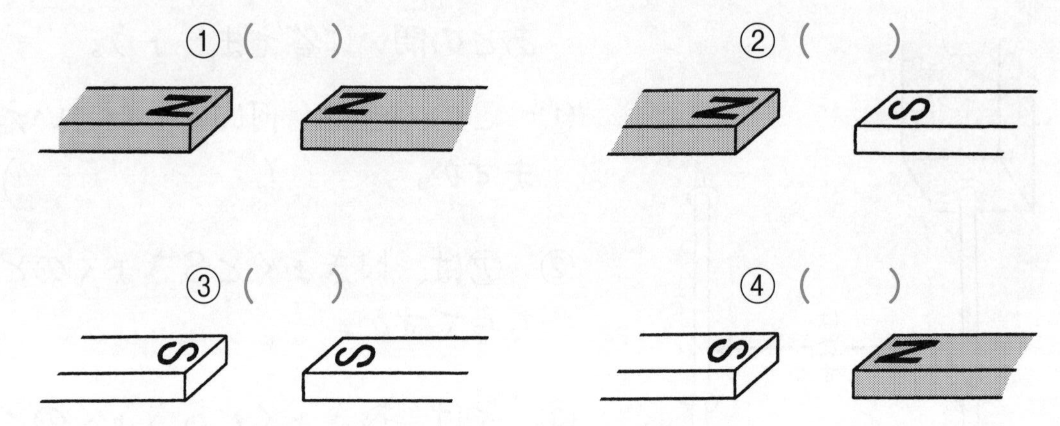

3 次の文で、正しいものには○、まちがっているものには×をかきましょう。（1つ5点）

①（　）じしゃくには、Nきょくとsきょくがあります。

②（　）丸いじしゃくには、NきょくもSきょくもありません。

③（　）じしゃくは、どんな金ぞくでも引きつけます。

④（　）方いじしんのNきょくは北をさします。

⑤（　）鉄くぎを、じしゃくで同じ方向(ほうこう)へこすると、じしゃくになります。

⑥（　）じしゃくは、自由(じゆう)に動(うご)くようにすると、北と南をさして止まります。

まとめテスト 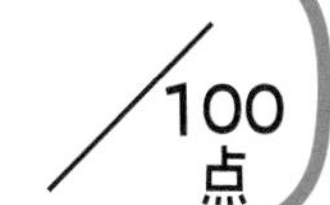

じしゃくの力

月　　日　名前　　　　/100点

1 次のもののうち、じしゃくにつくものには○、つかないものには×をかきましょう。（1つ4点）

① (　　) アルミかん　　② (　　) 竹のものさし

③ (　　) チョーク　　④ (　　) 鉄のはさみ

⑤ (　　) 5円玉　　⑥ (　　) プラスチックじょうぎ

⑦ (　　) ぶらんこのくさり　　⑧ (　　) ガラスのコップ

⑨ (　　) 鉄のはりがね　　⑩ (　　) 消しゴム

2 図を見て、あとの問いに答えましょう。（1つ4点）

(1) じしゃくで、引きつける力の強いところは、①～⑤のどこですか。番号で答えましょう。

㋐ 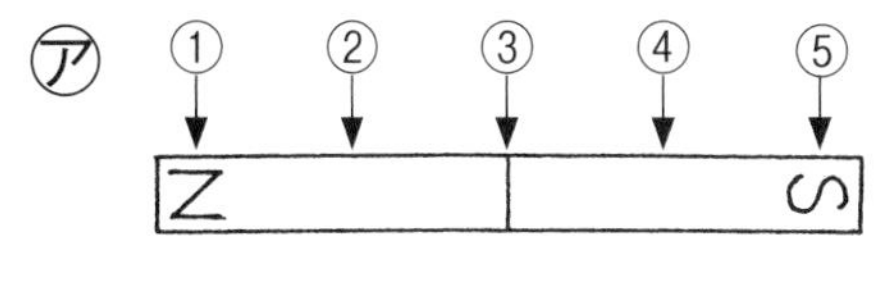

㋑ 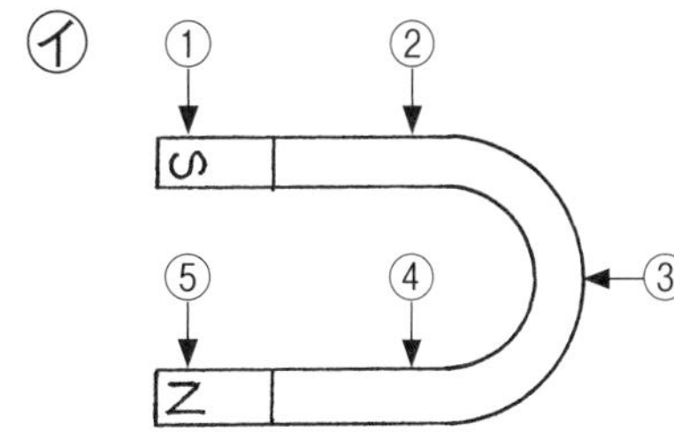

(　　) (　　)　　(　　) (　　)

(2) 引きつける力の強いところを何といいますか。

(　　　　　　)

3 図のように、丸いドーナツがたじしゃくと、ぼうじしゃくを使って、同じ部屋でじっけんをしました。2つのじしゃくを自由に動くようにしておくと、しばらくして止まりました。（1つ4点）

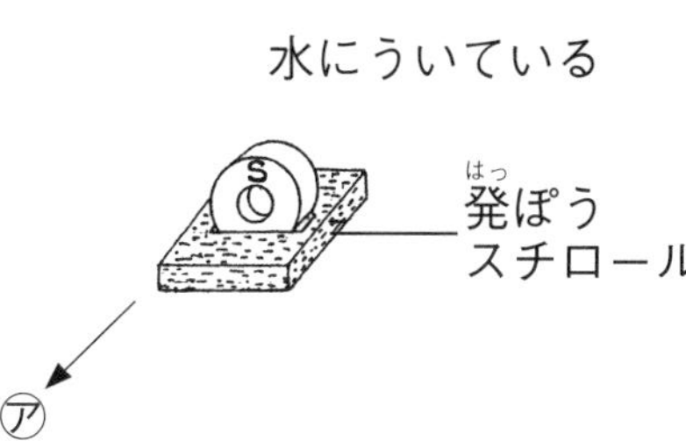

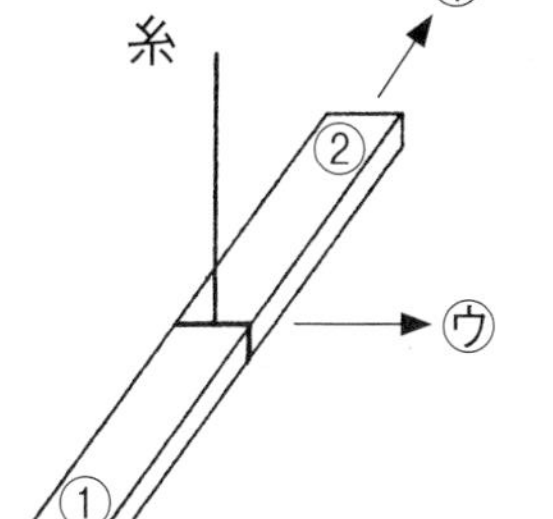

(1) ㋐～㋒の方いをかきましょう。

㋐ (　　)　㋑ (　　)　㋒ (　　)

(2) ①と②のきょくをかきましょう。

① (　　きょく)　② (　　きょく)

(3) じしゃくのこのせいしつを使った道具の名前をかきましょう。

(　　　　　　)

4 次の文で正しいものには○、まちがっているものには×をかきましょう。（1つ4点）

① (　　) NきょくとNきょくは引きあいます。

② (　　) SきょくとSきょくはしりぞけあいます。

③ (　　) NきょくとSきょくは引きあいます。

④ (　　) NきょくとSきょくはしりぞけあいます。

まとめテスト

じしゃくの力

月　日　名前

1 次の(　)にあてはまる言葉を□からえらんでかきましょう。（1つ5点）

(1) じしゃくは(①　　)でできたものを引きつけます。(②　　)やガラス、プラスチックなどは、じしゃくにつきません。また(③　　　)や(④　　)などの金ぞくもじしゃくにつきません。

紙	鉄	アルミニウム	どう

(2) じしゃくの力が一番強いところを(①　　)といいます。きょくには(②　　)と(③　　)があります。また、同じきょくを近づけると(④　　)あい、ちがうきょくを近づけると(⑤　　)あいます。

Nきょく	しりぞけ	Sきょく	引き	きょく

(3) じしゃくの(①　　)は北をさし、(②　　)は南をさします。このせいしつを使った道具を(③　　)といいます。

Sきょく	Nきょく	方いじしん

2 丸いドーナツがたのじしゃくが2つあります。1つはぼうを通して下におきます。もう1つをぼうの上の方から落とすと、図のようになりました。

(1) ㋐と㋑は、Nきょくと Sきょくのどちらですか。（1つ5点）

㋐(　　　)

㋑(　　　)

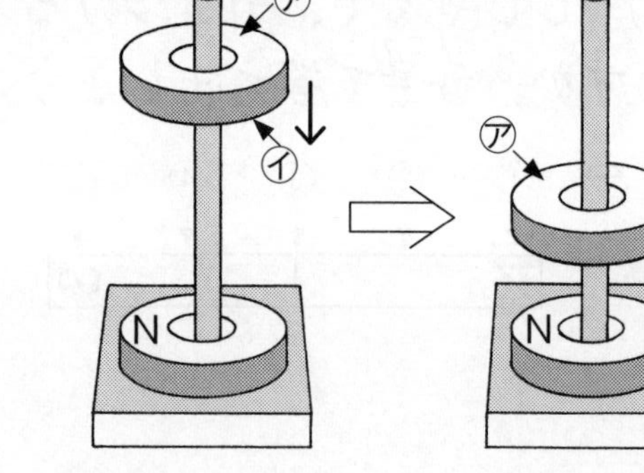

(2) 次に、同じように、もう1つのじしゃくを上から落とすと図のようになりました。㋐と㋑は、何きょくですか。（1つ5点）

㋐(　　　)

㋑(　　　)

★(3) (2)のようになったわけをかきましょう。（20点）

[　　　　]

イメージマップ

風やゴムのはたらき

◆ なぞったり、色をぬったりしてイメージマップをつくりましょう

風の力

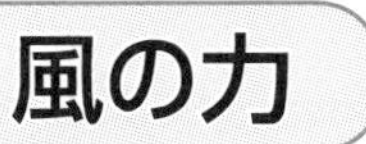

息

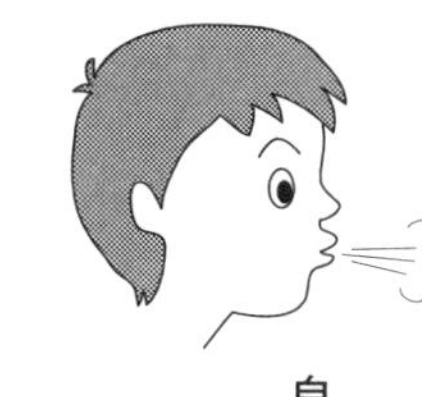

息

うちわ

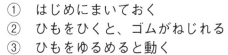

風船

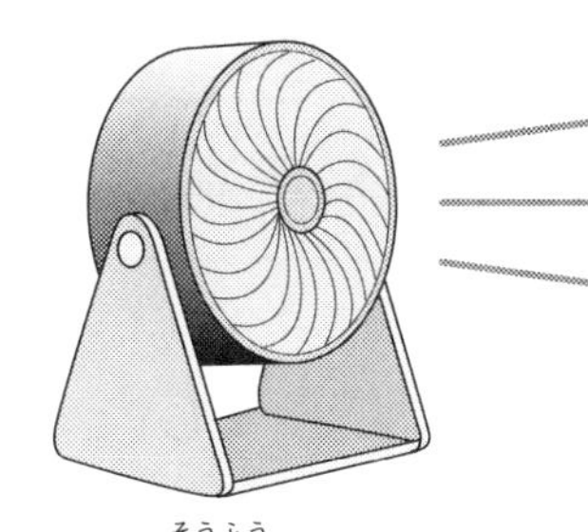
プロペラ

送風き

風で動くおもちゃ

セロハン

船

発ぽうスチロールの皿と紙コップ

車

だんボール紙

風の強さ

なし　止まる

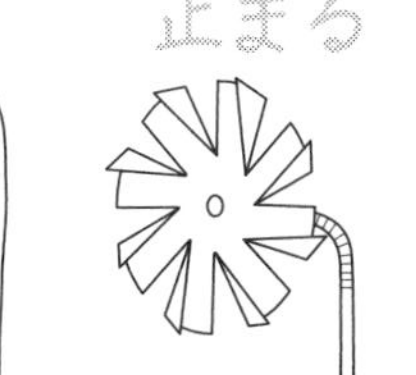

弱い　ゆっくり回る

強い　速く回る

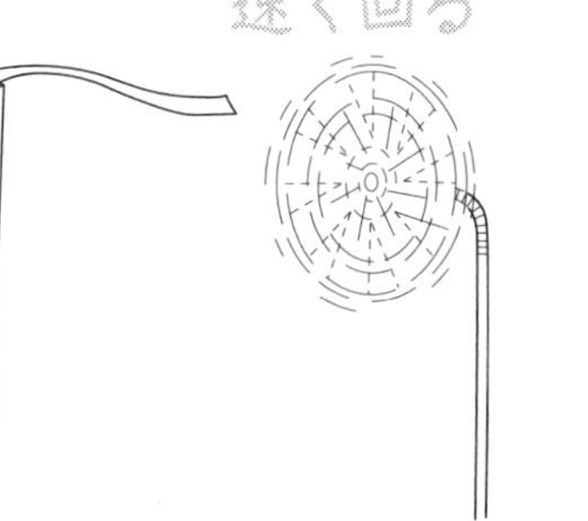
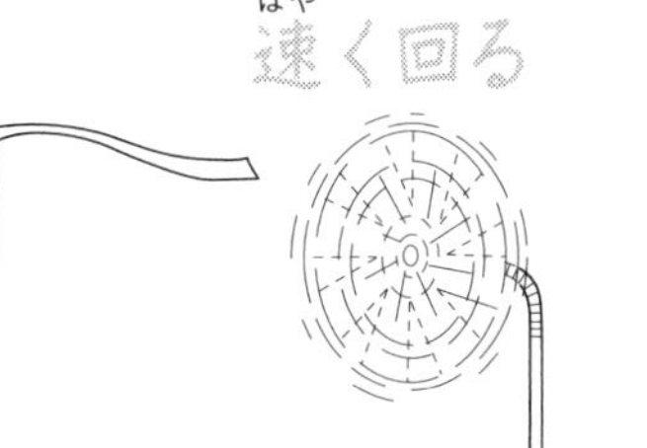
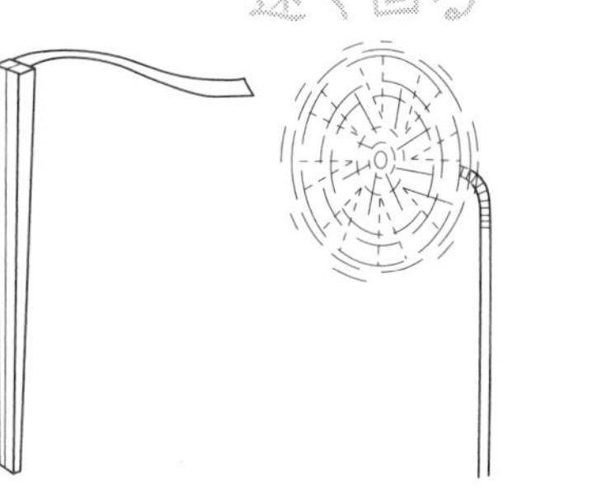

月　　日　名前

ゴムの力

のびる・ねじれる　元にもどる力

ゴムで動くおもちゃ

のびる

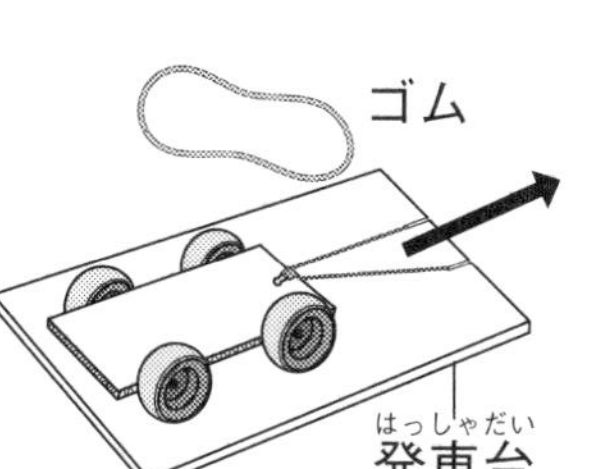

① ゴムをひっぱり、のばす
② 車の手をはなす

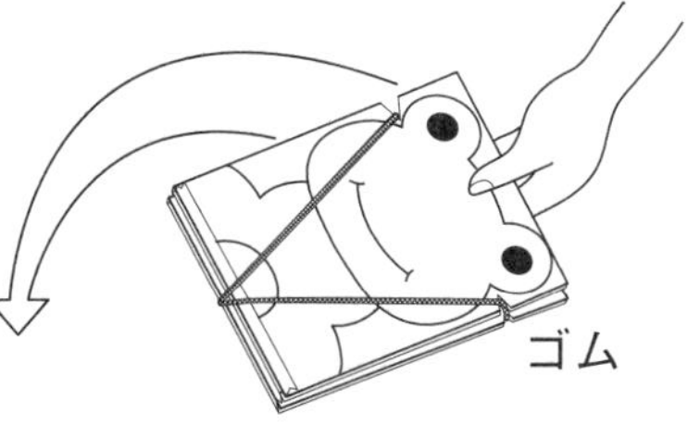

① おりまげてゴムをのばす
② 手をはなす

① はじめにまいておく
② ひもをひくと、ゴムがねじれる
③ ひもをゆるめると動く

ゴムの強さ

わゴムの数

わゴム2本

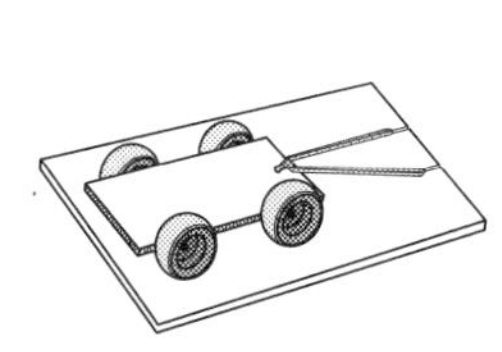

わゴム1本

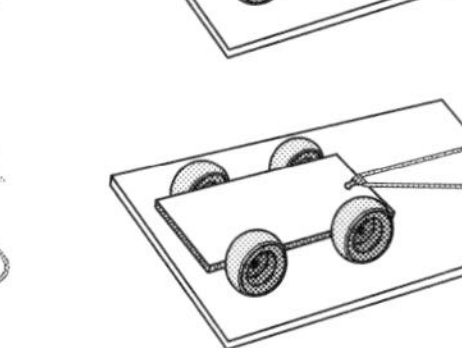

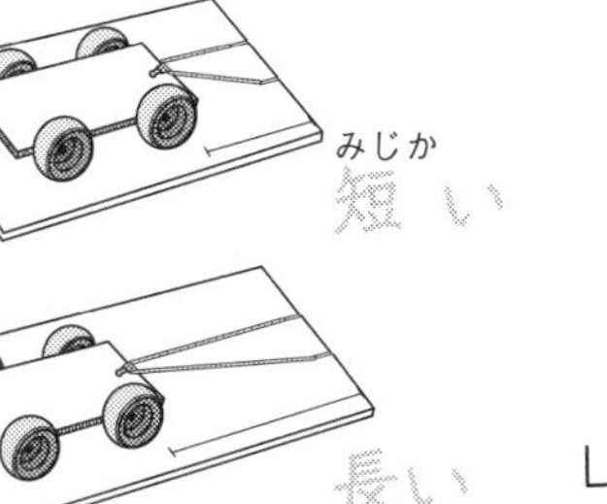
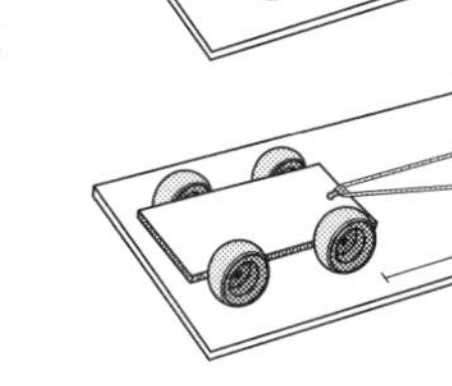

強
速い

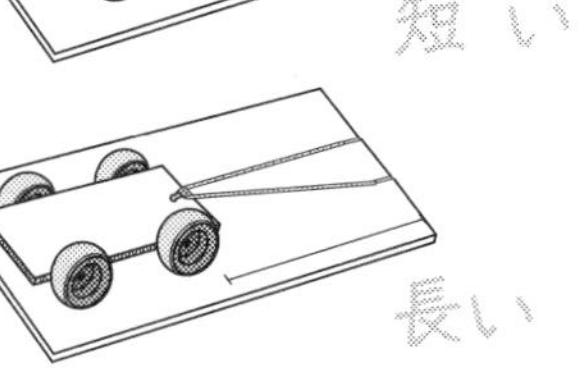
弱
おそい

引っぱる長さ

わゴム1本

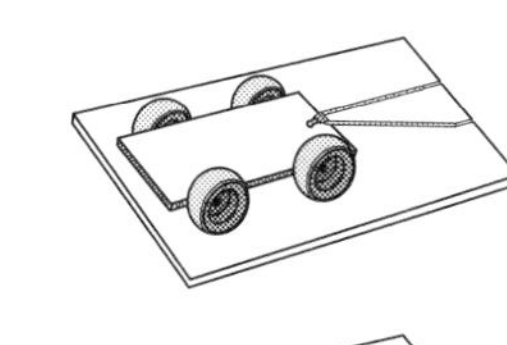
短い

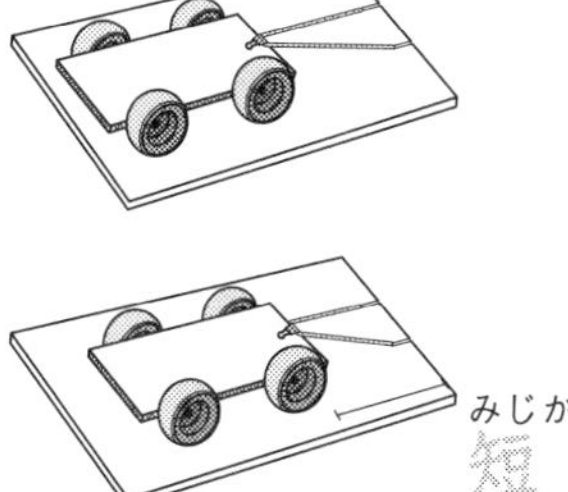
長い

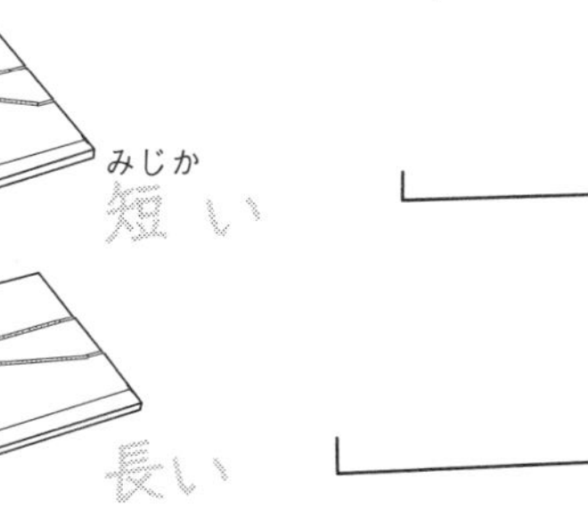
近い

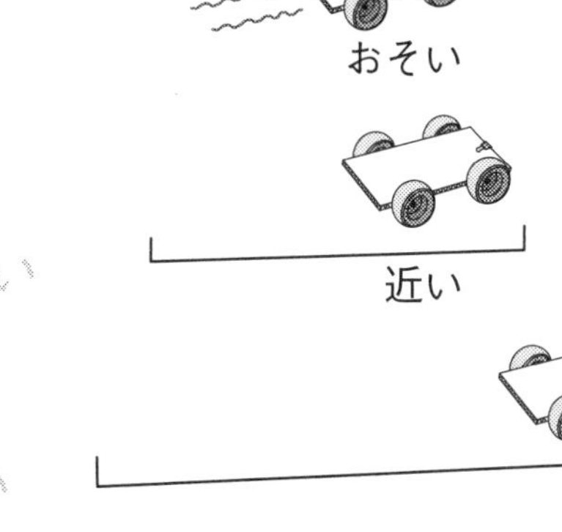

遠い

風やゴムのはたらき ①

風のはたらき

月　　日　名前

ポイント　風には、はく息のように小さな力のものや、台風のように大きな力のものがあります。

1 次の(　)にあてはまる言葉を□からえらんでかきましょう。

(1) ビニールぶくろにつめこんだ(①　　)をおし出すと(②　　)が起こります。人が(③　　)をはき出しても風は起こります。

風　　息　　空気

(2) 風には力があります。

人の息を、もえているローソクの火にふきかけて(①　　)ことができます。せんこうのけむりが、そよっと(②　　)ような(③　　)力から、台風のように木を(④　　)たり、屋根の(⑤　　)をとばしたりするような(⑥　　)力まであります。

動く　　たおし　　消す　　小さな　　大きな　　かわら

2 ふき流しをつくり、せん風きの風の強さを調べました。それぞれのふき流しは、強・中・弱・切のどれですか。

プロペラが回る　①(　　)②(　　)③(　　)④(　　)

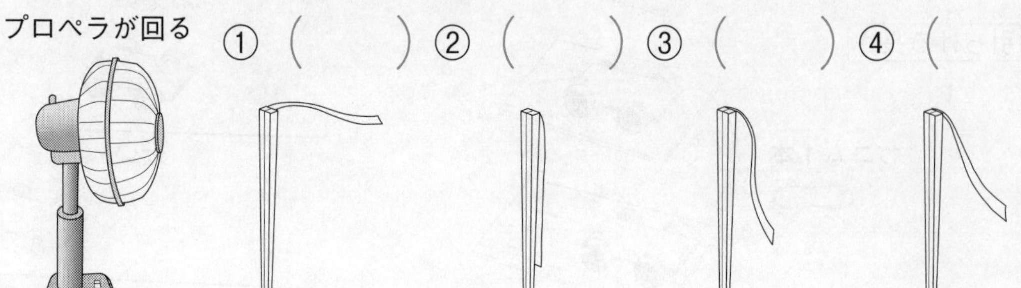

2 次の(　)にあてはまる言葉を□からえらんでかきましょう。

(1) 風の力をはかるものに(①　　)があります。

右の図のように風が(②　　)ときには㋐のように大きくたなびき、風の力が(③　　)ときには㋑のようになります。

(①)のほかに、プロペラの回転する(④　　)で、風の強さをはかるものもあります。

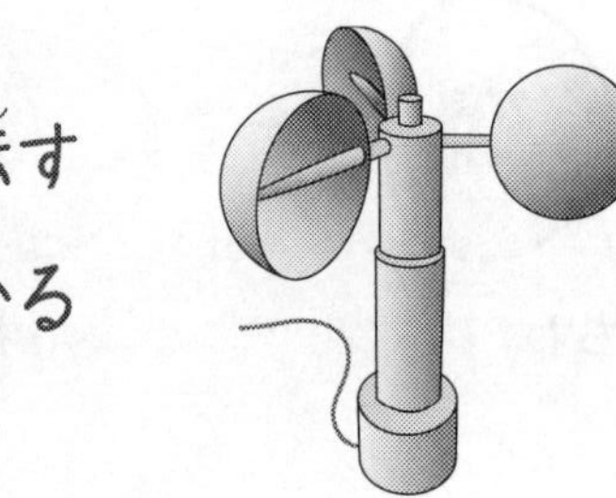

弱い　　強い　　ふき流し　　速さ

(2) 身のまわりには、風の力をりようしたものがたくさんあります。(①　　)のような乗り物や大きな(②　　)をまわして電気をつくる風力発電き、風の力でゴミをすいこむ(③　　)などです。(④　　)や(⑤　　)も、風の力ですずしくしています。

うちわ　　せん風き　　プロペラ　　そうじき　　ヨット

風やゴムのはたらき ②

風のはたらき

1 図のような「ほ」のついた車を走らせるじっけんをしました。車の重さは同じにします。グラフを見て、（　　）にあてはまる言葉を□からえらんでかきましょう。

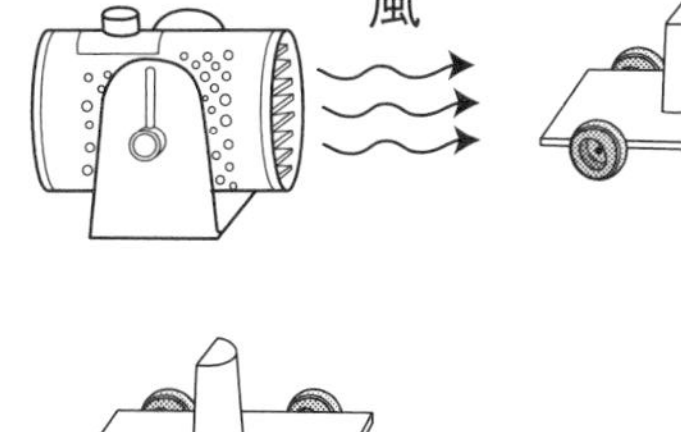
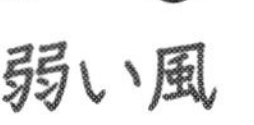

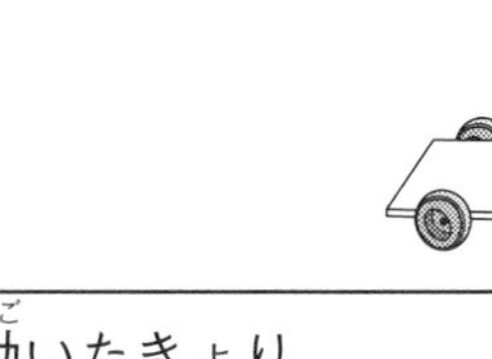

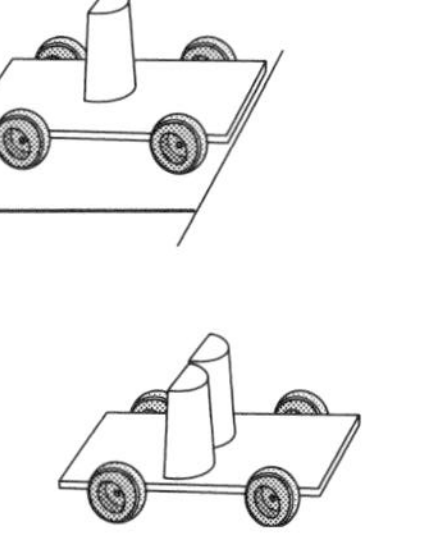

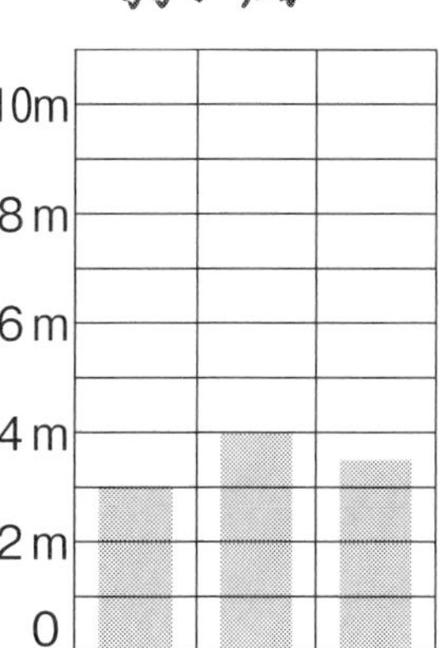

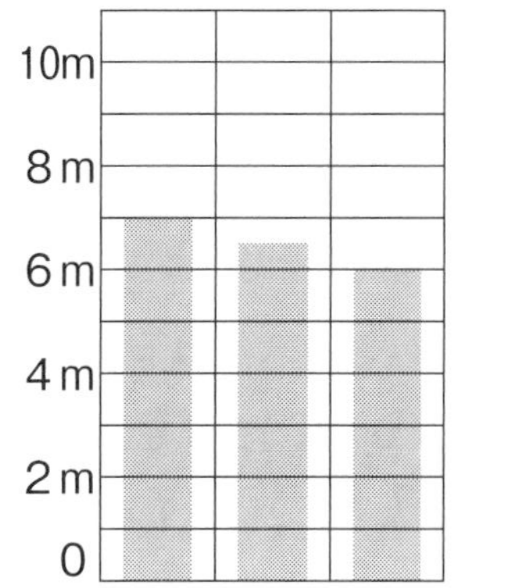

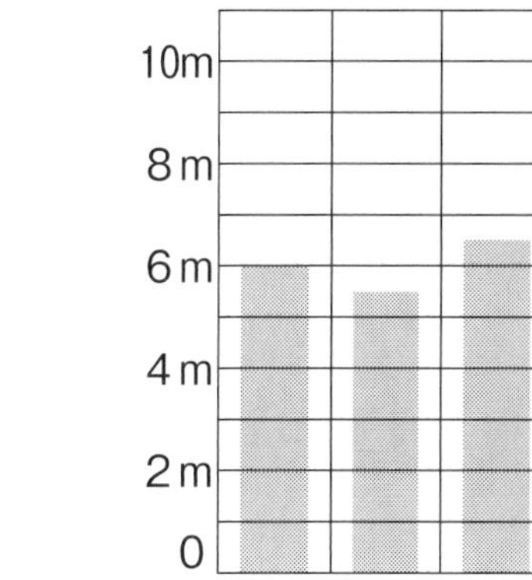

このじっけんでは、3回の（①　　　）をくらべています。それは、1回より（②　　　）なけっかになるようにするためです。どの車の（③　　　）も（④　　　）にしています。重さがちがうと走る（⑤　　　）がちがって、くらべることができないからです。

同じ　　きょり　　正かく　　重さ　　けっか

月　　日　名前

ポイント　風の力を「ほ」に受けて走る車があります。受ける力が大きいほど遠くまで走ります。

2 1のじっけんを見て、正しいものには○、まちがっているものには×をかきましょう。

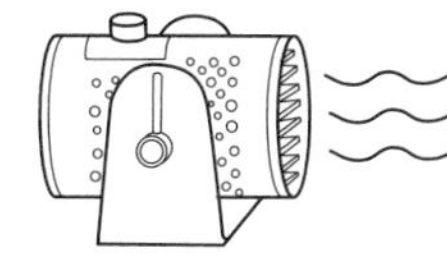

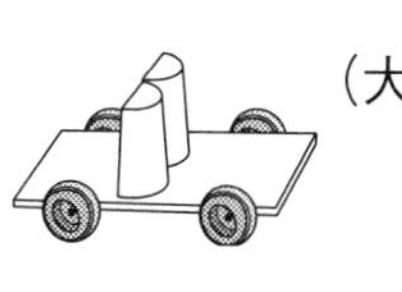

①（　　）「ほ」が大きい方が動くきょりが長いです。

②（　　）「ほ」の大きさは、動くきょりにかんけいありません。

③（　　）風が強い方が遠くまで動きます。

④（　　）風の強さは、動くきょりにかんけいありません。

⑤（　　）風が強くて、「ほ」の大きいものが、一番動くきょりが長いです。

3 次のような風船のはたらきで動く車をつくりました。（　　）にあてはまる言葉を□からえらんでかきましょう。

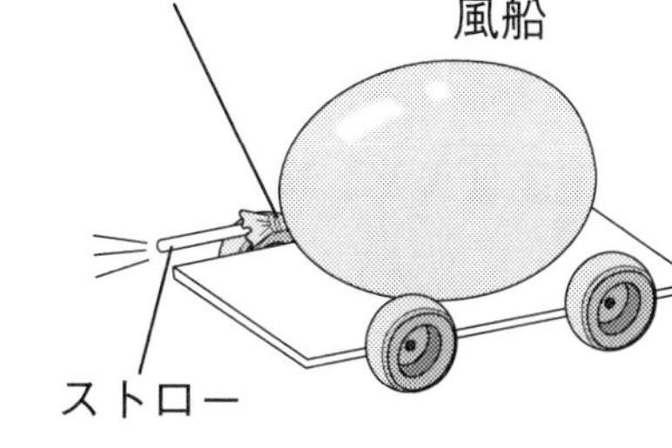

ゴムでできた風船を大きくふくらませ、ストローからたくさんの（①　　　）が出るようにすると車は（②　　　）まで走ることができます。

また、おし出す力の（③　　　）風船をつけると車は（④　　　）走ります。

速く　　空気　　遠く　　強い

月　日 名前

風やゴムのはたらき ③

ゴムのはたらき

1 ゴムの力をりようしたおもちゃつくりをしました。次のようなものができました。

㋐ 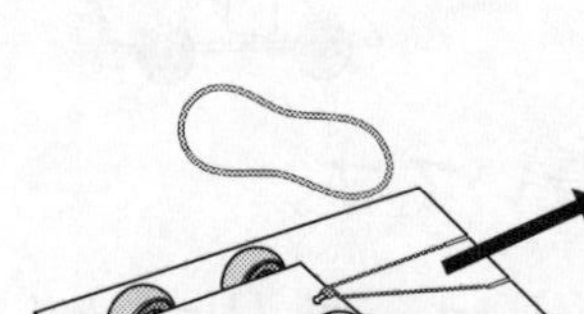 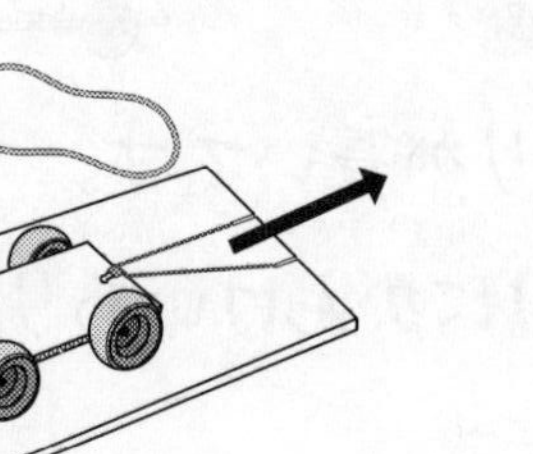

ひっぱっておいて、はなすと動く

㋑ 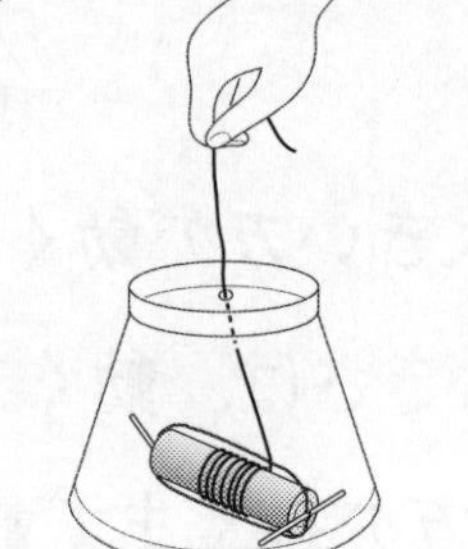

ひもをひっぱってはなすと動く

㋒ 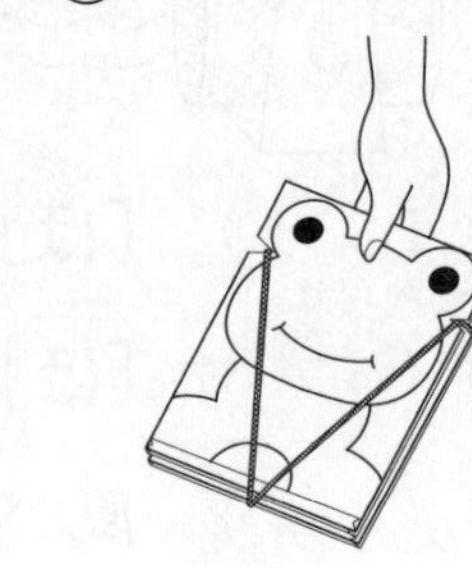

おり曲げておいてはなすとはねる

(1) ゴムがのびたり、ちぢんだりする力をりようしたものは、どれですか。記号で答えましょう。（　　，　　）

(2) ゴムのねじれを元にもどす力をりようしたものは、どれですか。記号で答えましょう。（　　）

(3) ㋐の車を少しでも遠くまで動かすには、ゴムの数をどうすればよいですか。（　　）

(4) ㋑の車は、10回まきと20回まきでは、どちらがたくさん動きますか。（　　）

(5) ㋒のカエルをより高くはねさせるには、ゴムを太いものにするか、細いものにするか、どちらがよいですか。（　　）

ゴムののびたり、ちぢんだりする力やねじれを元にもどす力によってプロペラを回したりします。

2 次の図のようなプロペラのはたらきで動く車をつくりました。あとの問いに答えましょう。

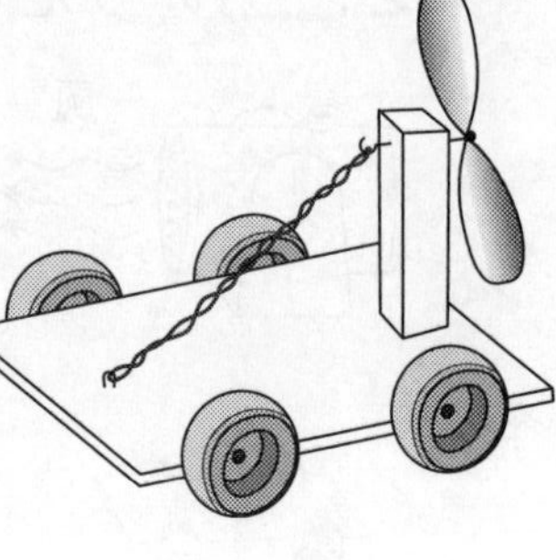

(1) プロペラを回すと、何が起こりますか。（　　）

(2) この車の場合、何の力でプロペラを回していますか。（　　）

(3) 次の（　）にあてはまる言葉を□からえらんでかきましょう。

プロペラのはたらきで動く車は、ねじれた（①　　）が（②　　）力をりようして、（③　　）を回し、（④　　）を起こして動きます。

走る（⑤　　）や動くきょりは、わゴムの数やわゴムの（⑥　　）によってちがいます。

プロペラをまいてゴムに力をためます。プロペラをまく（⑦　　）が多いほど（⑧　　）まで進みます。

回数	速さ	強さ	ゴム	遠く
元にもどる	プロペラ	風		

風やゴムのはたらき ④

ゴムのはたらき

1 右の図のように、手をはなすとパチンととび上がるパッチンガエルをつくりました。

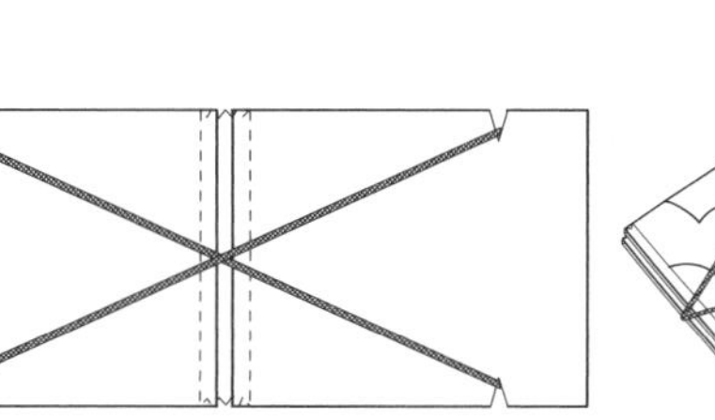
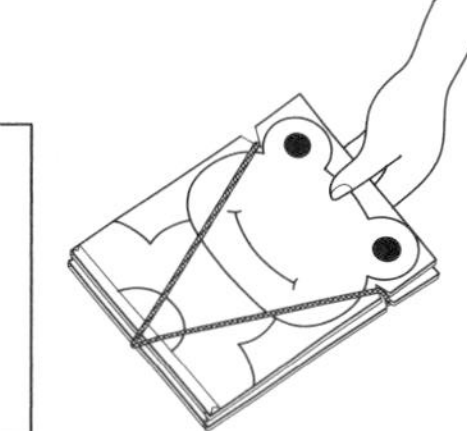

(1) パッチンガエルは、ゴムのどのはたらきをりようしていますか。次(つぎ)の中からえらびましょう。（　　）

㋐ ねじれの力　　㋑ のびちぢみの力

(2) パッチンガエルを高くとび上がらせるには、どうすればよいですか。次の中からえらびましょう。（　　）

㋐ ゴムを二重(にじゅう)にする　　㋑ ゴムをつないで長くする

2 同じ太さで長さ10cmと15cmのゴムがあります。

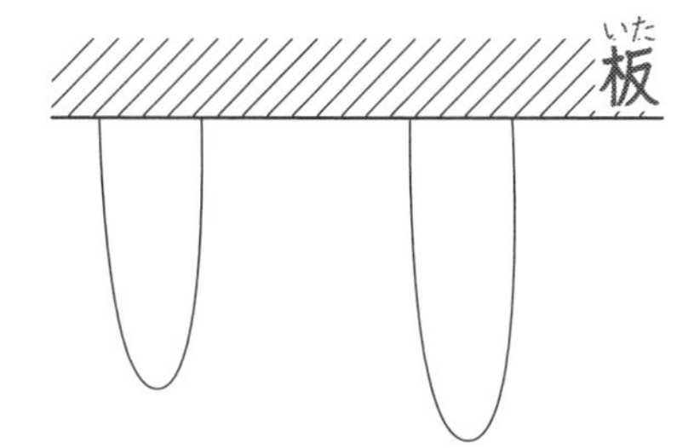

(1) ㋐と㋑に同じ車をつけて、ひっぱりました。たくさんのびるのは、どちらですか。（　　）

(2) はなすと遠くまで進(すす)むのはどちらですか。（　　）

(3) ㋐に10cmのゴムをもう1本くわえました。はじめにくらべて車の動(うご)きはどうなりますか。（　　）

㋐ いきおいが強くなる　　㋑ 同じ
㋒ いきおいが弱くなる

月　　日 名前

ポイント わゴムは、細いものより、太いものの方が元にもどろうとする力は大きくなります。

3 図のようなおもちゃをつくりました。あとの問(と)いに答えましょう。

(1) （　　）にあてはまる言葉(ことば)を□からえらんでかきましょう。

このおもちゃは、手で（①　　　）を引いて、カップの中の（②　　　）にくくりつけた（③　　　）をねじります。ひもを（④　　　）とき(③)が元にもどろうとします。

それは、ひもを引くことによって(②)にくくりつけた(③)をねじっているからです。

ひも
わゴム
かん電池
プリンカップのカメ

ゆるめた	ひも	わゴム	かん電池

(2) ひもを引く長さは同じにして、このおもちゃを力強く動くようにするには、次のどれがよいですか。（　　）に○を2つかきましょう。

① （　　） 長いわゴムをつける。

② （　　） 太さが2倍(ばい)のわゴムをつける。

③ （　　） わゴムを二重にする。

④ （　　） 細いわゴムにする。

まとめテスト

風やゴムのはたらき

月　　日　名前

/100点

1 次(つぎ)の文は、風についてかかれています。正しいものには○、まちがっているものには×をかきましょう。（1つ5点）

①（　　）風りんは、風の力で音を出します。

②（　　）台風でかわらがとぶこともあります。

③（　　）風が強いと、こいのぼりがよく泳(およ)ぎます。

④（　　）うちわでは、風はつくれません。

⑤（　　）人のはく息(いき)は、風にはなりません。

2 次の車は、㋐、㋑、㋒、㋓のうちどこから風がくると、よく動(うご)きますか。（10点）

（　　　）

だんボール紙と紙コップの車

3 ふき流(なが)しをつくり、せん風きの風の強さのじっけんをしました。せん風きのスイッチは、強・中・弱・切のどれですか。（1つ5点）

①（　　）②（　　）③（　　）④（　　）

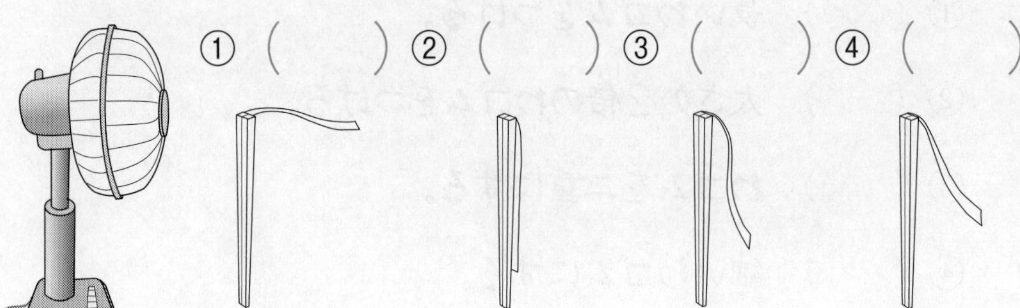

4 次の文は、ゴムの力についてかかれています。正しいものには○、まちがっているものには×をかきましょう。（1つ5点）

①（　　）ゴムは、たくさんひっぱればひっぱるほど、たくさんもどろうとします。

②（　　）ゴムは、ひっぱりすぎると切れます。

③（　　）ゴムは、ねじっても元にもどろうとする力がはたらきます。

④（　　）ゴムは、たくさんひっぱっても、ぜったいに切れません。

⑤（　　）わゴムを２本にすると、ゴムの元にもどろうとする力も２倍(ばい)になります。

5 次の車は、ゴムのどんな力をりようしていますか。のびてもどる力は㋐、ねじれがもどる力は㋑とかきましょう。（1つ5点）

①（　　）②（　　）③（　　）④（　　）

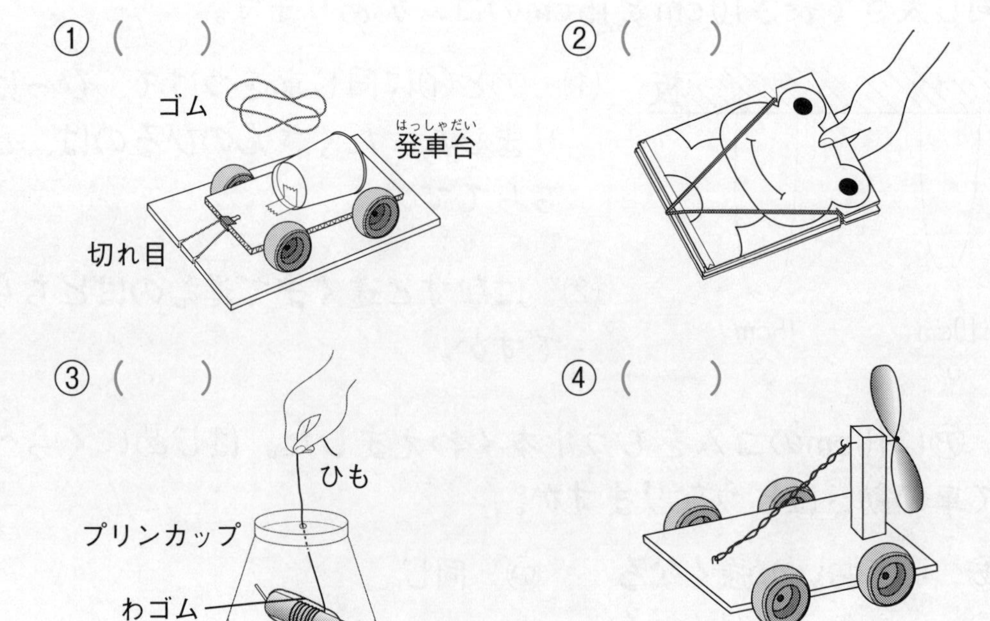

まとめテスト

風やゴムのはたらき

月　　日　名前　　　　／100点

1 紙コップを「ほ」に使った車をつくりました。全体の重さを同じにした車に送風きで風をあてて走らせました。どの車が遠くまで走りますか。遠くまで走るものから番号を（　　）にかきましょう。（1つ10点）

㋐（　　）小さい「ほ」に強い風をあてる。

強い風

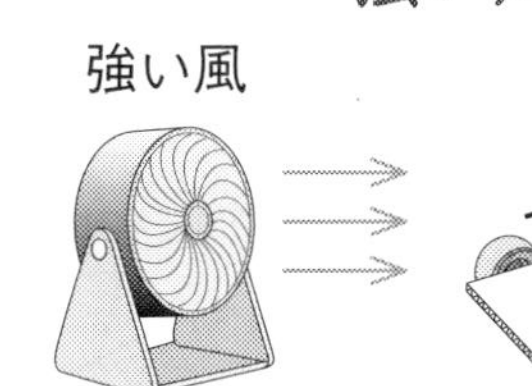

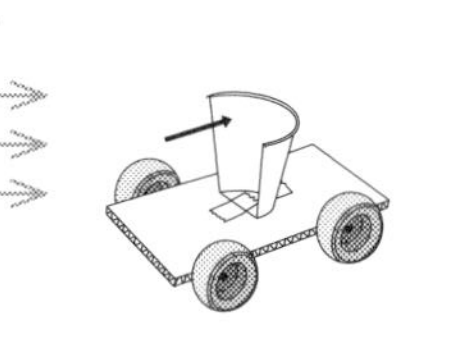

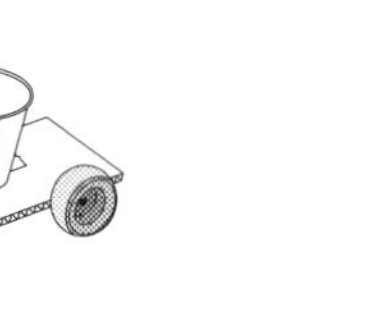

㋑（　　）大きい「ほ」に風をあてない。

風なし

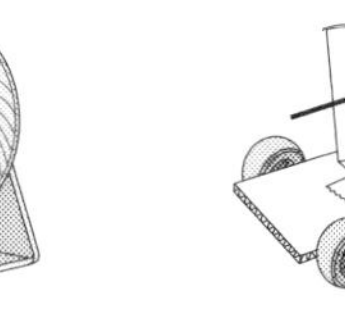

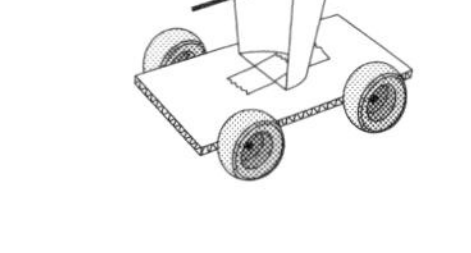

㋒（　　）「ほ」をはずして弱い風をあてる。

弱い風

㋓（　　）大きい「ほ」に強い風をあてる。

強い風

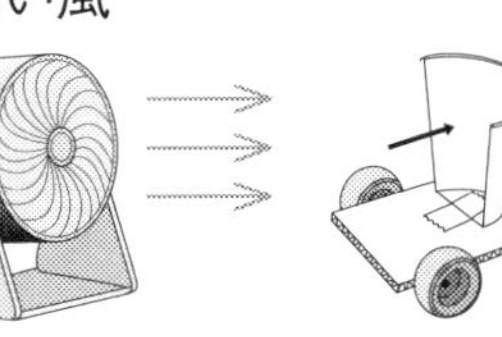

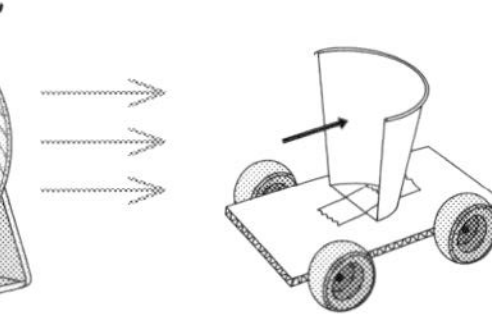

2 図のような、プロペラカーを使って、わゴムをねじる回数と車が走るきょりについて調べようと思います。次の㋐〜㋒のどのじっけんとどのじっけんのけっかをくらべればよいですか。（10点）

（　　）と（　　）のけっかをくらべる。

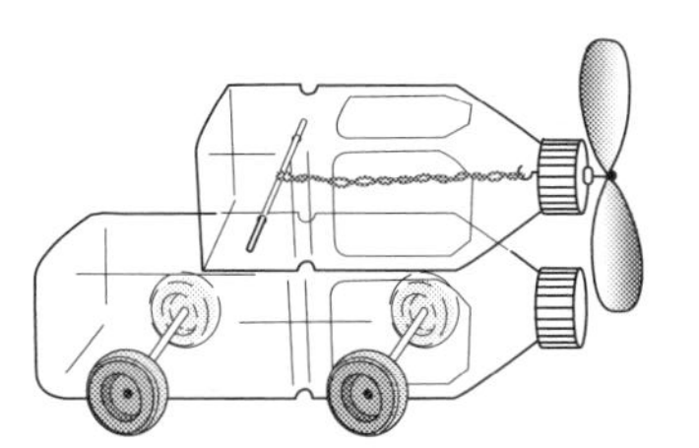

㋐ わゴムを２本使って100回ねじった。

㋑ わゴムを１本使って50回ねじった。

㋒ わゴムを１本使って100回ねじった。

3 図のようなゴムの力で動く車を使ってじっけんをしました。次のグラフを見て、あとの問いに答えましょう。

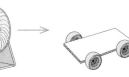

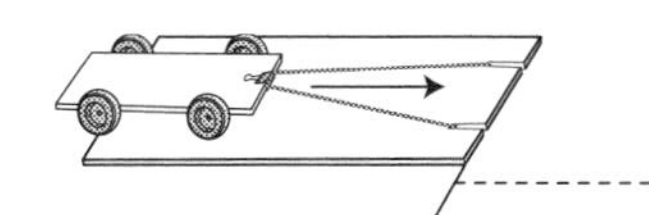

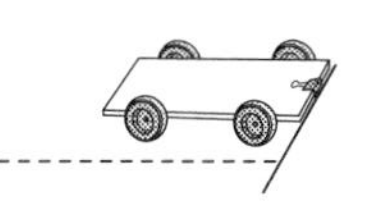

（わゴム１本）
ゴムを少し引いたとき（7cm）　ゴムを長く引いたとき（10cm）

（わゴム２本）
ゴムを少し引いたとき（7cm）

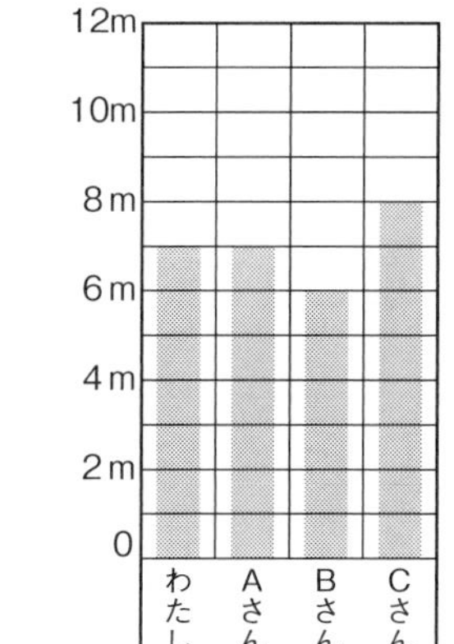

（わゴム３本）
ゴムを少し引いたとき（7cm）

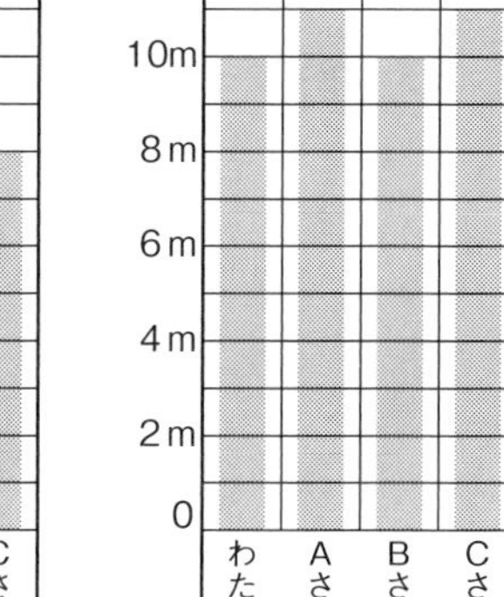

次の文で、正しいものには○、まちがっているものには×をかきましょう。（1つ10点）

①（　　）わゴムをたくさん重ねて使うとたくさん走ります。

②（　　）わゴムを長く引くとたくさん走ります。

③（　　）わゴムをたくさん重ねても動くきょりはあまりかわりません。

④（　　）たくさんの友だちのけっかを調べた方が、より正しいけっかがわかります。

⑤（　　）友だちのけっかとくらべてかくのは、きょうそうしているからです。

まとめテスト

風やゴムのはたらき

月　日　名前

1 次の(　)にあてはまる言葉を□からえらんでかきましょう。（1つ5点）

息をふいてローソクの火を(①　　)ことができます。

風には台風のように木を(②　　)たり、屋根のかわらを(③　　)たりするような(④　　)もあります。

風の力をりようしたものに(⑤　　)のような船、プロペラを回して(⑥　　)をつくる風力発電き、ゴミをすいこむ(⑦　　)などがあります。

強い力	消す	たおし	とばし
電気	ヨット	そうじき	

2 図のように、紙コップを「ほ」に使った車をつくりました。遠くまで走るものから(　)に番号をかきましょう。（1つ5点）

①(　)　強い風　小さい「ほ」

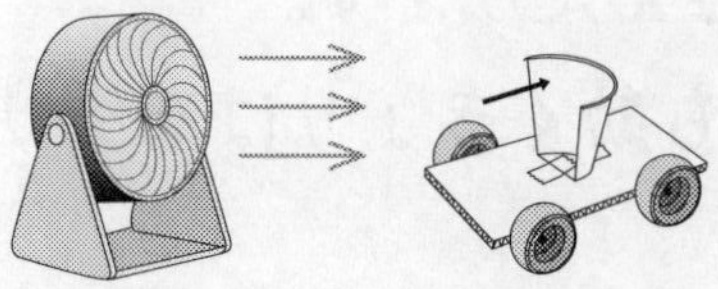

②(　)　風なし　大きい「ほ」

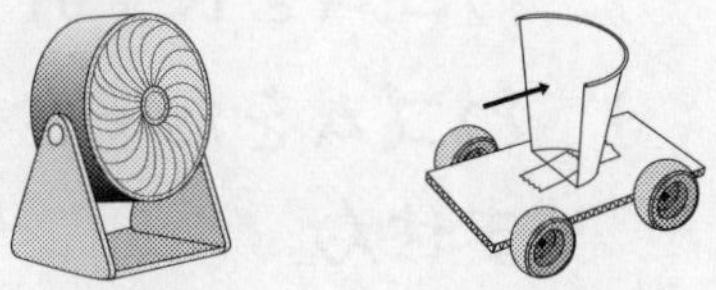

③(　)　弱い風　小さい「ほ」

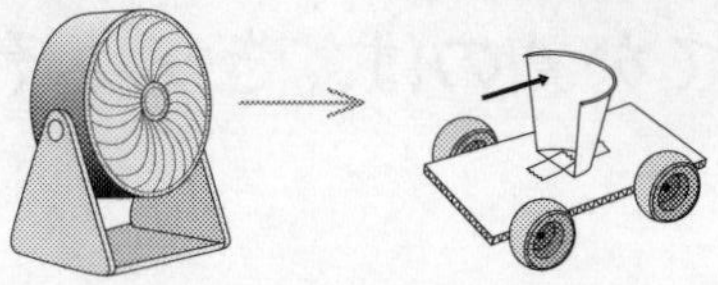

④(　)　強い風　大きい「ほ」

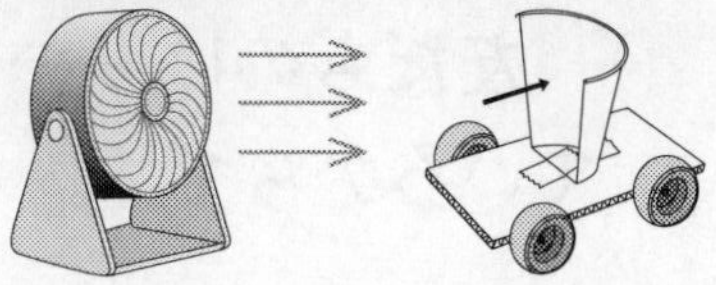

3 図のようなおもちゃをつくりました。

(1) (　)にあてはまる言葉を□からえらんでかきましょう。（1つ5点）

このおもちゃは、手で(①　　)を引くとかん電池にまきつけた(②　　)が(③　　)、引いているひもを(④　　)と、ねじれたわゴムが(⑤　　)とする力がはたらきプリンカップを動かします。

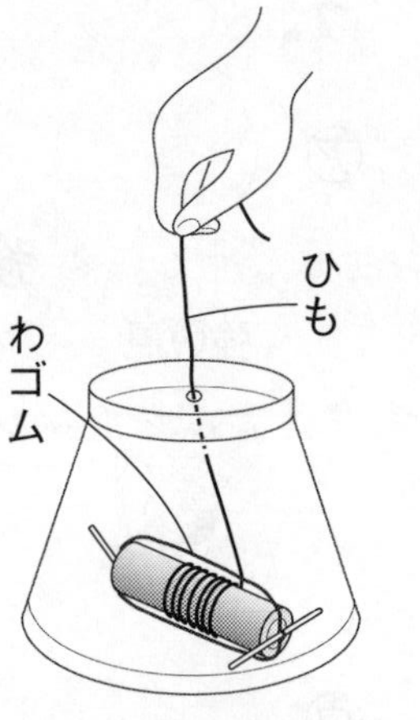

わゴム　ひも　プリンカップ

元にもどろう	わゴム	ひも	ねじれ	ゆるめる

★(2) このおもちゃで長いきょりを動かすには、どうすればよいでしょう。（10点）

[　　　　　　　　]

(3) このおもちゃを力強く動くようにするには、次のどれがよいですか。(　)に○を2つかきましょう。（1つ5点）

①(　) わゴムを2本にする。

②(　) 細いわゴムにする。

③(　) 太いわゴムにする。

ものと重さ

◆ なぞったり、色をぬったりしてイメージマップをつくりましょう

形をかえても、いくつに分けても、同じねん土は同じ重さ

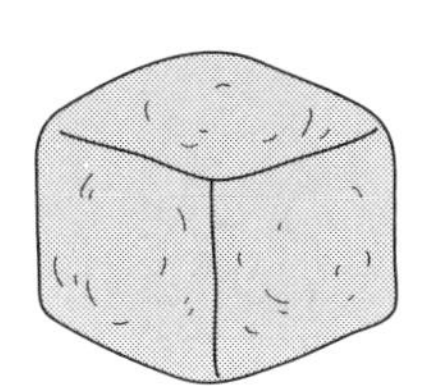

四角い形

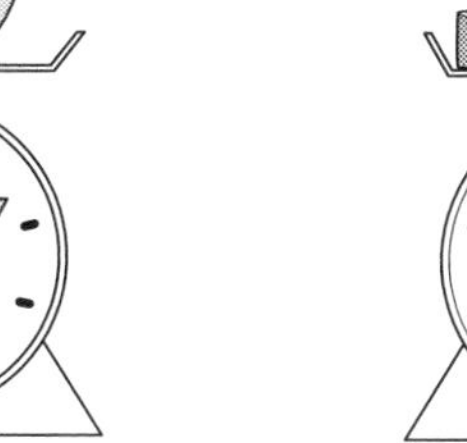
丸めた形

細長い形

ひものように
のばした形

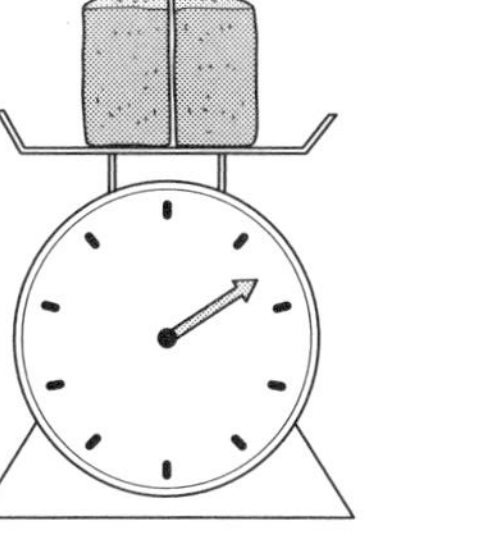
2つに分けた形

小さくたくさんに
分けた形

形をかえても、いくつに分けても、同じ重さ

月　　日　名前

同じ体せき（かさ）でも重さがちがう

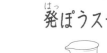

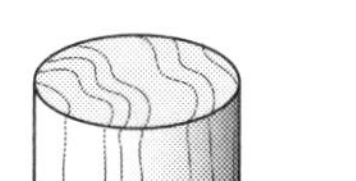
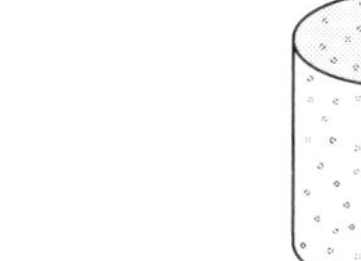
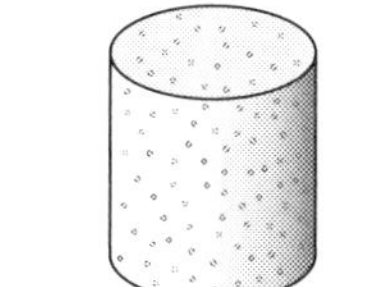

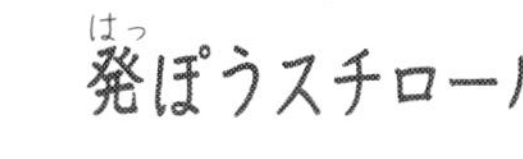

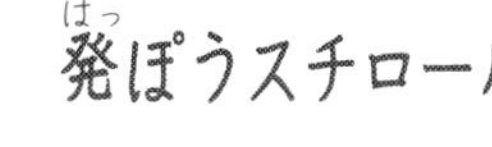

重いじゅん

鉄　ねん土　木　発ぽうスチロール

体せきのはかり方

カップで体せきをはかる

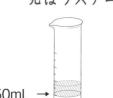

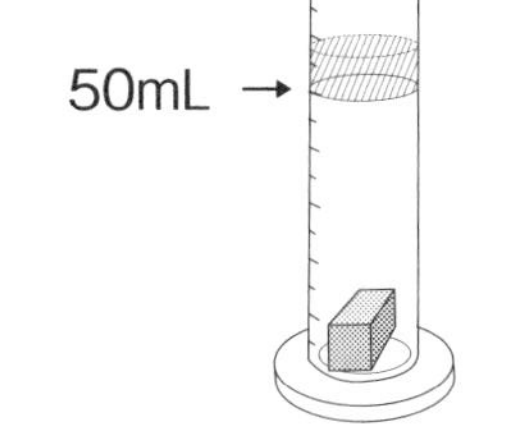

水の中に入れてはかる

いろいろなはかり

台ばかり
（上皿ばかり）

電子てんびん
（自動上皿ばかり）

上皿てんびん

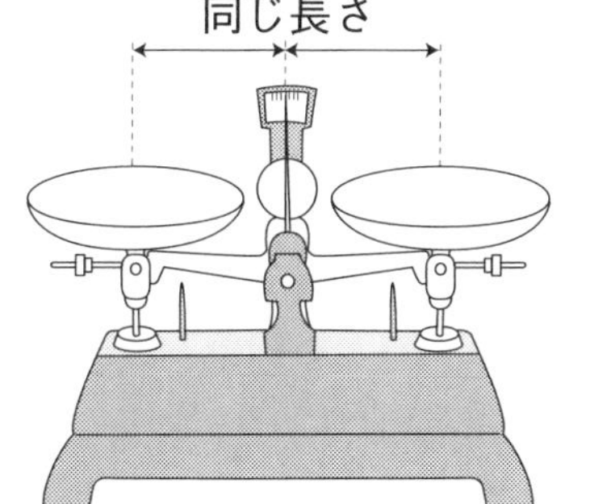

てんびんのかたむきとつりあい

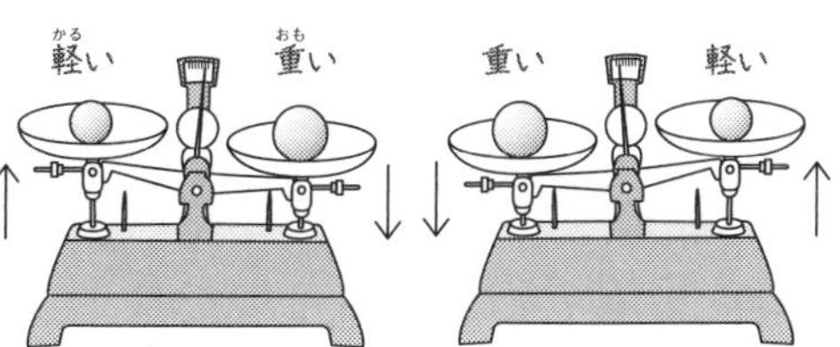

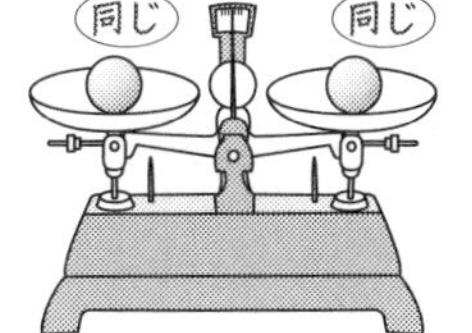

つりあう

ものと重さ ①

形を変えても重さは同じ

1 次(つぎ)の(　)にあてはまる言葉(ことば)を□からえらんでかきましょう。

のせたものの重(おも)さを調(しら)べ、重さが数字で表(あらわ)されるのは(①　　　)です。

また、２つのものをのせて、重さをくらべるときに使(つか)うのは(②　　　)です。上皿(うわざら)てんびんは、左右の(③　　)がちがうと重い方が(④　　)ます。

台ばかり

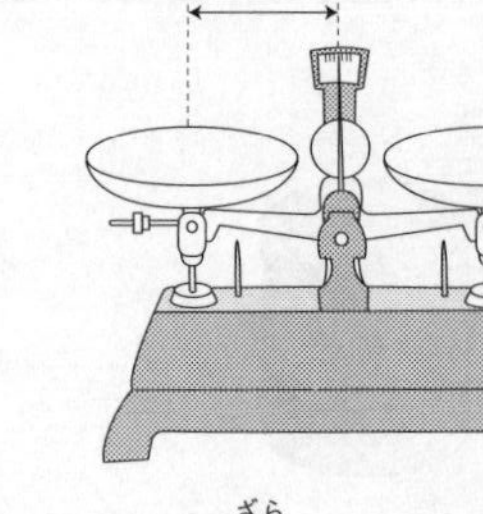
上皿(ざら)てんびん

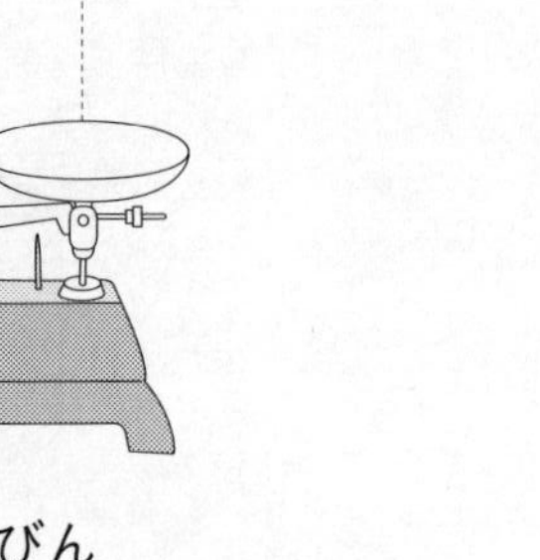

重さ　　下がり　　台ばかり　　上皿てんびん

2 ねん土のかたまりをうすくのばして広げました。重さはどうなりますか。正しいものをえらびましょう。　(　　)

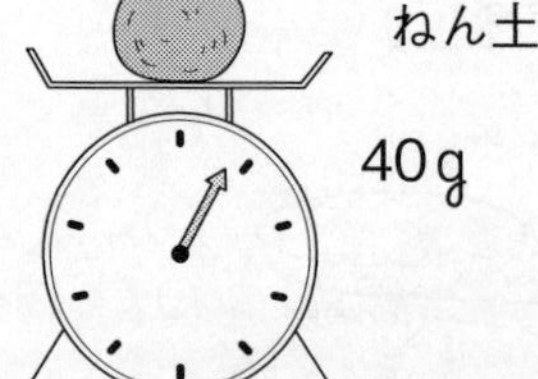

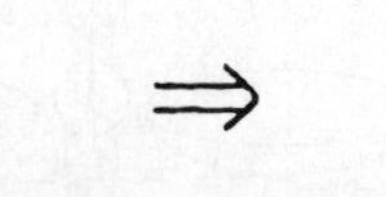

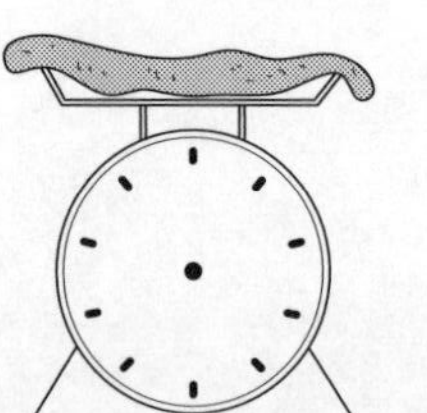

㋐ 40g
㋑ 40gより重い
㋒ 40gより軽(かる)い

3 ふくろの中のビスケットが、われてこなになりました。重さはどうなりますか。正しいものをえらびましょう。　(　　)

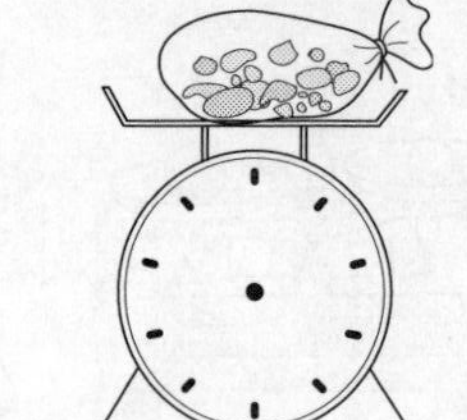

㋐ 50g
㋑ 50gより重い
㋒ 50gより軽い

月　　日　名前

もののの重さは、形をかえたり、いくつかに分けても、かわりません。

4 １本のきゅうりをわ切りにしました。重さはどうなりますか。正しいものをえらびましょう。　(　　)

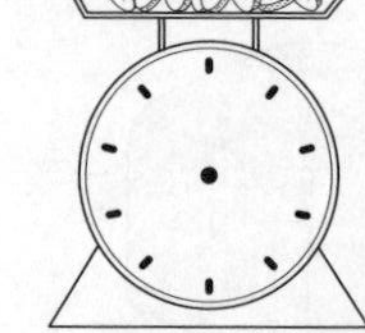

㋐ 80g
㋑ 80gより重い
㋒ 80gより軽い

5 水に木ぎれをうかべました。重さはどうなりますか。正しいものをえらびましょう。　(　　)

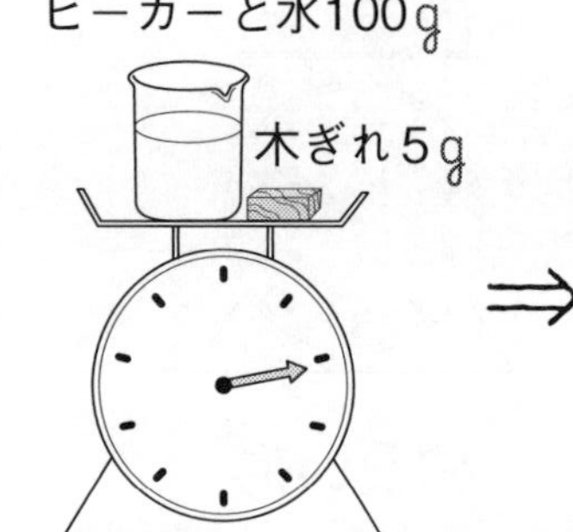

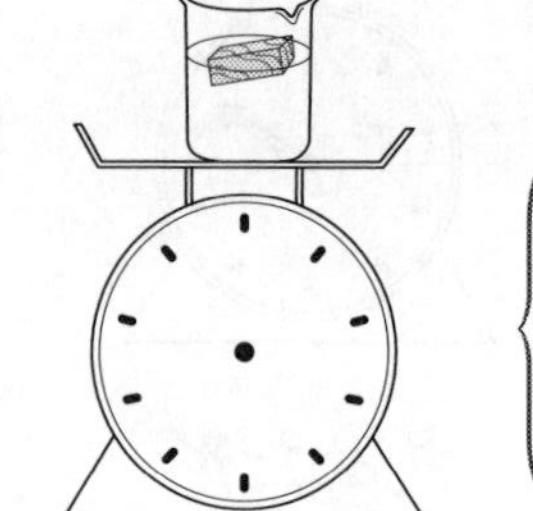

㋐ 104g
㋑ 105g
㋒ 106g

6 次の(　)にあてはまる言葉を□からえらんでかきましょう。

ものは(①　　)がかわっても、その(②　　)はかわりません。

また、水にさとうをとかしたり、水に木ぎれをうかせたり、２つのものをあわせたときの重さは、２つの重さを(③　　　)ものになります。

あわせた　　重さ　　形

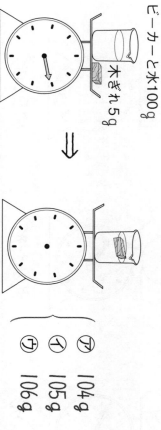

ものと重さ ②

ものによって重さはちがう

1 次の(　)にあてはまる言葉を□からえらんでかきましょう。

重さをくらべる道具に(①　　　)があります。

左右の皿にものをのせたとき、皿が(②　　)になった方が(③　　)なります。2つの皿がちょうどまん中で止まったときは(④　　)重さになっています。

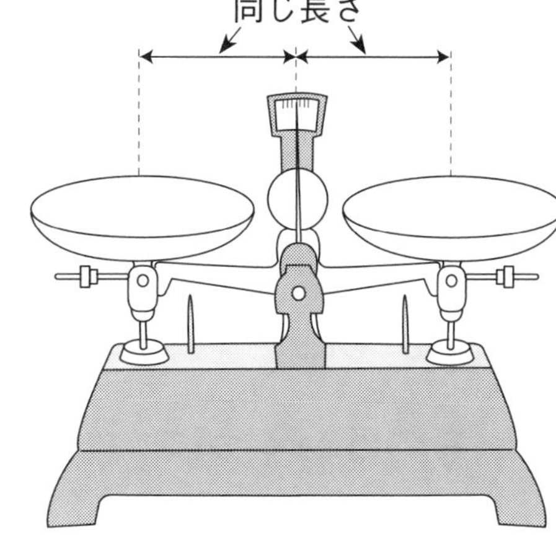

同じ	上皿てんびん	下	重く

2 次の図を見て、重い方に○をかきましょう。

① ②

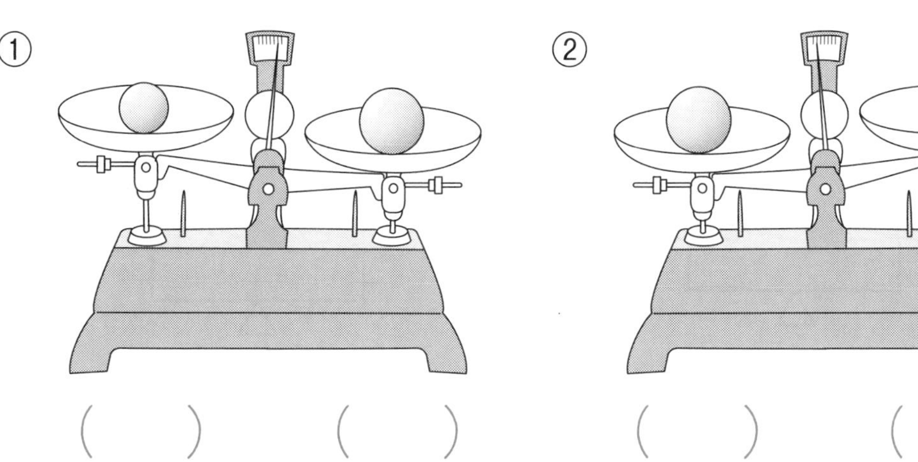

(　　) (　　)　(　　) (　　)

月　日 名前

ざいりょうによって、ものの重さはちがいます。

3 上皿てんびんで、同じざいりょうでつくった同じ大きさの消しゴムの重さをくらべました。

(1) 左右の皿に1こずつのせました。てんびんはどうなりますか。次の中からえらびましょう。(　　)

㋐ つりあう　　㋑ つりあわない

(2) 左の皿に2こ、右の皿に3このせました。てんびんはどうなりますか。次の中からえらびましょう。(　　)

㋐ つりあう　　㋑ つりあわない

4 次の(　)にあてはまる言葉を□からえらんでかきましょう。

㋐ 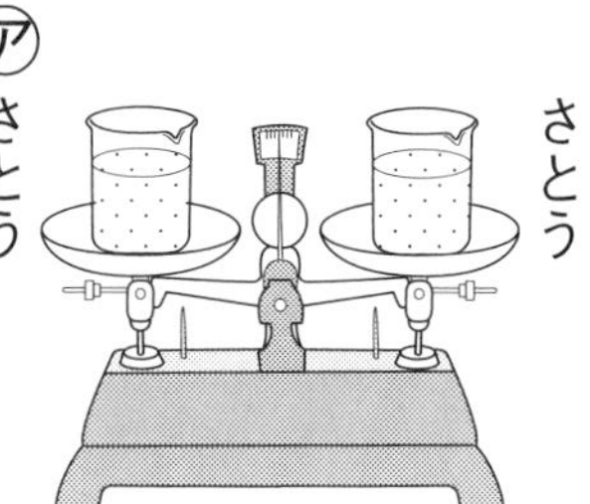

㋑ 

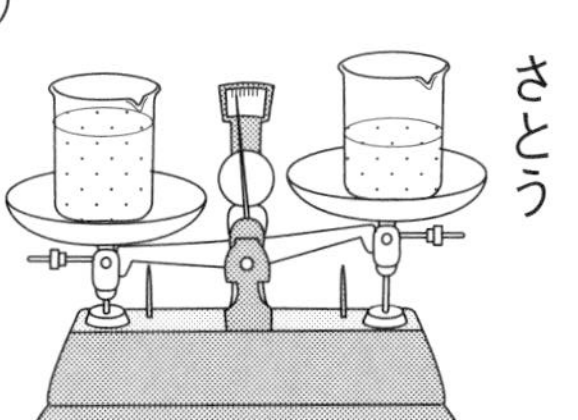

㋒ 

㋐のように、ものが同じで体せきが同じとき、重さは(①　　)になり、てんびんは(②　　)ます。

㋑のように、ものが同じでも体せきがちがうと重さは(③　　)ます。体せきの大きい方が(④　　)なります。

㋒のように、さとうとしおでは、体せきが同じでも、重さは(⑤　　)の方が重いです。

しお	つりあい	同じ	ちがい	重く

ものと重さ ③

重さくらべ

1 同じ体せきで、木、鉄、ねん土、発ぽうスチロールでできたものの重さをくらべました。あとの問いに答えましょう。

㋐
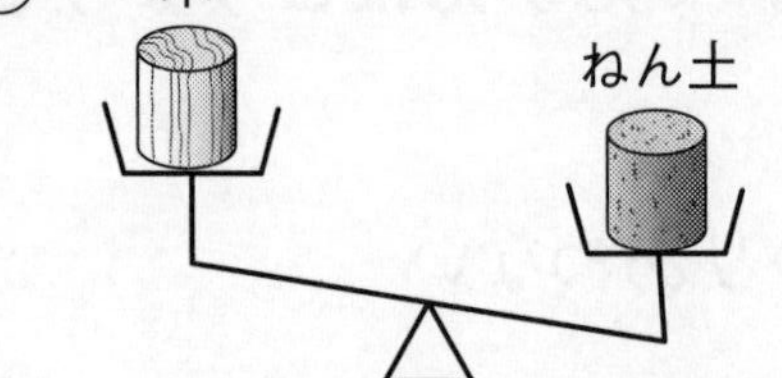

㋑
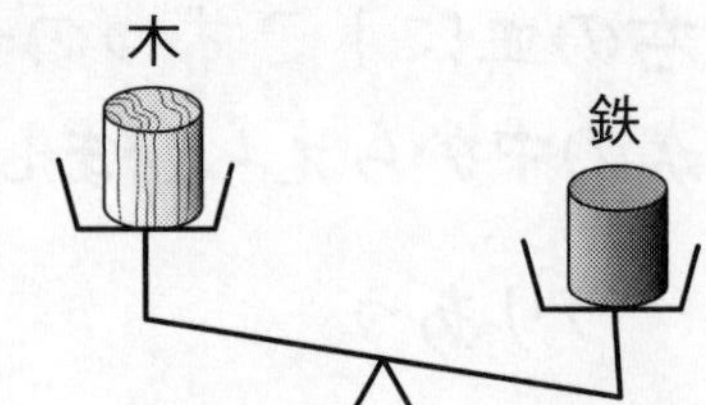

㋒
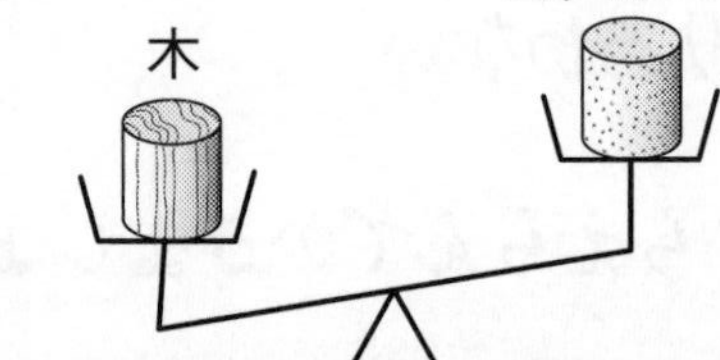

㋓
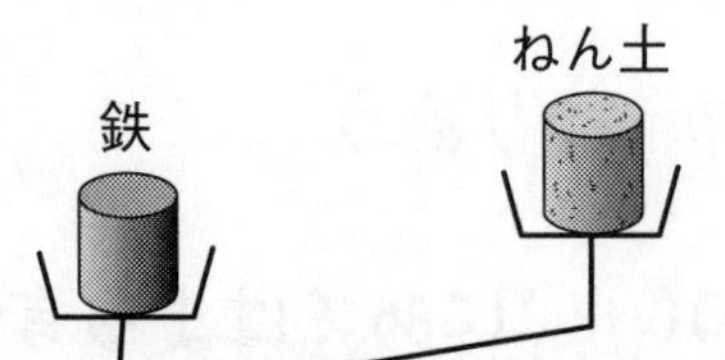

(1) ㋐で木とねん土ではどちらが重いですか。　(　　　　)

(2) ㋑で木と鉄ではどちらが重いですか。　(　　　　)

(3) ㋒で木より軽いものは何ですか。　(　　　　)

(4) ㋓で鉄とねん土では、どちらが重いですか。　(　　　　)

(5) ㋐～㋓の重さくらべから、(　)に重いじゅんに番号をかきましょう。

(　)　(　)　(　)　(　)

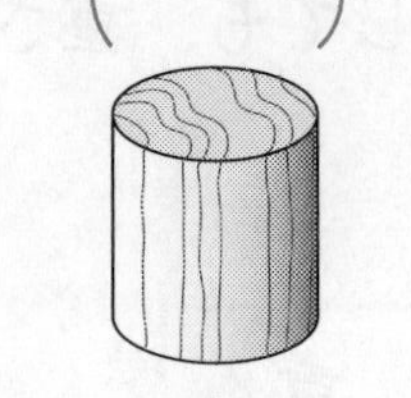
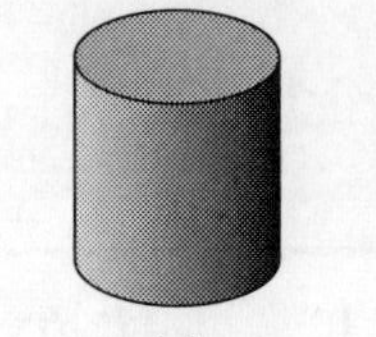
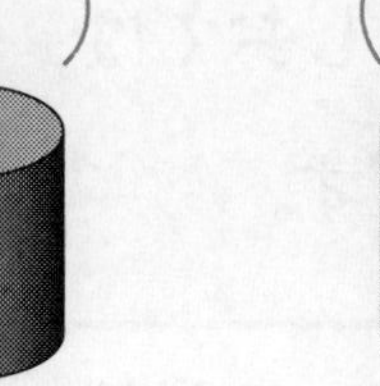
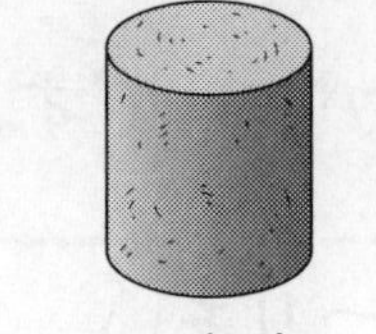
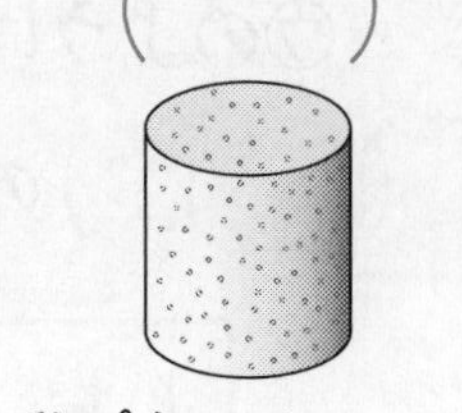

木　　鉄　　ねん土　　発ぽうスチロール

月　　日　名前

てんびんを使って、ものの重さをくらべたりします。

2 次の(　)にあてはまる言葉を□からえらんでかきましょう。

てんびんは、左右にのせたものの(①　　　)がちがうとき、重い方に(②　　　)ます。また、左右にのせたものの重さが(③　　　)ときは、水平になって止まります。このようなとき、てんびんは(④　　　)といいます。

ものはいくつに(⑤　　　)も、その(⑥　　　)はかわりません。また、ねん土のように、いろいろな(⑦　　　)にかえてもやはり(⑧　　　)はかわりません。

同じ　重さ　かたむき　つりあう　形　分けて
●何回も使う言葉があります。

3 次のてんびんで、つりあっている方に○をかきましょう。

㋐(　　)

㋑(　　)

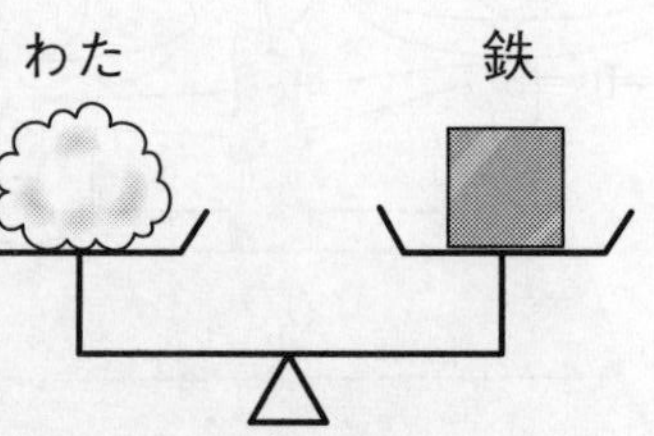

まとめテスト

ものと重さ

月　　日　名前　　　　　　／100点

1 次の図は、重さを調べるはかりです。名前を□からえらんで(　)にかきましょう。（1つ5点）

①

②

(①　　　　)　(②　　　　)

台ばかり　上皿てんびん

2 重さ20gのねん土を図のように形をかえて重さをはかりました。3つの中から正しいものに○をかきましょう。（1つ10点）

(1)

㋐(　) 20gより重い
㋑(　) 20gちょうど
㋒(　) 20gより軽い

(2)

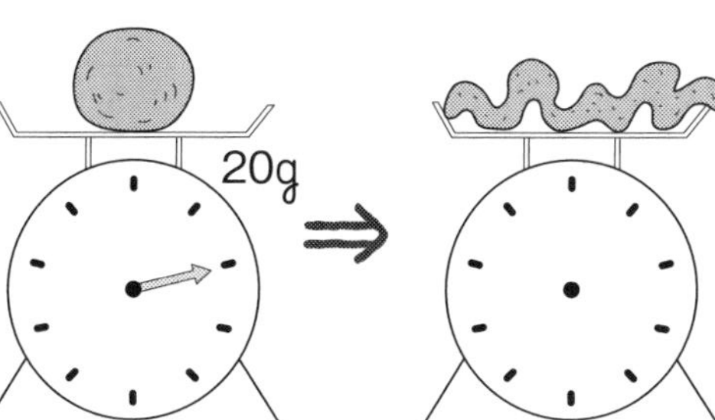

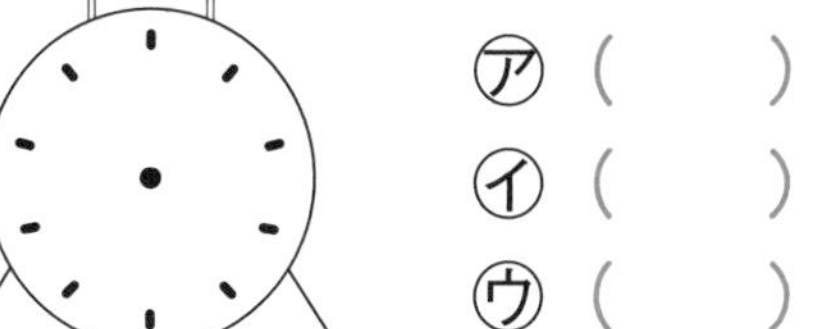

㋐(　) 20gより重い
㋑(　) 20gちょうど
㋒(　) 20gより軽い

3 30gのせんべいをビニールぶくろに入れて、こなごなにしました。重さはどうなりますか。3つの中から正しいものに○をかきましょう。（10点）

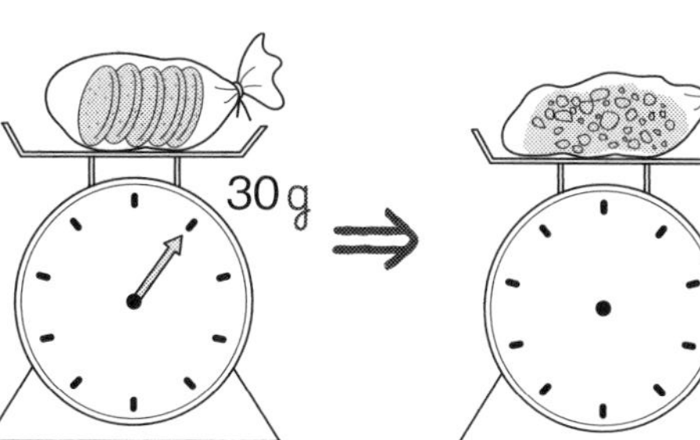

㋐(　) 30gちょうど
㋑(　) 30gより重い
㋒(　) 30gより軽い

4 つりあっているてんびんに、いろいろなものをのせて重さくらべをしました。つりあうものには○、つりあわないものには×をかきましょう。（1つ10点）

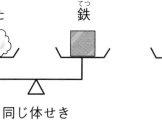

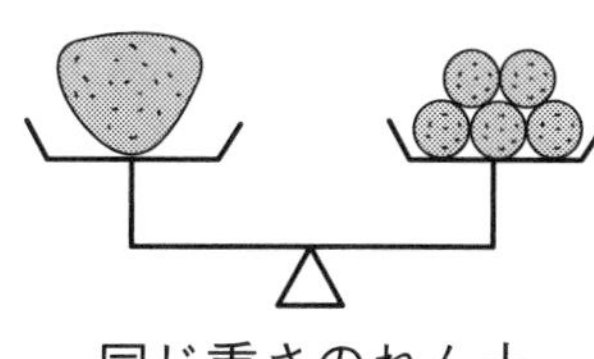

同じ重さのねん土
①(　)

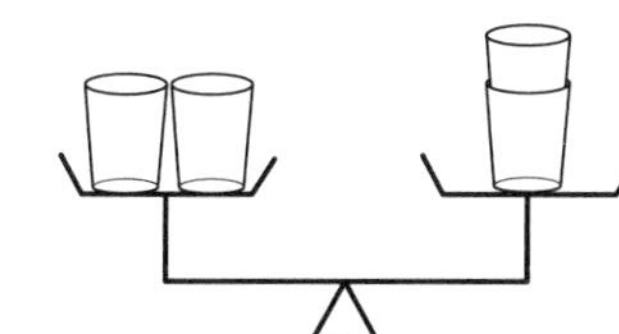

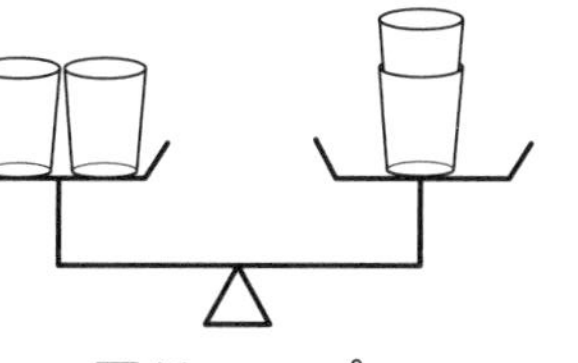

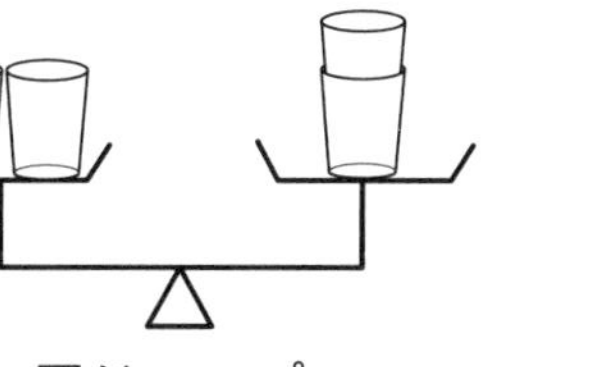

同じコップ
②(　)

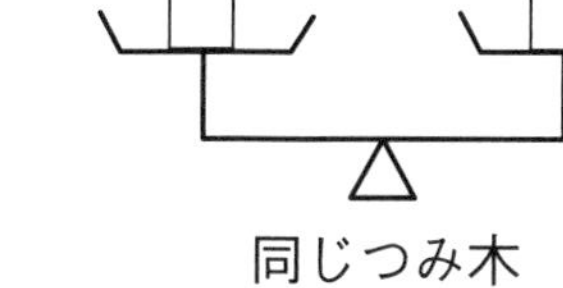

同じつみ木
③(　)

わた　鉄

同じ体せき
④(　)

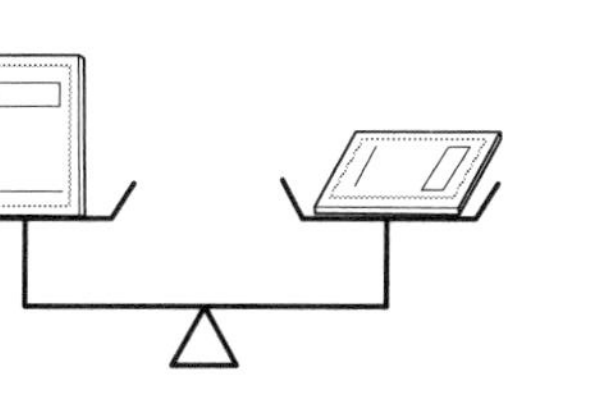

同じノート
⑤(　)

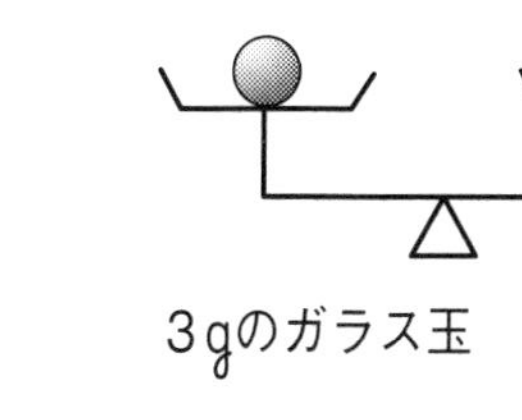

3gのガラス玉　3gのわた
⑥(　)

まとめテスト

ものと重さ

月　日　名前

/100点

1 次の（　）にあてはまる言葉を［　］からえらんでかきましょう。（1つ6点）

(1) 重さをくらべる道具に（①　　　）があります。これは左右の皿にものをのせたとき（②　　）方の皿が下になります。

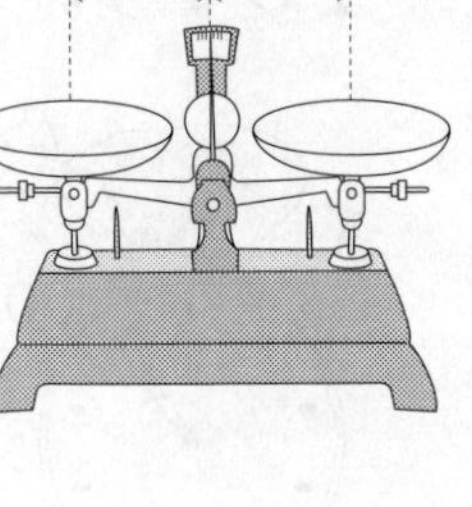

2つの皿がちょうどまん中でつりあったときは、2つのものの重さは（③　　）です。

［同じ　上皿てんびん　重い］

(2) ものはいくつに（①　　　）も、その（②　　）はかわりません。また、ねん土のように、いろいろな（③　　）にかえても重さは（④　　　）。

［形　かわりません　重さ　分けて］

2 図のように、同じプリンカップの水と同じガラス玉の重さをはかりました。（1つ6点）

(1) てんびんはつりあいますか。

（　　　）

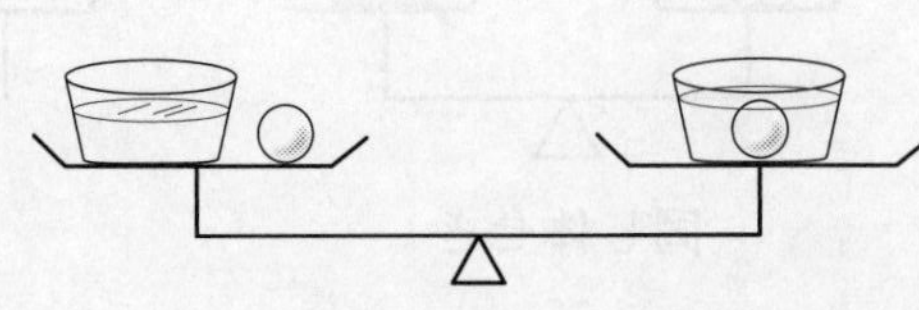

(2) (1)のわけについて、（　）にあてはまる言葉をかきましょう。

左の皿に（①　　　　）と（②　　　）がのっていて、右の皿にも同じものがのっているから。

3 てんびんにアルミニウムはくをのせてつりあわせました。左の皿を下げるにはどうすればよいですか。次の①～③の文のうち、正しいものには○、まちがっているものには×を（　）にかきましょう。（1つ10点）

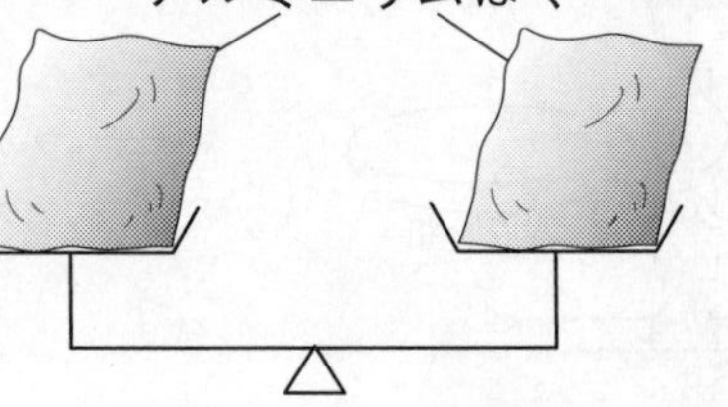

①（　）左の皿のアルミニウムはくをかたくおしかため、丸くしてのせます。

②（　）右の皿のアルミニウムはくを小さくちぎってすべてのせます。

③（　）右の皿のアルミニウムはくを2つに分け、そのうちの1つだけをのせます。

4 てんびんを使って、同じ体せきの鉄、ねん土、木、発ぽうスチロールの重さをくらべました。

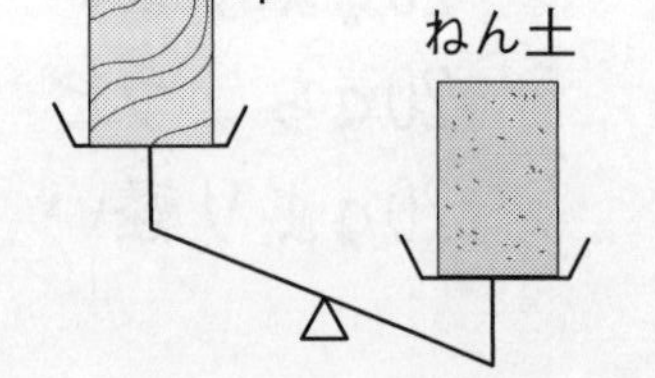

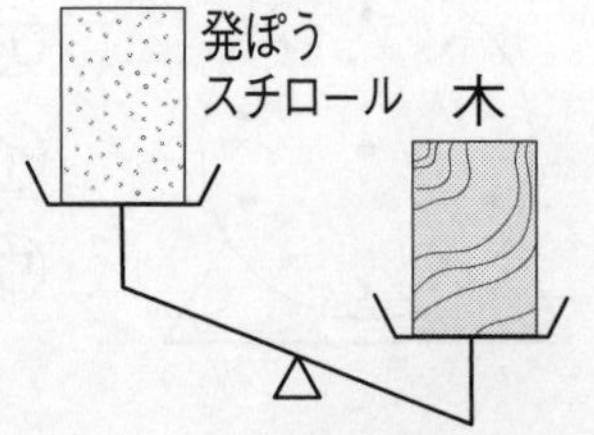

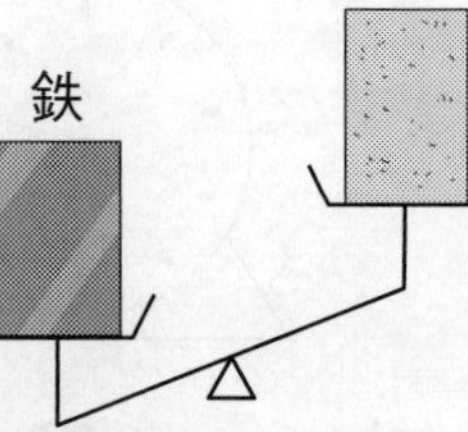

上のじっけんから、軽いじゅんに番号をかきましょう。（10点）

木（　）　鉄（　）　ねん土（　）　発ぽうスチロール（　）

まとめテスト

ものと重さ

月　　日　名前

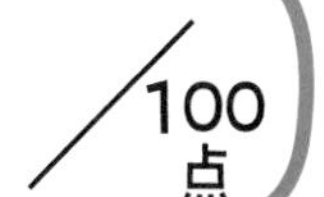

1 重(おも)さをくらべます。同じ重さでてんびんがつりあうのはどれですか。つりあうものには○、つりあわないものには×をかきましょう。

（1つ10点）

(1) 同じ教科書　（　　）

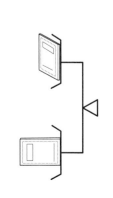

(2) 同じ体せきのわたと鉄(てつ)　（　　）

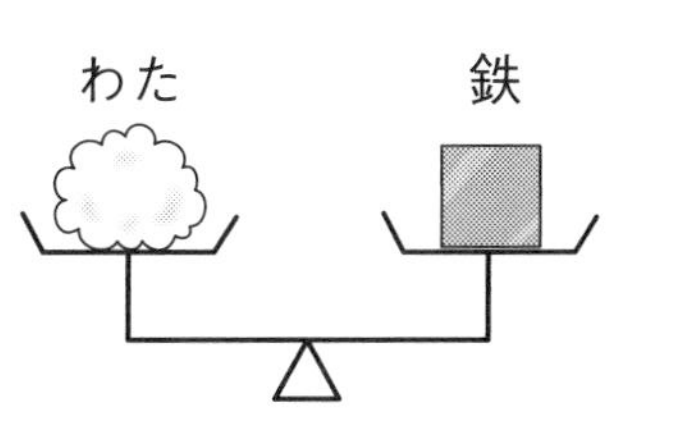

(3) 同じねん土と同じコップと水　（　　）

水　水

(4) 同じ体せきのねん土とアルミニウムはく　（　　）

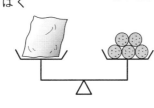

アルミニウムはく　ねん土

(5) 同じコップ2こずつ　（　　）

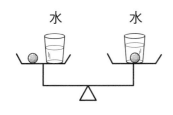

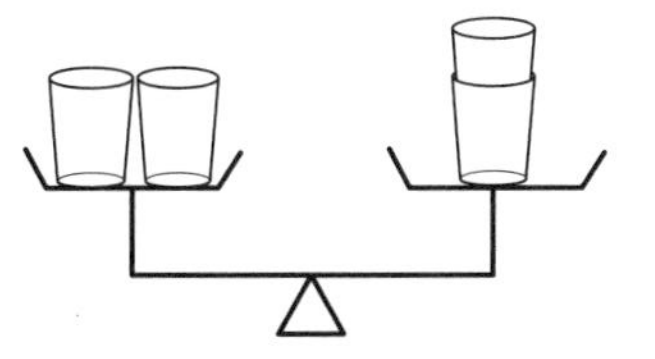

(6) 5gの鉄と5gのわた　（　　）

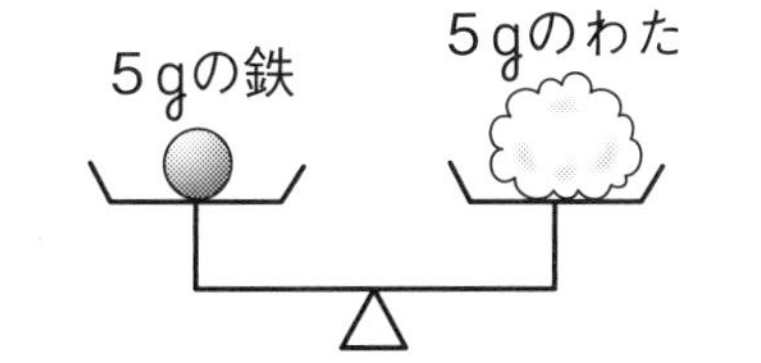

2 次(つぎ)の文で、正しいものには○、まちがっているものには×をかきましょう。

（1つ5点）

①（　　）てんびんで2つのものの重さをくらべたとき、つりあったときは、2つの重さは同じです。

②（　　）同じ体せきのものは、どんなものでも同じ重さになります。

③（　　）体せきが同じでも、しゅるいがちがうと、重さもちがいます。

④（　　）てんびんで、2つのものをくらべたとき、重い方が下がります。

⑤（　　）てんびんで、2つのものをくらべたとき、重い方が上がります。

⑥（　　）同じ体せきのねん土は、丸くすると重さが軽(かる)くなります。

⑦（　　）ねん土を丸めても、2つに分けても、同じ体せきのときは、同じ重さです。

⑧（　　）ふくろに入ったビスケットをこなごなにして、形をかえても、ビスケットの重さはかわりません。

音のせいしつ

月　日　名前

◆ なぞったり、色をぬったりしてイメージマップをつくりましょう

ものがふるえて音が出る

たたく ― ふるえる

① 大だいこ

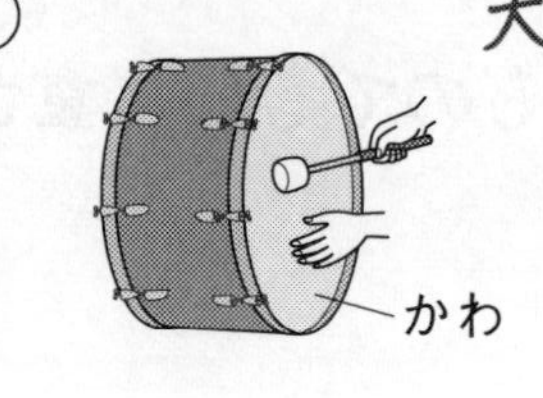

② トライアングル

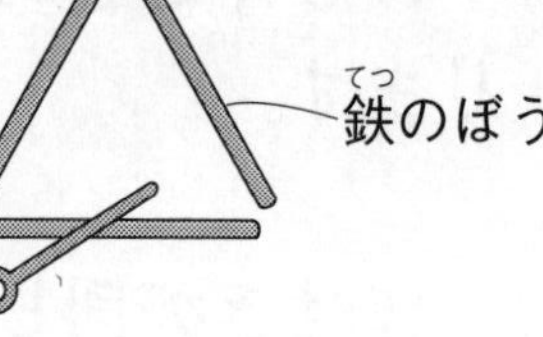

③ 鉄のぼう

おんさ

はじく ― ふるえる

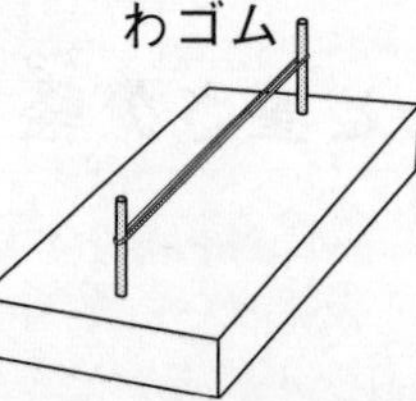

ふるえを調べる

水そう

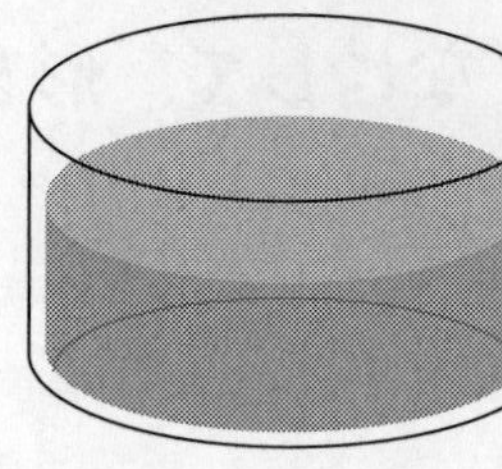

トライアングルをたたいて
水の中に入れてみる

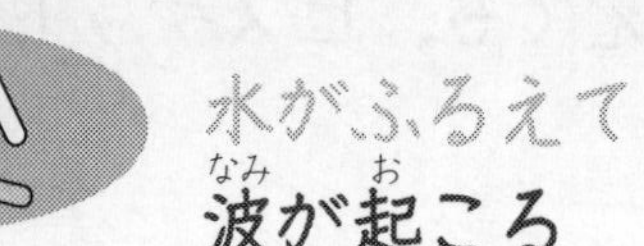

水がふるえて
波が起こる

音のつたわり方

大だいこ　たいこの中

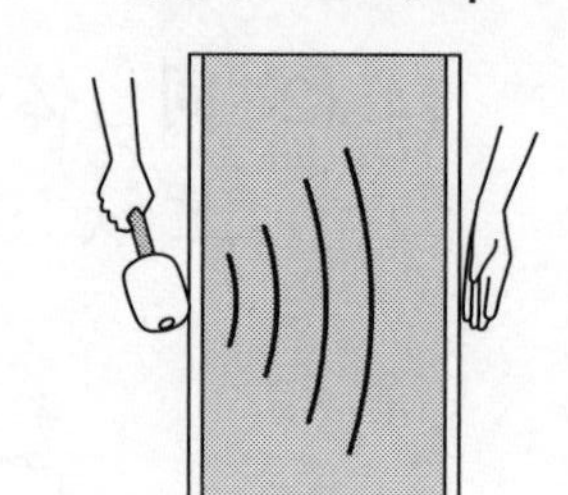

空気が
音のふるえを
つたえる

鉄ぼう

目に見えない
金物のふるえ

金物は音をよく
つたえる

糸電話

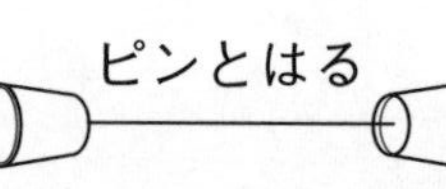

糸がふるえを
つたえる

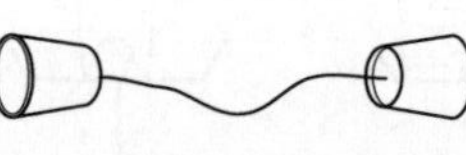

糸がゆるんでいると
つたわりにくくなる

どう線（金物）だと
糸よりよくつたわる

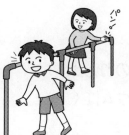

音のせいしつ ①

音のつたわり方

1 次の（　）にあてはまる言葉を□からえらんでかきましょう。

(1) じっけん１のように、トライアングルを（①　　）、音を出し、水の入った水そうに入れました。すると、（②　　）が、ふるえて（③　　）が起こりました。

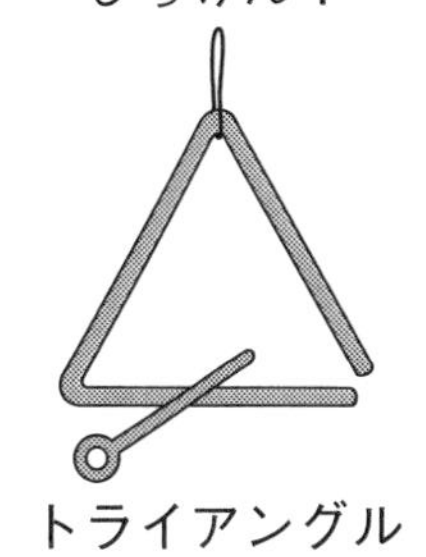
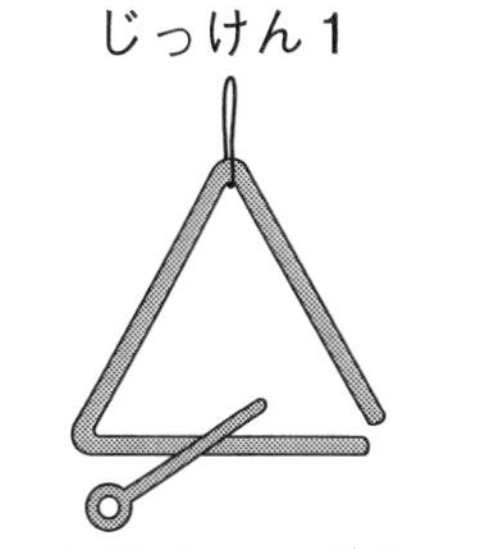

水　　たたき　　波

(2) じっけん２のような用具をつくり、ピンとはった（①　　）を指で（②　　）ました。するとわゴムが（③　　）音が出ました。

じっけん１～２で（④　　）たたいたり、大きくはじいたりすると、どれも（⑤　　）音になりました。大きな音は、小さな音にくらべて、ふれるはばが大きくなりました。

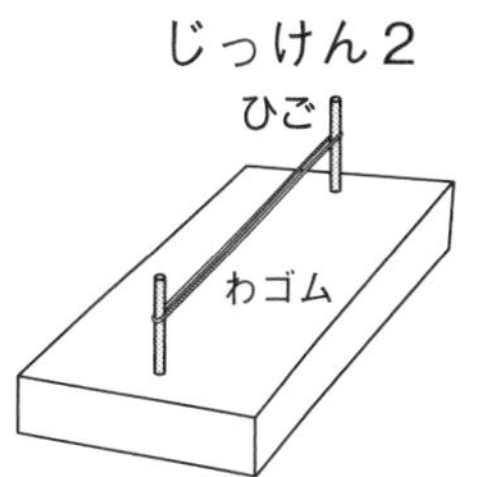

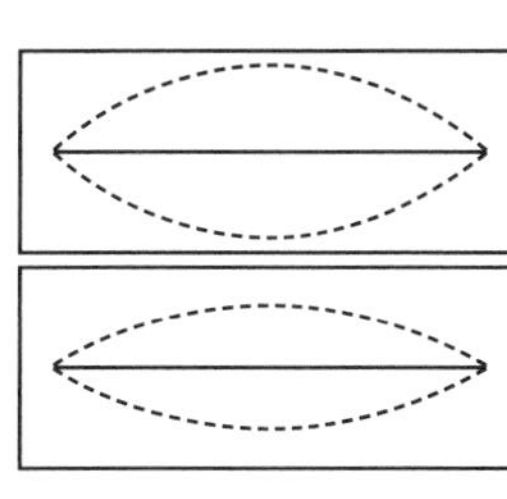
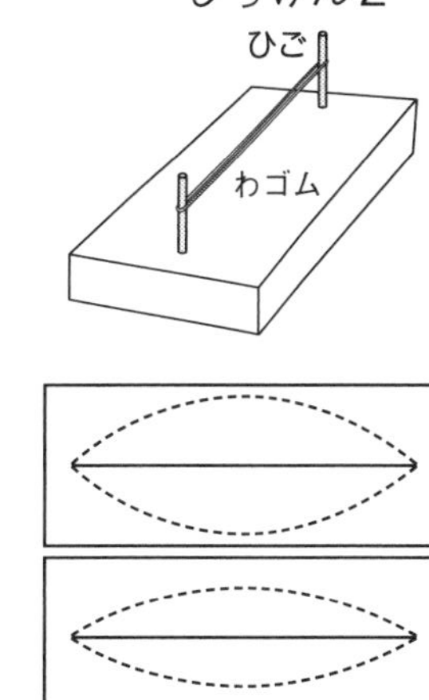

はじき　　わゴム　　大きな　　強く　　ふるえて

音はものがふるえることによって、つたわります。

2 次の（　）にあてはまる言葉を□からえらんでかきましょう。

(1) 大だいこのあのがわをたたき、反対がわのいのようすを手をあてて調べました。

いのがわは、あのがわと（①　　）ようにふるえていました。いのがわにおいた（②　　）も同じように（③　　）ていました。

このように（④　　）を出すものは（⑤　　）が空気中をつたわることがわかりました。

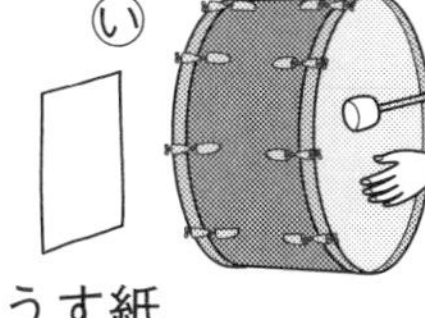

同じ　　ふるえ　　ふるえ　　音　　うす紙

(2) 鉄ぼうなど（①　　）でできたものを軽く（②　　）、はなれたところでも、音はよく（③　　）ました。

糸電話のじっけんをしました。糸電話の糸が（④　　）、とちゅうを指でつまんでいると聞こえにくくなりました。それは糸のふるえが（⑤　　）にくくなるからです。

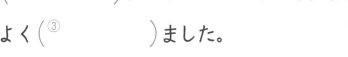

金物　　たるんだり　　つたわり　　つたわり　　たたくと

音のせいしつ ②

音のつたわり方

1 次の(　)にあてはまる言葉を□からえらんでかきましょう。

(1) 音は、音を出すものの(①　　)が(②　　)につたわると耳にとどき、聞こえます。

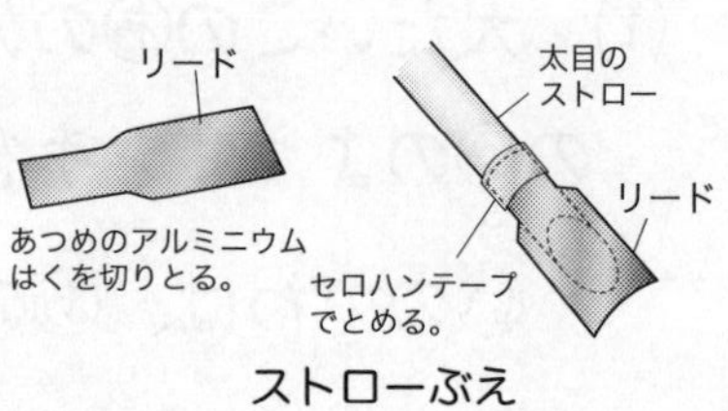

右のような(③　　)では口から出た(④　　)がアルミはくでできたリードをふるわせて、そのふるえが(⑤　　)につたわって耳にとどきます。

空気　空気　ふるえ　ストローぶえ　息

(2) 山やたて物に向かって(①　　)を出すと(②　　)が返ってくることがあります。これは、音にはかべのようなものにあたると、(③　　)せいしつがあるからです。

高速道路には、長い(④　　)をつけているところがたくさんあります。これは、(⑤　　)の音をかべではね返してそう音ぼう止をしているのです。

音楽ホールでは、かべや(⑥　　)にいろいろなくふうをして音が(⑦　　)聞こえるようにしてあります。

美しく　大きな声　はね返る　こだま　天じょう　かべ　走る車

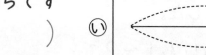

音のふるえは、強くはじくと大きくなり、弱くはじくと小さくなります。

2 お寺のかねの音がだんだん弱まるようすを考えましょう。次の文の(　)にそのじゅん番をかきましょう。

①(　　) かねつきぼうでかねをたたく。

②(　　) かねのふるえがじょじょに小さくなる。

③(　　) かねが大きくふるえて音がひびく。

④(　　) ふるえが止まり、音もなくなる。

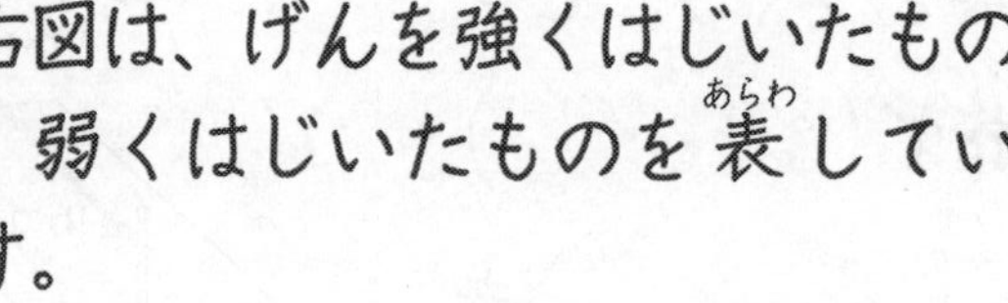

3 図を見て、あとの問いに答えましょう。

右図は、げんを強くはじいたものと、弱くはじいたものを表しています。

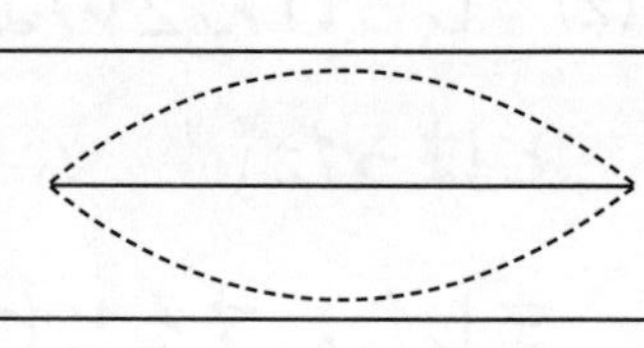

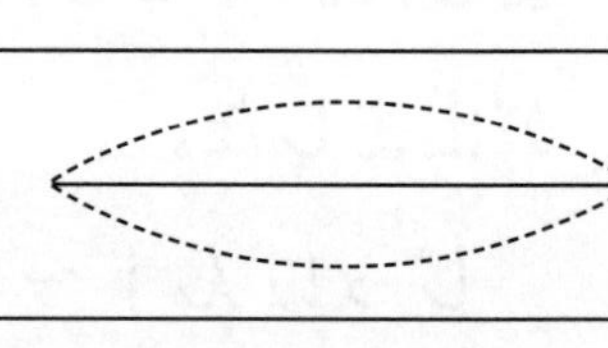

(1) 強くはじいたのはどちらですか。(　　)

(2) 弱くはじいたのはどちらですか。(　　)

(3) 音が大きいのはどちらですか。(　　)

(4) 音が小さいのはどちらですか。(　　)

(5) 音は、げんがどうなることでできますか。
(　　　　　　)

音のせいしつ

月　　日　名前

/100点

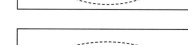

1 次の(　　)にあてはまる言葉を□からえらんでかきましょう。（1つ5点）

(1) じっけん1のように、大だいこの上に小さく切ったプラスチックへんをのせてたたきました。

たいこの(①　　　)とともに、プラスチックへんは(②　　　　)。しばらくして音が(③　　　)と、(④　　　　)も動かなくなりました。

動きました	止まる	音	プラスチックへん

(2) じっけん2のように、大だいこのⓐのがわをたたき、反対がわのⓘのようすを手をあてて調べました。

じっけん2　あ　い　うす紙

ⓘのがわは、ⓐのがわと同じように(①　　　　)いました。ⓘのがわにおいた(②　　　　)も同じようにふるえていました。

このように(③　　　)を出すものは(④　　　　)が空気中を(⑤　　　　)ことがわかりました。

うす紙	ふるえて	ふるえ	つたわる	音

2 次の(　　)にあてはまる言葉を□からえらんでかきましょう。（1つ5点）

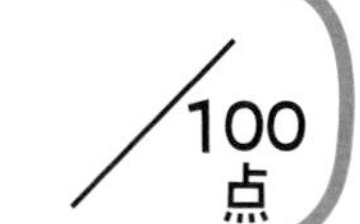

鉄ぼうなど(①　　　)でできたものを軽くたたくと、音はよく(②　　　　)ました。

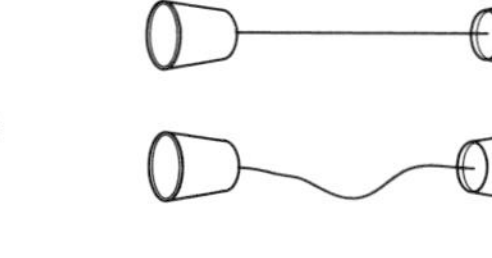

糸電話のじっけんをしました。糸電話の糸が(③　　　　)、とちゅうを指でつまんでいると聞こえにくくなりました。それは糸のふるえが(④　　　　)にくくなるからです。

つたわり	つたわり	金物	たるんだり

3 右図は、げんを強くはじいたものと、弱くはじいたものを表しています。（1つ7点）

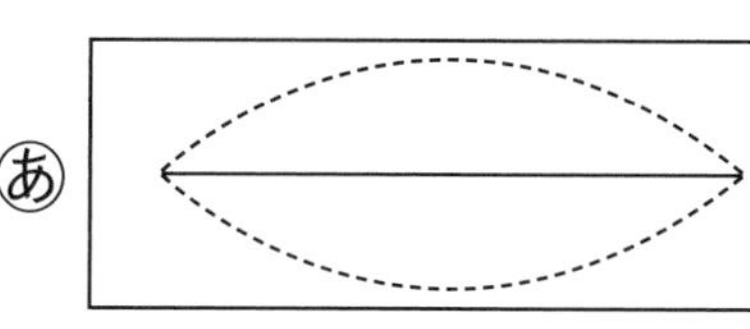

(1) 弱くはじいたのはどちらですか。(　　　)

(2) 強くはじいたのはどちらですか。(　　　)

(3) 音が小さいのはどちらですか。(　　　)

(4) 音が大きいのはどちらですか。(　　　)

(5) 音は、げんがどうなることでできますか。

(　　　　　　　　)

まとめテスト

音のせいしつ

月　日　名前　　／100点

1 次の(　)にあてはまる言葉を□からえらんでかきましょう。 ((1)、(2)1つ5点)

(1) 右図のように、大だいこを(①　　　)とたいこの(②　　　)がふるえて、反対がわの皮に(③　　　)がつたわります。

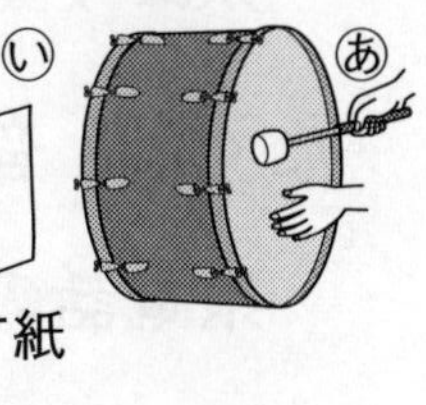

音のふるえは、(④　　　)でさわったり、(⑤　　　)がふるえるようすを見ることでわかります。

うす紙　手　ふるえ　たたく　皮

(2) 次に、もっと大きい音を出すには、大だいこを前よりも(①　　　)たたきます。すると、大だいこの(②　　　)が前より(③　　　)ふるえて、いのうす紙も大きく(④　　　)ました。

大きく　強く　皮　ふるえ

★(3) なぜ、はなれた場所にあるうす紙がふるえるのか、わけをかきましょう。 (5点)

[　　　　　　　　　　　　]

2 次の(　)にあてはまる言葉を□からえらんでかきましょう。 (1つ5点)

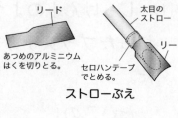

(1) 音は、音を出すものの(①　　　)が(②　　　)につたわると耳にとどき、聞こえます。

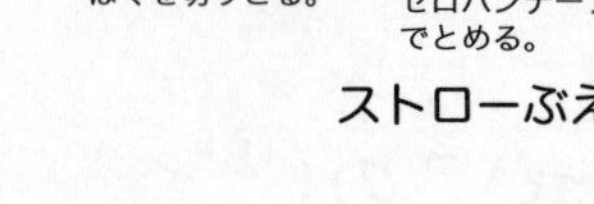

右のような(③　　　)では口から出た(④　　　)がアルミはくでできたリードをふるわせて、そのふるえが(⑤　　　)につたわって耳にとどきます。

空気　空気　ふるえ　ストローぶえ　息

(2) 山やたて物に向かって(①　　　)を出すとこだまが返ってくることがあります。これは、音にはかべのようなものにあたると、(②　　　)せいしつがあるからです。

高速道路には、長いかべをつけているところがたくさんあります。これは、(③　　　)の音をかべではね返して外に聞こえないようにしているのです。

音楽ホールでは、(④　　　)や天じょうにいろいろなくふうをして音が(⑤　　　)聞こえるようにしてあります。

美しく　大きな声　はね返る　かべ　走る車

理科ゲーム

クロスワードクイズ

月　　日　名前

クロスワードにちょうせんしましょう。キとギは同じと考えます。

①❶		■	③❷		■	④
	■	■		■	■	
	■	❸				
■	④					
②❺		■		■	■	
❻						
■	■	■	❼			■

タテのかぎ

① ミカンやサンショウの葉にたまごをうみます。よう虫は青虫です。

② こん虫のなかまではありません。からだは、頭とはらの2つに分かれ、あしは8本です。

③ 秋になると草むらで、コロコロとなき声がきこえます。スズムシのなかまです。

④ 林や野原にすんでいて、アブラムシを食べます。テントウムシの1つです。

ぼくのことだよ。

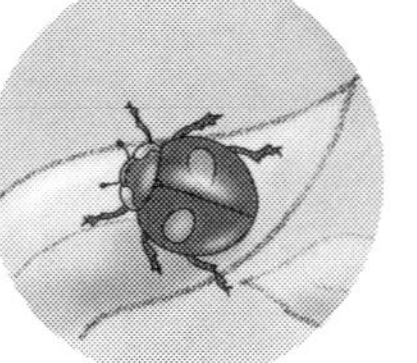

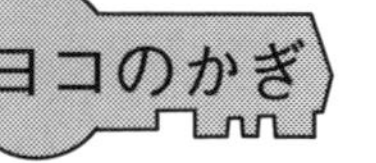

❶ 土の中にすをつくります。ぞろぞろと○○の行列を見ることもあります。

❷ じしゃくのきょくの1つです。このきょくとNきょくは引きあいます。

❸ しっかりとえものをつかまえる、大きくて、するどくとがったあしがあります。

❹ 太陽を見るときに使う道具。これを通して見ないと目をいためます。

❺ 植物のからだは、葉と○○と根の3つの部分からできています。

❻ キャベツの葉にたまごをうみます。よう虫は青虫です。

❼ かん電池にどう線をつなぐ部分です。

答えは、どっち？

月　　日　名前

正しいものをえらんでね。

1　アブラナの葉のうらでたまごを見つけました。アゲハ、モンシロチョウ、どっちのたまご？

（　　　　　　　　）

2　キャー！ ゴキブリがでたぞ～！ ダンゴムシ、ゴキブリ、こん虫はどっち？

ダンゴムシ

（　　　　　　　　）

3　ヒマワリのたねを植えました。さいしょに開くのは、子葉、本葉、どっち？

たね

（　　　　　　　　）

4　タンポポとハルジオンがさいています。草たけが高いのはどっち？

ハルジオン

（　　　　　　　　）

5　日なたと日かげがあります。すずしいのはどっち？

（　　　　　　　　）

6　大きい虫めがねと小さい虫めがねがあります。光を多く集められるのは、どっち？

（　　　　　　　　）

7　金ぞくのスプーンとプラスチックのスプーンがあります。電気を通さないのは、どっち？

スプーン

（　　　　　　　　）

8　2本のぼうじしゃくが引きあいました。Nきょくをひきつけるのは、Nきょく、Sきょく、どっち？

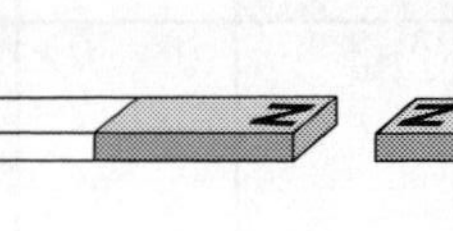

（　　　　　　　　）

9　わゴムで車を走らせます。速く走るのは、わゴム1本、わゴム2本、どっち？

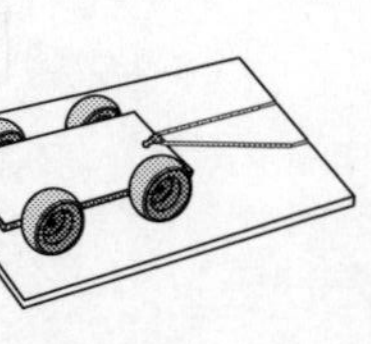
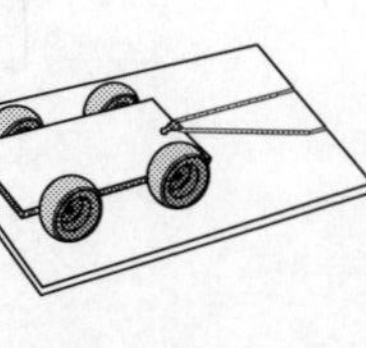

（　　　　　　　　）

10　風を受けて走る車をつくりました。大きい「ほ」と小さい「ほ」があります。遠くまで走るのは、どっち？

（　　　　　　　　）

理科ゲーム

理科オリンピック

理科のじっけんのオリンピックです。1い、2い、3いを決めましょう。

1　丸いかがみを3まい使って図のように、日かげのかべに日光をはね返しました。

明るいところはどこですか。

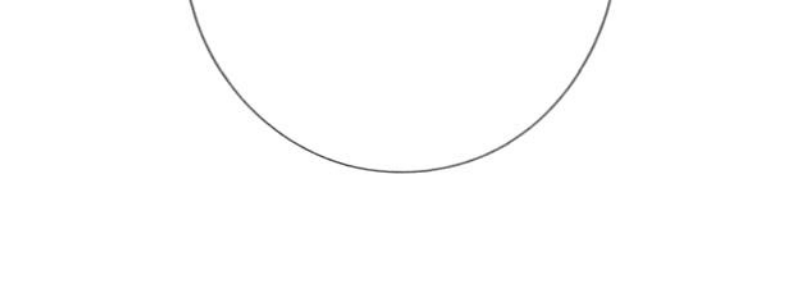

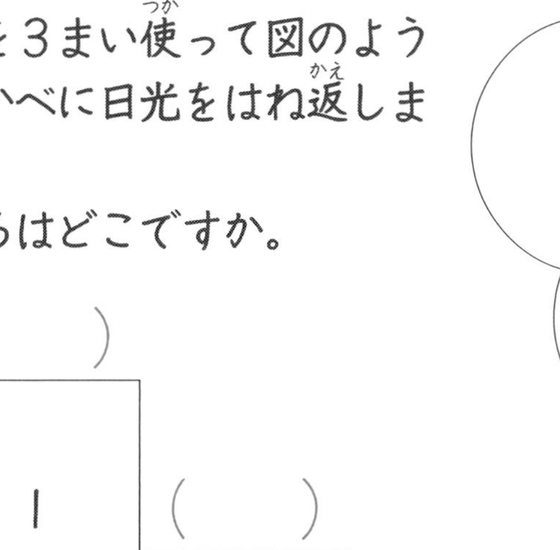

2　紙コップを「ほ」に使った車をつくりました。全体の重さは同じにしてあります。遠くまで走る車はどれですか。

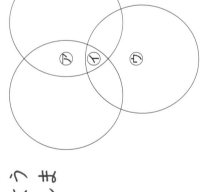

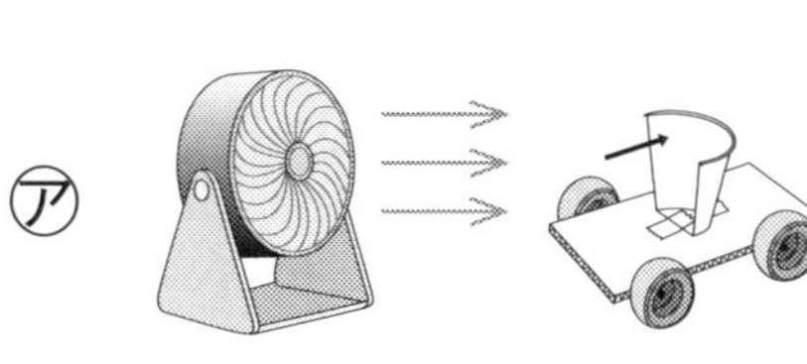

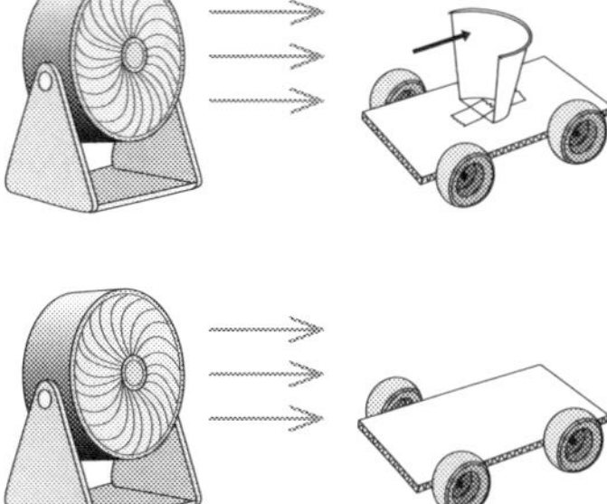

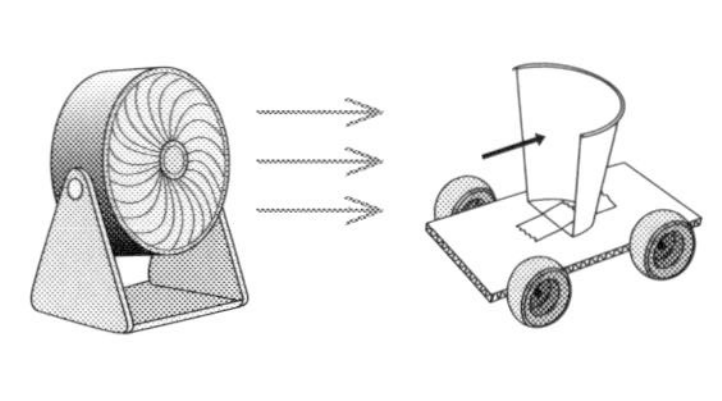

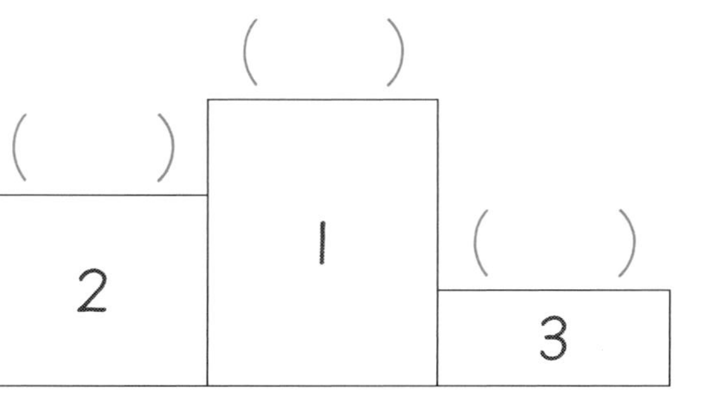

月　日　名前

3　ゴムの力で動く車があります。わゴムの数を1本、2本、3本にしました。遠くまで走るのはどれですか。

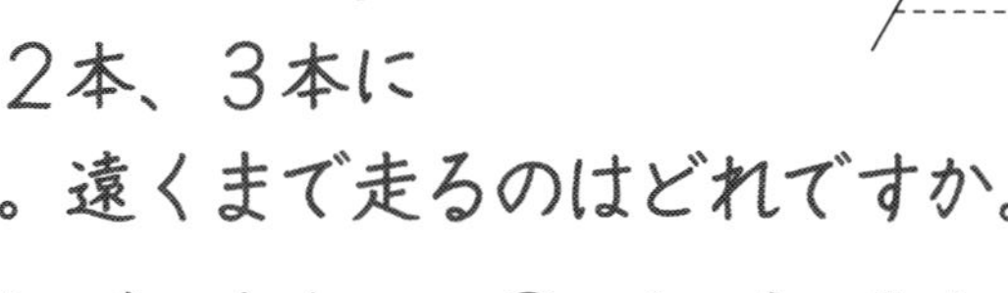

ア　わゴム1本　イ　わゴム2本　ウ　わゴム3本

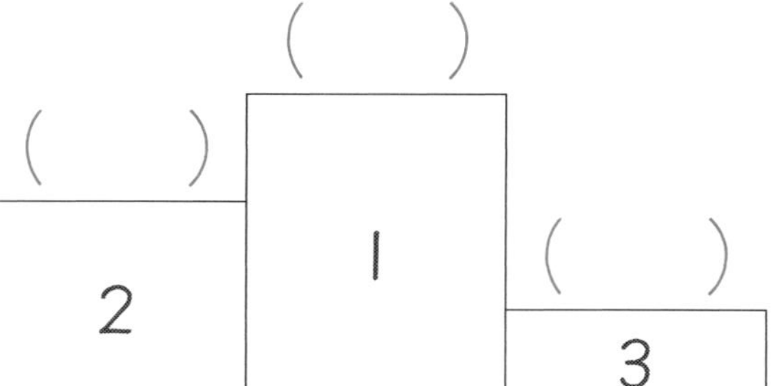

4　同じ体せきの鉄、ねん土、木の重さをくらべました。

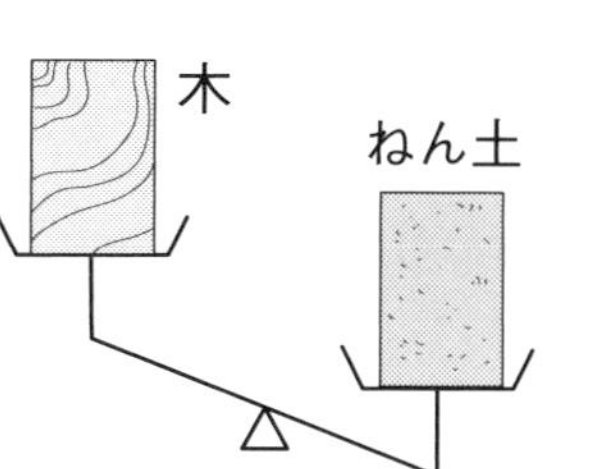

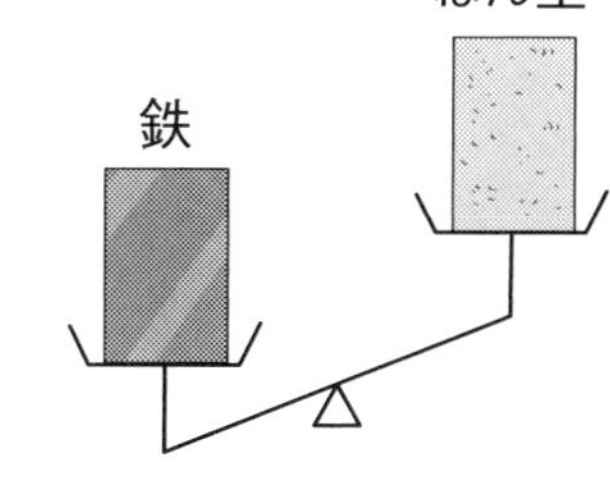

ア　鉄
イ　ねん土
ウ　木

重いのはどれですか。

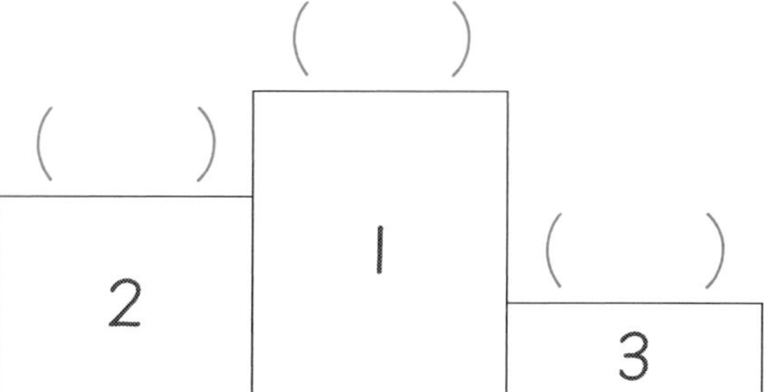

理科ゲーム

まちがいを直せ！

月　　日　名前

正しい言葉に直しましょう。

1 ハルアカネ？　（　　　　　　）

秋に野山にとぶすがたがよく見られます。アカトンボともいいます。

2 クロネコアリ？　（　　　　　　）

土の中にすんでいて、虫や木の実などを食べます。

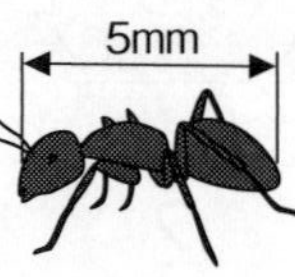

3 モンクロチョウ？　（　　　　　　）

アブラナなどの葉のうらがわにたまごをうみます。花のみつをすいます。

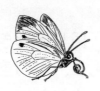

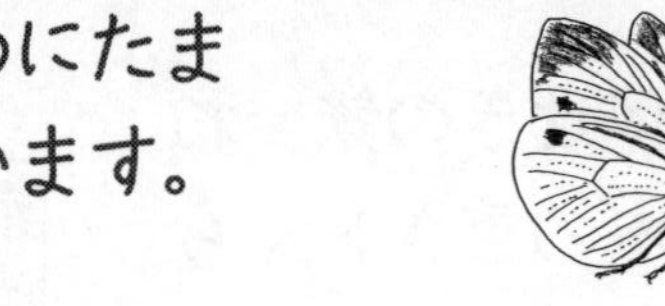

4 なぎさ？　（　　　　　　）

チョウのよう虫が、よう虫からせい虫になる間のときです。

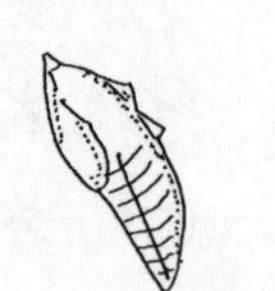
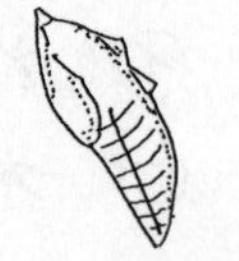

5 フユジオン？　（　　　　　　）

草たけの高い植物です。野原など日光のよくあたるところに育ちます。

6 めい路？　（　　　　　　）

かん電池、豆電球などをどう線でつなぎ、1つのわになる電気の通り道です。

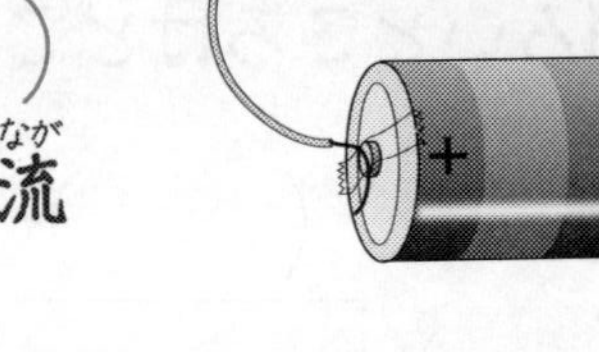

7 フェラメント？　（　　　　　　）

豆電球の中にあって、ここに電気が流れると光ります。

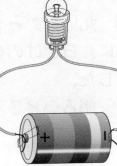

8 方いしじん？　（　　　　　　）

方いを調べるときに使います。

9 音頭計？　（　　　　　　）

もののあたたかさをはかるときに使います。

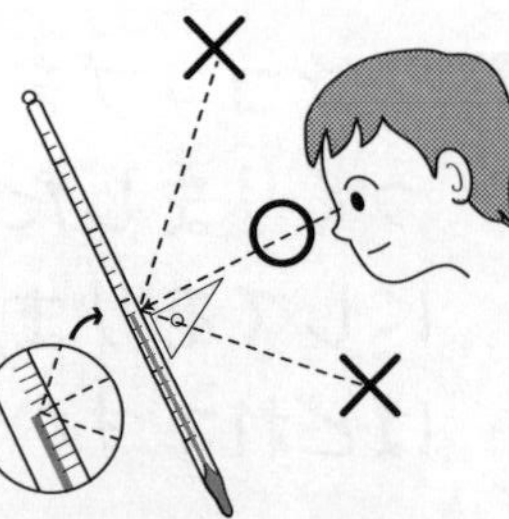

10 しゃ高板？　（　　　　　　）

太陽を見るときに使います。

答えの中にある※について
※①②③は、①、②、③に入る言葉は、そのじゅん番は自由です。

れい

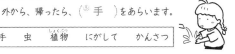

月　日　名前

ポイント　かんさつ道具や、かんさつのしかた、記ろくカードのかき方などを学びます。

2 次の(　)にあてはまる言葉を□からえらんでかきましょう。

(1) かんさつに出かけるときに、じゅんびする物は、かんさつの内ようを記ろくする(① 筆記用具)、(②かんさつカード)、(③デジタルカメラ)などです。 ※①②③

筆記用具　かんさつカード　デジタルカメラ

(2) 虫をつかまえるための(① あみ)や、つかまえた虫を入れる(② 虫かご)、虫のこまかい部分をかんさつする(③ 虫めがね)などもあればべんりです。

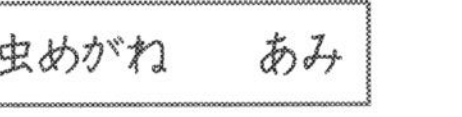

虫かご　虫めがね　あみ

(3) かんさつするときには、さしたり、かんだりする(① 虫)や、かぶれる(② 植物)に気をつけます。

また、かんさつする生き物だけをとり、コオロギやバッタなどの(③ かんさつ)が終わったら、元の場所に(④にがして)あげましょう。

外から、帰ったら、(⑤ 手)をあらいます。

手　虫　植物　にがして　かんさつ

身近なしぜん ①
かんさつのしかた

1 チューリップとタンポポをかんさつし、カードに記ろくしました。あとの問いに答えましょう。

(1) かんさつカードはどのようにかきますか。図の(　)にあてはまる言葉を、□からえらんでかきましょう。

(① 題名)をかく。
(② 日時)をかく。
(③ 場所)をかく。
調べたことや(④気づいたこと)を絵や文でかく。

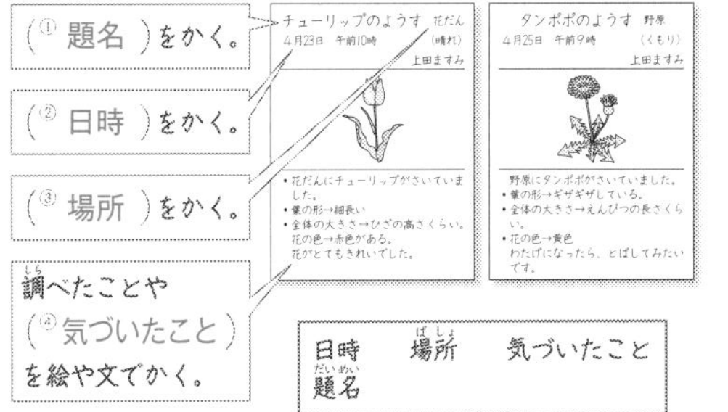

日時　場所　気づいたこと　題名

(2) このかんさつから、チューリップとタンポポの葉の形や全体の大きさ、花の色について、わかったことをかきましょう。

	チューリップ	タンポポ
① 葉の形	細長い	ギザギザしている
② 全体の大きさ	ひざの高さくらい	えんぴつの長さくらい
③ 花の色	赤色	黄色

月　日　名前

ポイント　かんさつ道具や、かんさつのしかた、記ろくカードのかき方などを学びます。

2 次の(　)にあてはまる言葉を□からえらんでかきましょう。

(1) かんさつに出かけるときに、じゅんびする物は、かんさつの内ようを記ろくする(① 筆記用具)、(②かんさつカード)、(③デジタルカメラ)などです。 ※①②③

筆記用具　かんさつカード　デジタルカメラ

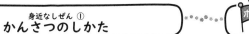

(2) 虫をつかまえるための(① あみ)や、つかまえた虫を入れる(②虫かご)、虫のこまかい部分をかんさつする(③ 虫めがね)などもあればべんりです。

虫かご　虫めがね　あみ

(3) かんさつするときには、さしたり、かんだりする(① 虫)や、かぶれる(②植物)に気をつけます。

また、かんさつする生き物だけをとり、コオロギやバッタなどの(③かんさつ)が終わったら、元の場所に(④にがして)あげましょう。

外から、帰ったら、(⑤ 手)をあらいます。

手　虫　植物　にがして　かんさつ

身近なしぜん ②
草花のようす

1 次のかんさつカードから、どんなことがわかりますか。あとの問いに答えましょう。

(1) 草花の名前は何ですか。
(タンポポ)

(2) どこで見つけましたか。
(公園の入り口)

(3) かんさつした日時はいつですか。
(5月10日午前10時)

タンポポ　公園の入り口
5月10日　午前10時　晴れ　20℃
田中 ただし
・葉っぱが地面に広がっている。
・あながあいたり、やぶれた葉がある。
・まわりにせの高い草がない。
・近くにオオバコがたくさんある。

(4) (　)にあてはまる言葉を□からえらんでかきましょう。

タンポポの葉て、あながあいたり、(①やぶれたり)しているものがあるのは、(② 人)がよく通り、ふみつけられるからです。

まわりにせの高い草がないのは、ふみつけられたりして、(③育たない)からです。タンポポのまわりには、せたけのよくにた(④オオバコ)がはえています。

オオバコ　人　やぶれたり　育たない

月　日　名前

ポイント　春の草花のようすについて学びます。タンポポやハルジオンを学びます。

2 次のかんさつカードから、どんなことがわかりますか。あとの問いに答えましょう。

(1) 草花の名前は何ですか。
(ハルジオン)

(2) どこで見つけましたか。
(野原)

(3) その日の天気は何ですか。
(晴れ)

(4) だれのかんさつ記ろくですか。
(さとう めぐみ)

ハルジオン　野原
5月18日　午前10時　(晴れ)
さとう めぐみ
・せの高い草がたくさんそだっている。
・日光がよくあたっていた。
・まわりには大きな木はない。
・白い花がたくさんさいていた。

(5) (　)にあてはまる言葉を□からえらんでかきましょう。

野原には(① 人)や自動車など、植物をふみつけたり、(② おったり)するものが入ってきません。また、野原は、森などとちがって(③日光)もよくあたります。そのため、せの(④高い)植物が多くはえています。

(⑤ セイタカアワダチソウ)なども、その1つです。

日光　高い　セイタカアワダチソウ　人　おったり

身近なしぜん ③
こん虫のようす

月　日　名前

ポイント　春のこん虫のようすについて調べます。アリの行列やカマキリのようすを学びます。

1 次のかんさつカードから、どんなことがわかりますか。あとの問いに答えましょう。

アリ　花だんの近く
5月18日　午前9時　(晴れ)
三木 一ろう

・すあなに向かって行列して歩いていた。
・2～3びきで虫の死がいを運んでいた。
・うろうろしているアリもいた。
・すあなから、出てくるアリもいた。

(1) 生き物の名前は何ですか。
（アリ）

(2) どこで見つけましたか。
（花だんの近く）

(3) かんさつした日時はいつですか。
（5月18日午前9時）

(4) その日の天気は何ですか。
（晴れ）

(5) （　）にあてはまる言葉を□からえらんでかきましょう。

アリは（①地面）の下にある、すあなに向かって（②行列）して歩きます。また、中には、2～3びきが（③力）をあわせて、（④エサ）を運んでいることもあります。うろうろしているのは（⑤エサ）をさがしているのでしょう。

行列　地面　エサ　エサ　力

2 次のかんさつカードを見て、あとの問いに答えましょう。

見つけにくいカマキリ　野原
5月25日　午前10時　(晴れ)
上田 さとし

・草原の中の葉にとまっていた。
・近くにエサになる小さい虫がたくさんいた。
・からだは緑色をしていて、見つけにくかった。
・前あしはかまのようになっていた。

(1) 題名は何ですか。
（見つけにくいカマキリ）

(2) かんさつした日時はいつですか。
（5月25日午前10時）

(3) カマキリのあしは何本ですか。
（6本）

(4) カマキリは、何を食べていますか。
（小さい虫）

(5) （　）にあてはまる言葉を□からえらんでかきましょう。

カマキリのからだの色は（①緑色）です。そのため、まわりの（②植物）の色にかくれてしまい、とても（③見つかりにくい）です。

また、カマキリの前あしは（④かま）のような形をしていて、エサになる（⑤虫）をつかまえやすくなっています。

かま　植物　緑色　見つかりにくい　虫

7

まとめテスト
身近なしぜん

月　日　名前　　/100点

1 次の文は、いろいろな生き物についてかかれています。（　）にあてはまる言葉を□からえらんでかきましょう。（1つ5点）

(1) ダンゴ虫は、ブロックや（①石）の下にたくさんいました。（②暗い）ところをこのんですんでいるようです。

ナナホシテントウが、カラスノエンドウにいた（③アブラムシ）を食べていました。ナナホシテントウの色は（④だいだい色）で目立ちました。

モンシロチョウが、アブラナの花に止まっていました。長い（⑤ストロー）のような口で花の（⑥みつ）をすっていました。

ストロー　だいだい色　石　暗い　みつ　アブラムシ

(2) カマキリのからだの色はふつう（①緑色）です。そのため、まわりの（②植物）の色にかくれてとても（③見つかりにくい）です。

ところが、土の上に長くいるカマキリは（④茶色）をしていることがあります。

これは、すむ場所の色にあわせて（⑤身）を守るためです。

身　植物　見つかりにくい　緑色　茶色

2 次の（　）にあてはまる言葉を□からえらんでかきましょう。（1つ5点）

(1) 植物は、日光がなくては育ちません。そこで、それぞれの植物がどのようにして（①日光）を多く受けるか、きそいあっています。

タンポポとハルジオンの（②せたけ）のちがいを見ると、ハルジオンの方がせが（③高く）て、日光をよく受けられそうです。

ところが、（④人や車）が通るところでは、草花の（⑤くき）がおれてしまい、大きく育ちません。

せたけ　日光　高く　人や車　くき

(2) タンポポは葉と根がとても（①じょうぶ）で人や車にふまれてもかれたりしません。

それで、（②タンポポ）は人や車の通る道の近い場所に、（③ハルジオン）は人や車がやってこない野原のおくの方に育っています。

植物は日光をたくさん受けるため、まわりの草花と（④きょうそう）しながら育っているのです。

タンポポ　じょうぶ　きょうそう　ハルジオン

8

まとめテスト
身近なしぜん

月　日　名前　　/100点

1 次の植物のせたけは、㋐タンポポ、㋑ハルジオンのどちらににていますか。（　）に記号をかきましょう。（1つ4点）

① オオバコ（㋐）　② カラスノエンドウ（㋑）
③ アブラナ（㋑）　④ ホトケノザ（㋐）

2 ハルジオンにくらべ、タンポポなどせのひくい植物はどんな場所にはえていますか。その理由もかきましょう。（8点）

タンポポはとてもじょうぶで人や車にふまれたりしてもかれないので、人や車の通る場所に多くはえています。

3 すんでいる場所でからだの色がかわる生き物がいます。

(1) すんでいる場所で、からだの色がかわるものには○、かわらないものには×をつけましょう。（1つ4点）

① カマキリ（○）　② アゲハ（×）
③ アリ（×）

(2) からだの色がかわるのは、なぜですか。次の中から正しいものを1つえらんで○をかきましょう。（4点）

①（○）すむ場所の色にあわせて、身を守るため
②（　）オス・メスですむ場所がかわるため
③（　）気温によって色がかわるため

4 次のこん虫の名前と食べ物とすむ場所を□からえらんでかきましょう。（1つ4点）

名前	食べ物	すむ場所
①（モンシロチョウ）	花のみつ	花だんや野原
②（ナナホシテントウ）	アブラムシ	林や野原
③（ショウリョウバッタ）	草の葉	野原
④（オオカマキリ）	小さな虫	野原
⑤（セミ）	木のしる	林

【名　前】ショウリョウバッタ　モンシロチョウ　セミ　ナナホシテントウ　オオカマキリ
【食べ物】草の葉　アブラムシ　木のしる　花のみつ　小さい虫
【すむ場所】花だんや野原　林　林や野原　野原　野原

9

草花を育てよう ①
たねから子葉へ

月　日　名前

ポイント　たねまきのようすから子葉が出るまでを学びます。ヒマワリ、ホウセンカ、マリーゴールドなどを調べます。

1 図は、草花のたねです。たねの名前を□からえらんでかきましょう。

① 
②
③ 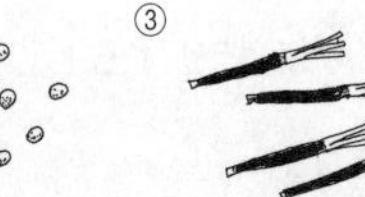

（ヒマワリ）（ホウセンカ）（マリーゴールド）

ホウセンカ　ヒマワリ　マリーゴールド

2 ホウセンカのたねをまきました。あとの問いに答えましょう。

(1) 正しいまき方に○をつけましょう。

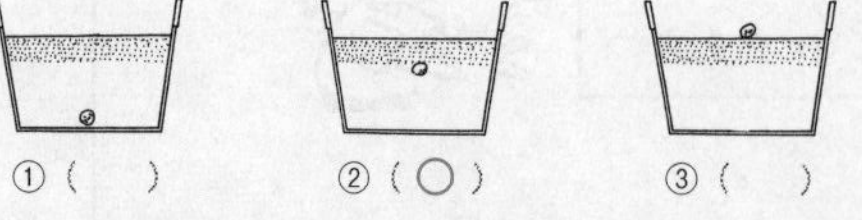

①（　）　②（○）　③（　）

(2) たねまきのあと、下のようなふだを立てました。よいものを1つえらんで、○をつけましょう。

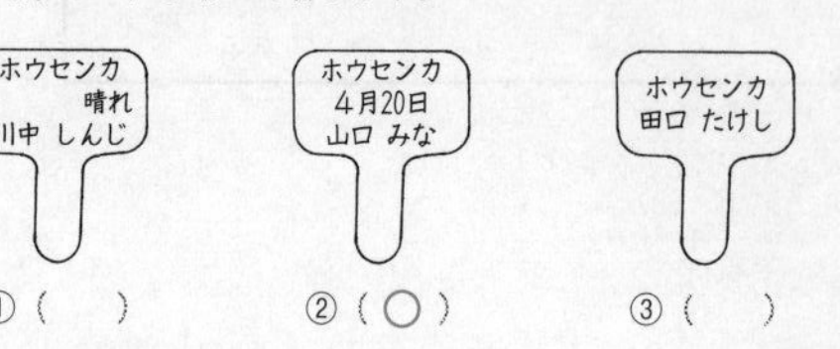

①（　）　②（○）　③（　）

3 次の（　）にあてはまる言葉を□からえらんでかきましょう。

花だんにたねをまきます。ヒマワリは、たねとたねの間を（①50）cmくらい、ホウセンカは、（②10）cmくらいはなしてまきます。

ヒマワリは、めが出たあと、大きく育つので、たねとたねの間を広くしてまきます。

たねをまくあなの深さは、（③1～2）cmです。

たねをまいたら軽く（④土）をかぶせ、土がかわかないように（⑤水）をかけます。

土　水　50　1～2　10

4 次の（　）にあてはまる言葉を□からえらんでかきましょう。

(1) ホウセンカのたねをまきました。
㋐のような葉が出ました。名前をかきましょう。
㋐（子葉）

(2) ヒマワリのめが出ました。
㋑～㋔の名前をかきましょう。
㋑（本葉）　㋒（子葉）
㋓（くき）　㋔（根）

子葉　子葉　本葉　根　くき

12

草花を育てよう ②
草花の育ちとつくり

1 次の文は、なえを植えかえるときにすることをかいたものです。どのようなじゅんじょで行いますか。行うじゅんに、(　)に数字をかきましょう。

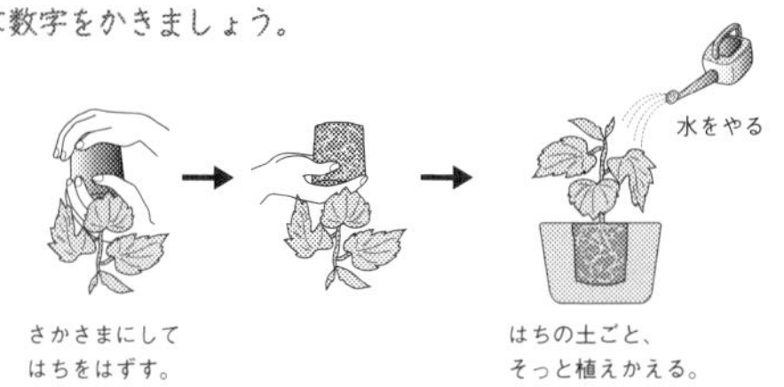

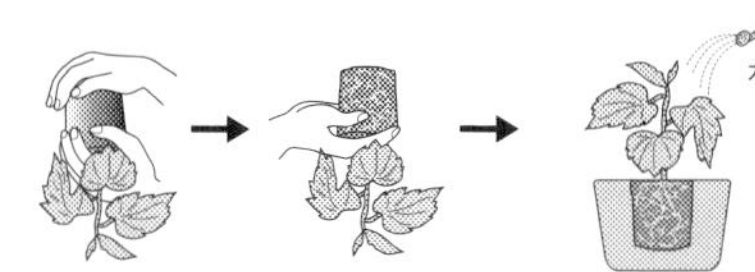

①（３）はちの土ごと、そっと植えかえる。
②（４）水をやる。
③（１）花だんなどの土をたがやして、ひりょうをまぜる。
④（２）はちが入るくらいのあなをほる。

2 次の文のうち正しいものには○、まちがっているものには×をかきましょう。

ヒマワリ　ホウセンカ

①（×）ヒマワリとホウセンカは同じ大きさで育ちます。
②（○）どちらにも葉・くき・根があります。
③（○）子葉の数は2まいです。
④（×）根の形は同じです。
⑤（○）葉の形や大きさはちがいます。

ポイント 植えかえからあと、どのように育つか調べましょう。葉の数がふえ、草たけものび、根もしっかりつきます。

月　日　名前

3 植えかえのしかたについて、次の(　)にあてはまる言葉を□からえらんでかきましょう。

(1) 葉の数が（①4～6まい）になったら、（②花だん）や大きい入れ物に植えかえをします。これは、（③根）がしっかり育つようにするためです。
植えかえる1週間ぐらい前に、（④土）をたがやして（⑤ひりょう）を入れます。植えかえたあとには、しっかり（⑥水）をやります。

水　ひりょう　土　4～6まい　根　花だん

(2) 植物の根のはたらきは（①水）をすいあげることと植物のからだを（②ささえる）ことです。からだが大きく育つと、土の中の（③根）もしっかりと育ちます。
また、（④葉）をたくさんつけるために植物の（⑤草たけ）も高くなります。

草たけ

草たけ　ささえる　葉　水　根

草花を育てよう ③
花から実へ

1 図は、マリーゴールド、ホウセンカ、ヒマワリの育ち方をかいたものです。(　)に名前をかきましょう。

①（ホウセンカ）
②（マリーゴールド）
③（ヒマワリ）

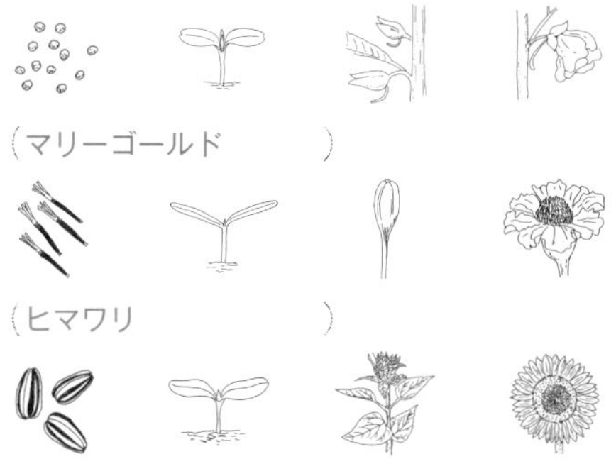

2 次の(　)にあてはまる言葉を□からえらんでかきましょう。
植物は、たねをまくと、めが出て（①子葉）が開きます。そのあと、本葉が出てきます。ぐんぐん育って、（②つぼみ）ができ、（③花）がさきます。そのあとに（④実）ができて、中には（⑤たね）が入っています。

たね　実　花　つぼみ　子葉

ポイント 植物の一生やからだのつくりを学びます。

月　日　名前

3 図は、ホウセンカのたねまきから実ができるまでのようすを表したものです。あとの問いに答えましょう。

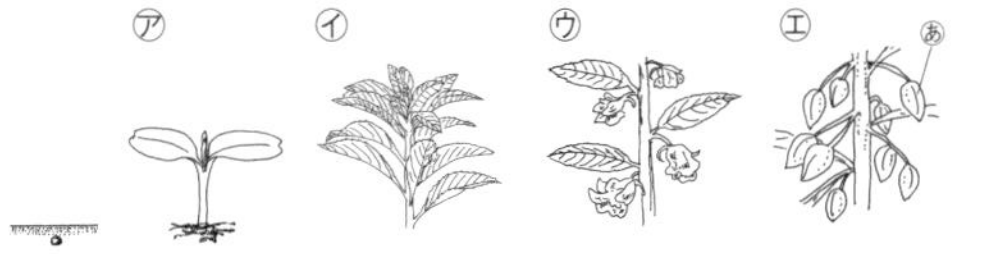

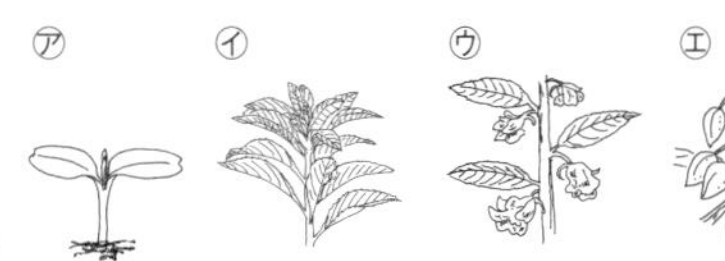

(1) 次の文は、ホウセンカの記ろくカードにかかれていたものです。ア～エのどのようすについてかいたものですか。記号をかきましょう。
① めが出ました。子葉は2まいです。（ア）
② 花がさいたあとに実ができました。実をさわるとはじけておもしろいです。（エ）
③ 葉がたくさん出てきました。葉は細長くてぎざぎざしています。（イ）
④ 大きく育って赤い花がたくさんさきました。（ウ）

(2) 6月14日と9月11日の記ろくカードがあります。それは上の図のイ、エそれぞれどちらのものですか。
6月14日（イ）　9月11日（エ）

(3) 図エのあの中には、何が入っていますか。
（たね）

草花を育てよう ④
花から実へ

1 図はホウセンカの育ち方を表しています。あとの問いに答えましょう。

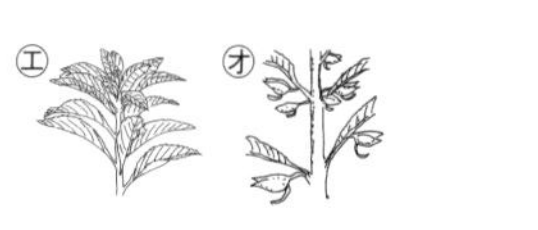

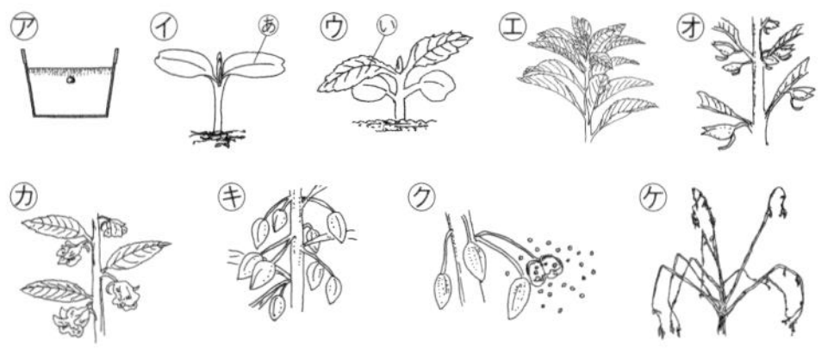

(1) 次の文は、どの図のことですか。(　)に記号をかきましょう。
①（キ）花びらがちって、実ができました。
②（カ）花がさきました。
③（イ）はじめての葉が開きました。
④（ク）実にさわるとたねがとび出しました。
⑤（ウ）少し形のちがう葉が出てきました。
⑥（オ）葉のついているくきのあたりにつぼみができました。
⑦（エ）根、くき、葉が大きくなってきました。
⑧（ア）植え木ばちにたねをまきました。
⑨（ケ）すっかりかれてしまいました。

(2) 図のあといは、子葉ですか、本葉ですか。
あ（子葉）　い（本葉）

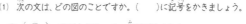

ポイント 植物の一生で、同じところ、ちがうところを学びます。

月　日　名前

2 次の図はヒマワリの一生をかいた図です。
たねまきから、かれるまで正しいじゅんじょに記号でならべましょう。

（ア）→（エ）→（オ）→（イ）→（ウ）

3 ホウセンカとヒマワリの形や育ち方をくらべました。次の①～⑤で、ホウセンカとヒマワリが同じならば○を、ホウセンカとヒマワリがちがっていれば×をかきましょう。
①（×）花や実の形。
②（○）1つのたねからめが出て、葉がしげり、花をさかせること。
③（×）できたたねの大きさや形。
④（○）花は、さいたあと実になり、たくさんのたねをのこして、やがてかれること。
⑤（○）はじめに子葉が開き、次に本葉が開くこと。

まとめテスト
草花を育てよう

1 次の文で、正しいものには○、まちがっているものには×をかきましょう。（1つ5点）
①（○）たねをまいたら土をかぶせ、水をやります。
②（○）土の中からたねがめを出すと、さいしょに子葉が出ます。
③（×）土の中からめが出ると、さいしょに本葉が出ます。
④（×）どの草花もたねの色、形、大きさは同じです。
⑤（○）草花によって本葉の形はちがいます。

2 かんさつ記ろくを見て、あとの問いに答えましょう。（1つ5点）

マリーゴールドの子葉		
4月18日	晴れ	21度
		青山 ひかる
子葉が出た。 2まい 2cmくらい		
葉の間から次の葉が見えます。どんな形や大きさになるのかな。		

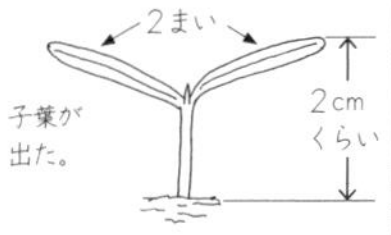

(1) 何のかんさつですか。
（マリーゴールドの子葉）
(2) かんさつした日はいつですか。
（4月18日）
(3) かんさつしたのはだれですか。
（青山　ひかる）
(4) 子葉は何まいですか。
（2まい）
(5) 子葉までの高さは何cmくらいですか。
（2cm）

月　日　名前　　／100点

3 右の図はホウセンカです。次の(　)にあてはまる言葉を□からえらんでかきましょう。（1つ5点） 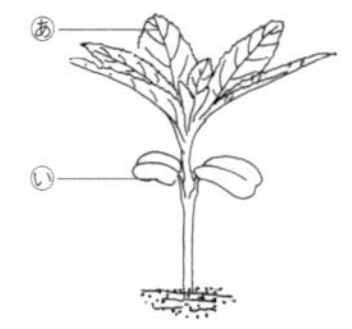
図の葉あは（①本葉）といい、葉いは（②子葉）といいます。
めが出たころより（③くき）はのび、せが（④高く）なり、葉の（⑤数）も多くなっています。

くき　本葉　高く　数　子葉

4 虫めがねの使い方で、正しいものには○、まちがっているものには×をかきましょう。（1つ5点）
①（○）虫めがねを目に近づけ、手に持った花を動かして見ます。
②（×）手に持った花に、虫めがねを近づけて見ます。
③（○）ぜったいに太陽を見てはいけません。
④（×）虫めがねで太陽を見てもだいじょうぶです。
⑤（○）動かせないものを見るときは、虫めがねを動かして見ます。

まとめテスト

草花を育てよう

月　日　名前　　／100点

1 かんさつ記ろくを見て、あとの問いに答えましょう。

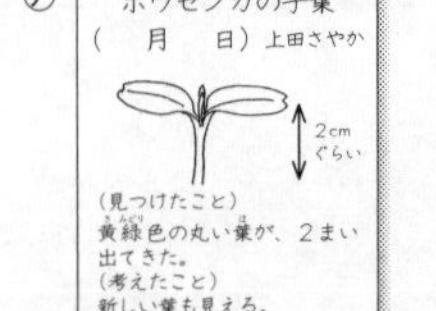
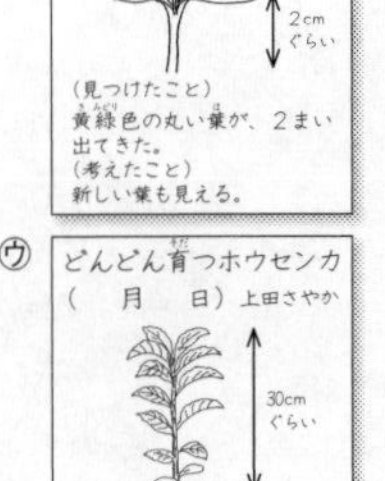
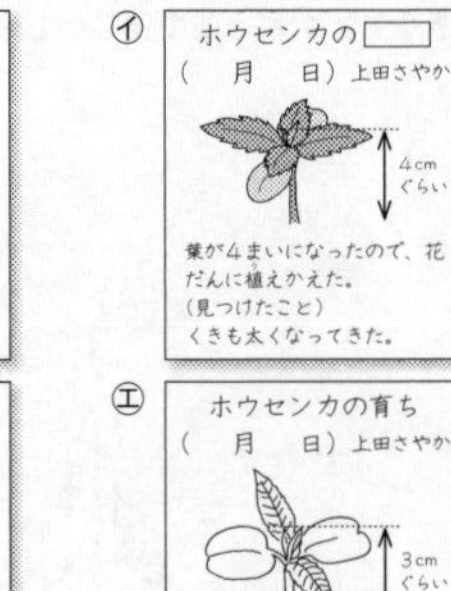

㋐ ホウセンカの子葉（　月　日）上田さやか　2cmぐらい　（見つけたこと）黄緑色の丸い葉が、2まい出てきた。（考えたこと）新しい葉も見える。

㋑ ホウセンカの□（　月　日）上田さやか　4cmぐらい　葉が6まいになったので、花だんに植えかえた。（見つけたこと）くきも太くなってきた。

㋒ どんどん育つホウセンカ（　月　日）上田さやか　30cmぐらい　（見つけたこと）葉の数はずいぶんふえて、くきもかなり太くなってきた。

㋓ ホウセンカの育ち（　月　日）上田さやか　3cmぐらい　（見つけたこと）次に出てきた葉は細長くてぎざぎざがあった。せも高くなった。

(1) ㋐～㋓のかんさつした日はどれですか。（　）に記号をかきましょう。（1つ5点）

4月27日（㋐）　5月4日（㋓）
5月8日（㋑）　7月1日（㋒）

(2) 右の図は、㋑、㋒の根を表したものです。（　）に記号をかきましょう。（1つ5点）

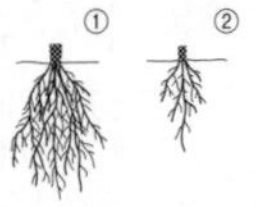

①（㋒）　②（㋑）

(3) ㋑の題名は何ですか。よい方に○をつけましょう。（10点）

①（○）植えかえ　②（　）くき

2 図を見て、あとの問いに答えましょう。（1つ5点）

(1) ホウセンカのからだは、根、くき、葉からできています。㋐～㋒はそれぞれ何ですか。

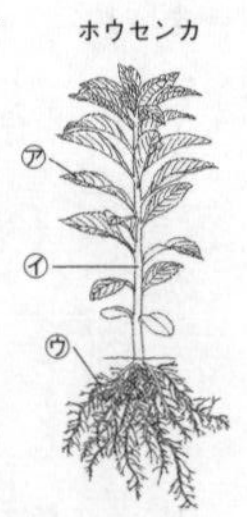

ホウセンカ

㋐（葉）
㋑（くき）
㋒（根）

(2) 次の（　）にあてはまる言葉を□からえらんでかきましょう。

どの植物もからだのつくりは、根、くき、葉で（①同じ）ですが、大きさや色や（②形）はさまざまです。㋒のはたらきは（③水）をすい上げることと、からだを（④ささえる）ことです。これがしっかり育たないと、植物は（⑤大きく）なることができません。

大きく　水　ささえる　形　同じ

3 ヒマワリのたねをまくときには、たねとたねの間を50cmくらいはなし、広い目にあけて植えます。なぜでしょう。（20点）

ヒマワリは、せいちょうすると大きくなるのでたねとたねの間を広くして植えます。

17

まとめテスト

草花を育てよう

月　日　名前　　／100点

1 図の（　）にあてはまる言葉を□からえらんでかきましょう。（1つ5点）

たねをまく　→（①子葉）が出る　→（②本葉）が出る　→（③草たけ）がのびる　→（④つぼみ）ができる　→（⑤花）がさく　→（⑥実）ができる　→（⑦たね）ができる

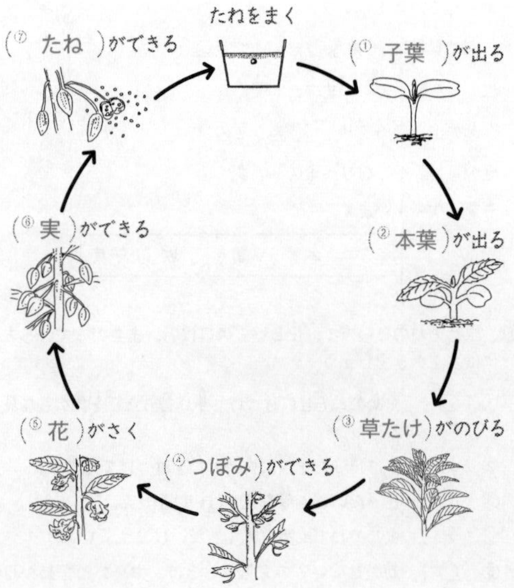

花　つぼみ　実　草たけ　本葉　子葉　たね

2 次の（　）にあてはまる言葉を□からえらんでかきましょう。（1つ5点）

植物は、たねをまくと、めが出て（①子葉）が開きます。そのあとに本葉が出てきます。くきがのびて、葉がしげり（②花）がさきます。花がさいたあと、（③実）ができます。実の中には（④たね）ができています。そして（⑤かれて）いきます。これが植物の一生です。

子葉　かれて　花　たね　実

3 花の名前・たね・花・実を線でむすびましょう。（線1本5点）

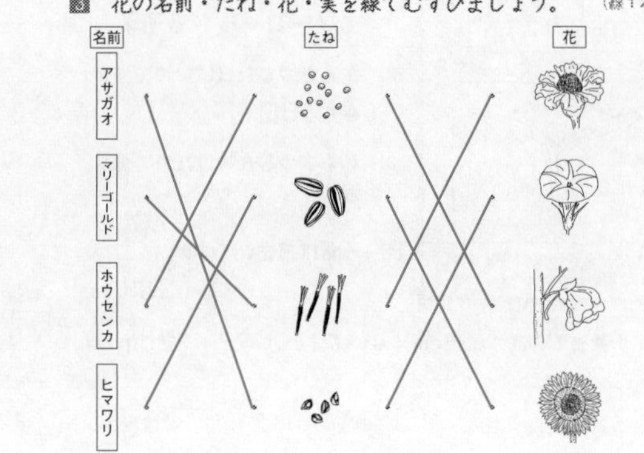

18

チョウを育てよう①　チョウのたまごと食べ物

月　日　名前

ポイント　チョウのたまごの形や、かえってからのようすを学びます。

1 次の（　）にあてはまる言葉を□からえらんでかきましょう。

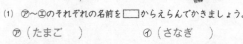

(1) モンシロチョウのたまごは、（①キャベツ）や（②アブラナ）の葉のうらで見つけられます。たまごの色は（③黄色）で（④細長い）形をしています。※①②

黄色　細長い　キャベツ　アブラナ

(2) アゲハのたまごは、（①ミカン）や（②サンショウ）や（③カラタチ）の木の葉をさがすと見つけられます。たまごの色は、（④黄色）で（⑤丸い）形をしています。※①②③

ミカン　サンショウ　カラタチ　黄色　丸い

(3) モンシロチョウのたまごから出てきたよう虫の色は（①黄色）で、はじめに（②たまご）のからを食べます。

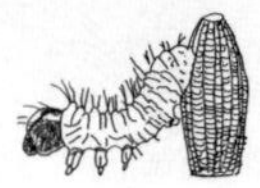

食べ物の葉を（③かじる）ように食べて、からだの色は（④緑色）にかわります。

かじる　緑色　黄色　たまご

2 モンシロチョウとアゲハについて、答えましょう。

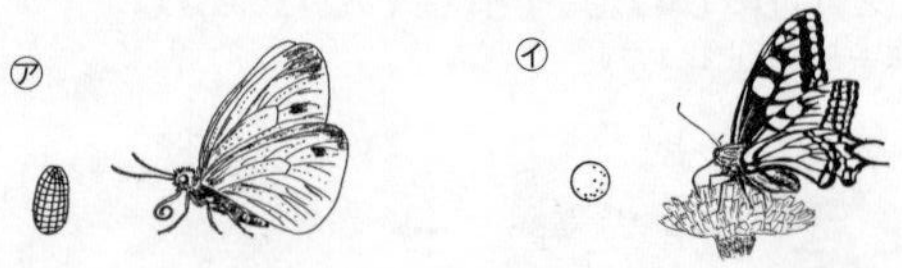

㋐（モンシロチョウ）　㋑（アゲハ）

(1) ㋐、㋑の名前をかきましょう。

(2) ㋐、㋑のたまごの色は何色ですか。①～④からえらんで○をかきましょう。

①青（　）　②黄（○）
③緑（　）　④白（　）

(3) ㋐のチョウが、たまごをうみつけるものを、下から2つえらんで○をかきましょう。

①（　）ヒマワリ　②（　）スミレ
③（○）キャベツ　④（　）ホウセンカ
⑤（○）アブラナ　⑥（　）タンポポ

(4) ㋑のチョウが、たまごをうみつける木を、下から2つえらんで○をかきましょう。

①（○）ミカン　②（　）ヒマワリ
③（　）カキ　④（　）クリ
⑤（　）サクラ　⑥（○）サンショウ

20

チョウを育てよう②　チョウの育ち方

月　日　名前

ポイント　モンシロチョウとアゲハのよう虫の育ち方を学びます。

1 モンシロチョウの図を見て、あとの問いに答えましょう。

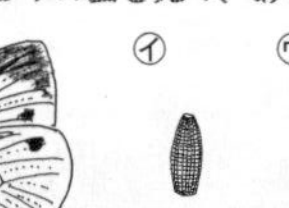

(1) ㋐～㋓のそれぞれの名前を□からえらんでかきましょう。

㋐（せい虫）　㋑（たまご）
㋒（さなぎ）　㋓（よう虫）

たまご　せい虫　よう虫　さなぎ

(2) ㋐～㋓の育つじゅんに、記号でかきましょう。

（㋑）→（㋓）→（㋒）→（㋐）

(3) ㋐～㋓で食べ物を食べないときは、どのときですか。記号でかきましょう。（㋑）（㋒）

(4) モンシロチョウのよう虫とせい虫の食べ物を□からえらんでかきましょう。

よう虫……（アブラナ）の葉、（キャベツ）の葉
せい虫……（花）のみつ

花　アブラナ　キャベツ

2 アゲハの図を見て、あとの問いに答えましょう。

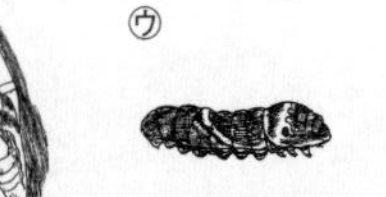

(1) ㋐～㋓のそれぞれの名前を□からえらんでかきましょう。

㋐（たまご）　㋑（さなぎ）
㋒（よう虫）　㋓（せい虫）

たまご　せい虫　よう虫　さなぎ

(2) ㋐～㋓の育つじゅんに、記号でかきましょう。

（㋐）→（㋒）→（㋑）→（㋓）

(3) ㋐～㋓で食べ物を食べないときは、どのときですか。記号でかきましょう。（㋐）（㋑）

(4) アゲハのよう虫とせい虫の食べ物を□からえらんでかきましょう。

よう虫……（ミカン）の葉、（サンショウ）の葉
せい虫……（花）のみつ

ミカン　花　サンショウ

21

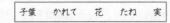

チョウを育てよう ③
チョウの育ち方

1 図を見て、あとの問いに答えましょう。

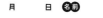

(1) 何をしていますか。よい方に○をかきましょう。
① (　) 葉を食べている。
② (○) たまごをうみつけている。

(2) 図のようなことは、葉のどこでよく見られますか。よい方に○をかきましょう。
① (　) 葉のおもて　② (○) 葉のうら

(3) モンシロチョウのたまごはどれですか。正しい方に○をかきましょう。
① (　)　② (○)

(4) (　)にあてはまる言葉を□からえらんでかきましょう。
モンシロチョウのたまごがついている葉をとってきました。ようきの中に(①水)でしめらせた紙をしき、その上に(②葉)ごとおきます。ようきのふたには、(③あな)をあけておきます。
たまごからかえったよう虫は、はじめにたまごのからを食べます。そのあと、(④キャベツ)などの葉を食べてからだの色が(⑤緑色)にかわります。

葉	水	あな	キャベツ	緑色

月　日　名前

ポイント　チョウのよう虫は、5回皮をぬいでさなぎになります。さなぎのときは食べ物はとりません。

2 モンシロチョウのよう虫が、右の図のようになりました。

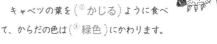

(1) よう虫は、何をしていますか。次の中からえらびましょう。　(①)
① からだが大きくなるので、皮をぬいでいます。
② からだを大きくさせるため、皮をきています。
③ 自分の皮を食べようとしています。

(2) 何回かこのようなことをして、よう虫は大きくなります。何回しますか。次の中からえらびましょう。　(③)
① 3回　② 4回　③ 5回

(3) 下の図のように、よう虫がからだに糸をかけて、さいごの皮をぬぐと何になりますか。次の中からえらびましょう。　(②)

① たまご　② さなぎ　③ せい虫

(4) また、(3)のとき、何を食べますか。　(食べない)

(5) (3)のあと、モンシロチョウは何になりますか。次の中からえらびましょう。　(③)
① たまご　② さなぎ　③ せい虫

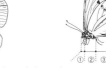

チョウを育てよう ④
からだのしくみ

1 モンシロチョウとアゲハについて、あとの問いに答えましょう。

㋐ (アゲハ)　㋑ (モンシロチョウ)

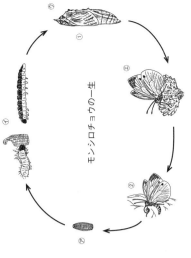

(1) チョウの名前を㋐、㋑にかきましょう。

(2) ①〜③の部分の名前を□からえらんでかきましょう。
① (頭)　② (むね)　③ (はら)

頭	はら	むね

(3) チョウのあしの数とはねの数をかきましょう。
あし (6 本)　はね (4 まい)

(4) チョウのあしやはねは、からだのどの部分についていますか。正しいものに○をかきましょう。
① (　) 頭　② (○) むね　③ (　) はら

(5) 頭の部分にあるものに○をかきましょう。
① (○) 口　② (○) 目
③ (　) はね　④ (○) しょっ角

月　日　名前

ポイント　チョウのせい虫のからだについて学びます。頭、むね、はらの3つの部分があります。

2 右のモンシロチョウの図を見て、あとの問いに答えましょう。

(1) 次の㋐〜㋔はからだのどこをさしていますか。(　)に記号をかきましょう。
口 (㋓)　あし (㋔)
目 (㋒)　はね (㋐)
しょっ角 (㋑)

(2) ㋐〜㋔は、頭・むね・はらのどの部分についていますか。
㋐ (むね)　㋑ (頭)　㋒ (頭)
㋓ (頭)　㋔ (むね)

3 右は、モンシロチョウのせい虫とよう虫の口の図です。あとの問いに答えましょう。

(1) どちらがせい虫かよう虫かを記号でかきましょう。
せい虫 (㋐)　よう虫 (㋑)

(2) ㋐、㋑の口は、すう口か、かむ口かをかきましょう。
㋐ (すう口)　㋑ (かむ口)

(3) 食べ物は、キャベツの葉、花のみつのどちらですか。
せい虫 (花のみつ)　よう虫 (キャベツの葉)

まとめテスト
チョウを育てよう

1 次の(　)にあてはまる言葉を□からえらんでかきましょう。　(1つ5点)

(1) モンシロチョウのたまごは、(①キャベツ)や(②アブラナ)の葉のうらで見つけられます。たまごの色は(③黄色)で(④細長い)形をしています。　※①②

黄色	細長い	キャベツ	アブラナ

(2) たまごから出てきたモンシロチョウのよう虫の色は(①黄色)で、はじめにたまごの(②から)を食べます。
キャベツの葉を(③かじる)ように食べて、からだの色は(④緑色)にかわります。

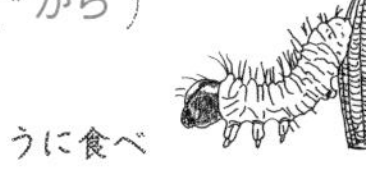

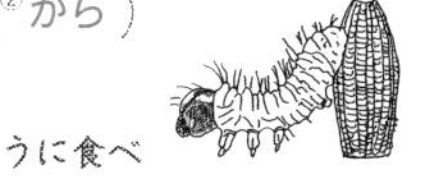
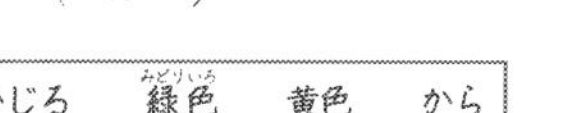

かじる	緑色	黄色	から

(3) アゲハのたまごは、(①ミカン)や(②カラタチ)や(③サンショウ)の木の葉をさがすと見つけられます。それらは、アゲハの(④よう虫)のエサとなるからです。たまごの形は(⑤丸く)、色は(⑥黄色)です。

ミカン	サンショウ	カラタチ	黄色	よう虫	丸く

※①②③

月　日　名前　/100点

2 モンシロチョウの一生を、図のように表しました。あとの問いに答えましょう。　(1つ5点)

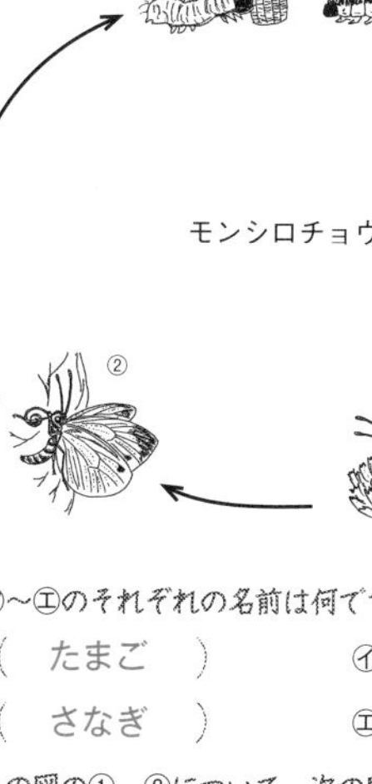

(1) ㋐〜㋓のそれぞれの名前は何ですか。
㋐ (たまご)　㋑ (よう虫)
㋒ (さなぎ)　㋓ (せい虫)

(2) 上の図の①、②について、次の問いに答えましょう。
①のとき、食べ物を食べますか。　(食べない)
②でたまごをうんでいます。たまごをうむのは、ミカンの葉ですか、それともキャベツの葉ですか。　(キャベツの葉)

まとめテスト
チョウを育てよう

1 図を見て、あとの問いに答えましょう。　(1つ5点)

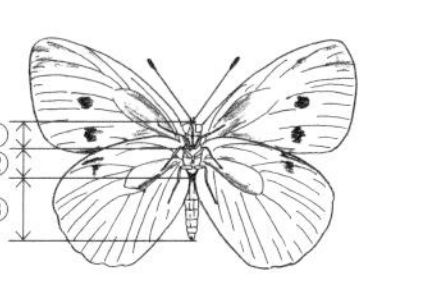

(1) ①〜③の部分の名前をかきましょう。
① (頭)　② (むね)　③ (はら)

(2) 口、目、しょっ角は、①〜③のどこにありますか。(①)

(3) はねは、①〜③のどの部分に何まいついていますか。
(②) の部分に (4 まい)

(4) あしは、①〜③のどの部分に何本ついていますか。
(②) の部分に (6 本)

2 図の①、②は何のよう虫ですか。またそれらが見られる場所を□からえらんで記号で答えましょう。　(1つ5点)
① (アゲハ)　〔㋑，㋒〕
② (モンシロチョウ)　〔㋐，㋓〕

㋐ キャベツの葉　㋑ ミカンの木　㋒ カラタチの木
㋓ アブラナの葉

月　日　名前　/100点

3 モンシロチョウを育てます。次の(　)にあてはまる言葉を□からえらんでかきましょう。　(1つ5点)

(1) モンシロチョウの(①たまご)がついている葉をとってきます。
ようきの中に(②水)でしめらせた紙をしき、その上に(③葉)ごとおきます。ようきのふたには、小さなあなをあけておきます。

葉	水	たまご

(2) たまごからかえったばかりのモンシロチョウのよう虫の色は黄色です。よう虫は、はじめに(①たまごのから)を食べます。そのあと、キャベツなどの葉を食べて、からだの色が、緑色にかわります。
よう虫は、からだの皮を4回ぬいで大きくなります。さいごに(②5回)目の皮をぬいで(③さなぎ)になります。
さなぎがわれて、中からモンシロチョウのせい虫が出てきます。

5回	さなぎ	たまごのから

まとめテスト チョウを育てよう

月　日　名前　　　　/100点

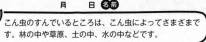

1 図を見て、あとの問いに答えましょう。（1つ5点）

(1) 次の部分は、それぞれ㋐〜㋔のどれですか。記号で答えましょう。

①口（㋓）②あし（㋔）
③目（㋒）④はね（㋐）
⑤しょっ角（㋑）

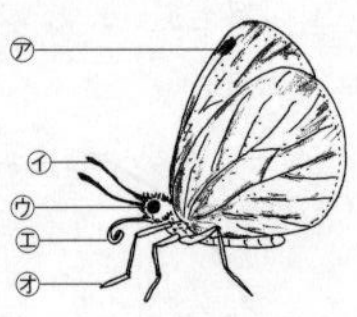

(2) ㋐〜㋔は、頭・むね・はらのどの部分についていますか。

㋐（むね）㋑（頭）㋒（頭）
㋓（頭）㋔（むね）

2 右の図は、モンシロチョウのせい虫とよう虫の口の図です。（1つ5点）

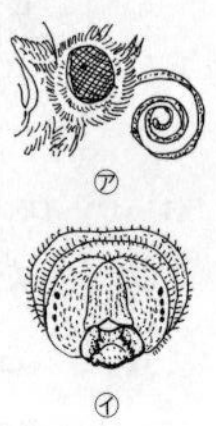

(1) どちらがせい虫かよう虫かを記号でかきましょう。

せい虫（㋐）　よう虫（㋑）

(2) ㋐、㋑は、すう口か、かむ口かを答えましょう。

㋐（すう口）　㋑（かむ口）

(3) ㋐、㋑の食べ物は、キャベツの葉、花のみつのどれですか。

せい虫（花のみつ）よう虫（キャベツの葉）

3 モンシロチョウのよう虫が、図のようになりました。（1つ5点）

(1) よう虫は、何をしていますか。次の中からえらびましょう。（①）

① からだが大きくなるので、皮をぬいでいます。
② からだを大きくさせるため、皮をきています。
③ 自分の皮を食べようとしています。

(2) よう虫が、からだに糸をかけて、さいごの皮をぬぐと何になりますか。次の中からえらびましょう。（②）

① たまご　② さなぎ　③ せい虫

4 下の図を見て、あとの問いに答えましょう。（1つ5点）

モンシロチョウがキャベツの葉のうらにたまごをうんでいます。

(1) なぜキャベツの葉にたまごをうむのでしょう。

［キャベツの葉は、よう虫の食べ物になるからです。］

(2) なぜ、葉のうらにたまごをうむのでしょう。

［てきから見えないように葉のうらがわにうみます。］

こん虫をさがそう① こん虫のすみか

月　日　名前

1 次の（　）にあてはまる言葉を□からえらんでかきましょう。

(1) こん虫のからだの（①色）や（②形）や大きさは、しゅるいによってちがい、すむところや（③食べ物）もちがいます。

色　食べ物　形　※①②

(2) （①コクワガタ）を見つけました。（①）は（②林）にすんでいます。食べ物は（③木のしる）です。

木のしる　林　コクワガタ

(3) （①アゲハ）を見つけました。（①）は（②野原）にすんでいます。（③花のみつ）をすいます。

アゲハ　花のみつ　野原

(4) （①エンマコオロギ）を見つけました。（①）は（②草）や石のかげにすんでいます。草やほかの（③虫）を食べています。

草　エンマコオロギ　虫

ポイント　こん虫のすんでいるところは、こん虫によってさまざまです。林の中や草原、土の中、水の中などです。

2 こん虫には水の中や、土の中にすむものもいます。次の（　）にあてはまる言葉を□からえらんでかきましょう。

(1) （①水）の中でタイコウチを見つけました。大きさはやく（②4cm）ぐらいで、こん虫をつかまえて食べます。からだの色は（③こげ茶色）をしています。

水　4cm　こげ茶色

(2) （①土）の中でクロヤマアリを見つけました。大きさはやく（②5mm）ぐらいで、虫の死がいや小さい虫などを食べています。からだの色は（③黒色）です。

土　5mm　黒色

(3) こん虫の中には、ほかのこん虫をつかまえて食べるものもあります。

ナミテントウは、（①アブラムシ）を食べます。また、（②オオカマキリ）は、バッタなど小さい虫をつかまえて食べます。

アブラムシ　オオカマキリ

こん虫をさがそう② こん虫のからだ

月　日　名前

1 次の（　）にあてはまる言葉を□からえらんでかきましょう。

(1) こん虫のからだは（①頭）、むね、（②はら）の3つの部分からできています。あしの数は（③6本）で、からだの（④むね）の部分についています。※①②

頭　むね　はら　6本

(2) トンボにははねが（①4まい）ありますが、ハエのようにはねが（②2まい）のこん虫や、アリのようにはねが（③ない）こん虫もいます。

ない　2まい　4まい

(3) 頭には、目や（①口）や（②しょっ角）がついていて、口は（③食べ物）によりいろいろな形があります。

しょっ角　口　食べ物　※①②

(4) クモのからだは（①2）つに分かれていて、あしは（②8本）あります。クモは（③こん虫）のなかまではありません。

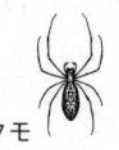

こん虫　2　8本

クモ

ポイント　こん虫のからだのつくりを学びます。こん虫は、頭、むね、はらの3つの部分があり、あしは6本です。

2 図を見て、あとの問いに答えましょう。

(1) アキアカネのしょっ角、目、口はどれですか。図の記号をかきましょう。

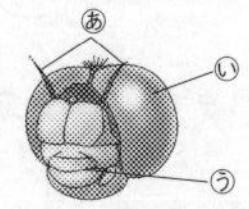

しょっ角（あ）
目（い）
口（う）

(2) こん虫の目やしょっ角は、どのようなことに役立っていますか。次の㋐〜㋒から1つえらびましょう。（㋑）

㋐ えさをはさむのに役立っている。
㋑ まわりのようすを知るのに役立っている。
㋒ からだをささえるのに役立っている。

3 図は、こん虫の口を表したものです。①〜③はどのこん虫のどんな口ですか。□からえらんでかきましょう。

こん虫の名前（カマキリ）（セミ）（カブトムシ）
口の形［かむ口］［すう口］［なめる口］

カブトムシ　セミ　カマキリ
すう口　かむ口　なめる口

こん虫をさがそう③ こん虫の育ち方

月　日　名前

1 次の（　）にあてはまる言葉を□からえらんでかきましょう。

(1) カブトムシは、たまごを（①くさった葉）のまじった土の中にうみつけます。たまごがかえると（②よう虫）になり、（②）は土にまじった落ち葉や（③かれた木）などを食べて大きくなります。

かれた木　くさった葉　よう虫

(2) よう虫は、はじめ（①白）色をしていますが、何度か（②皮をぬぎ）、さなぎになります。さなぎは、白色からだいだい色、茶色と色がかわり、やがて（③黒）色になります。（③）色になったさなぎは、からがわれて中から（④せい虫）が出てきます。カブトムシの一生は（⑤チョウ）の一生ににています。

チョウ　せい虫
黒　白　皮をぬぎ

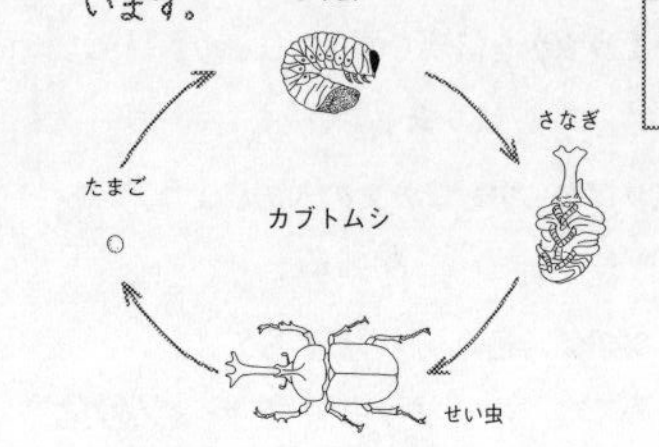

ポイント　こん虫にはカブトムシのようにさなぎになるものや、コオロギのようにさなぎにならないものがあります。

2 次の（　）にあてはまる言葉を□からえらんでかきましょう。

(1) 秋の終わりに、（①土）の中にうみつけられたコオロギのたまごは、冬をこします。次の年の（②夏のはじめ）ごろに（③よう虫）になります。

よう虫になったばかりのコオロギは、はねが短く小さいですが、（④せい虫）とよくにた形をしています。

何回か（⑤皮をぬいで）、夏の終わりごろ、せい虫になります。

夏のはじめ　土
よう虫　皮をぬいで
せい虫

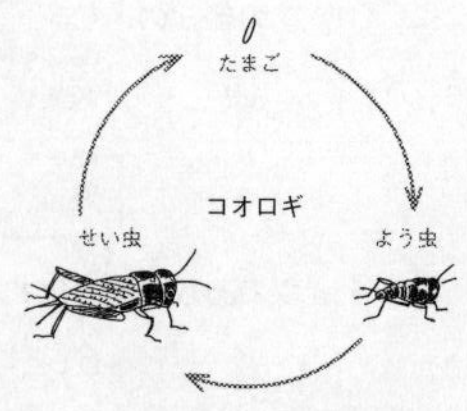

たまご　コオロギ　よう虫　せい虫

3 次の虫の中で、カブトムシの一生ににたこん虫に◎、コオロギの一生ににたこん虫に○、あてはまらないものに×をかきましょう。

（◎）アゲハ　（×）クモ　（○）カマキリ
（×）ダンゴムシ　（○）トンボ　（◎）クワガタ

こん虫をさがそう ④
こん虫の育ち方

1 こん虫の育ち方で、それぞれのときの名前（たまご、よう虫、さなぎ、せい虫）をかきましょう。また、下の□に育つじゅんに記号をかきましょう。

(1) カブトムシ

㋐ ㋑ ㋒ ㋓

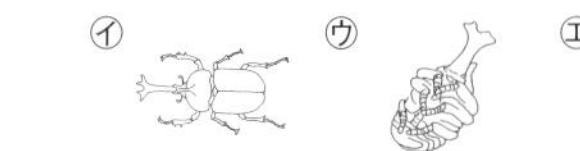

（たまご）（せい虫）（さなぎ）（よう虫）

㋐ → ㋓ → ㋒ → ㋑

(2) モンシロチョウ

㋐ ㋑ ㋒ ㋓

（せい虫）（よう虫）（たまご）（さなぎ）

㋒ → ㋑ → ㋓ → ㋐

(3) アキアカネ

㋐ ㋑ ㋒

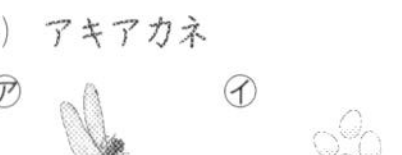

（せい虫）（たまご）（よう虫）

㋑ → ㋒ → ㋐

月　日 名前

ポイント トンボのよう虫は水中で生活して、水上にあがりトンボのせい虫になります。このときさなぎにはなりません。

2 次の図は、こん虫のよう虫とせい虫を表したものです。こん虫の名前とせい虫のときの食べ物を□からえらんで（　）にかきましょう。

①	②	③
（アブラゼミ）	（トノサマバッタ）	（モンシロチョウ）
（木のしる）	（草や葉）	（花のみつ）

モンシロチョウ　アブラゼミ　トノサマバッタ　草や葉　木のしる　花のみつ

3 次の文で、正しいものには○、まちがっているものには×をかきましょう。

①（○）アゲハは、さなぎになってからせい虫になります。
②（○）アキアカネは、たまごを水の中にうみます。
③（×）トノサマバッタは、さなぎになってからせい虫になります。
④（○）セミは、さなぎにならずにせい虫になります。
⑤（×）アゲハのよう虫は、キャベツの葉を食べます。

32

まとめテスト

こん虫をさがそう

1 次の（　）にあてはまる言葉を□からえらんでかきましょう。（1つ5点）

こん虫のからだは（① 頭）、むね、（② はら）の3つの部分からできています。あしの数は（③ 6本）で、からだの（④ むね）の部分についています。

カブトムシには、はねが（⑤ 4まい）あります。外がわの（⑥ かたいはね）の中にとぶための（⑦ うすいはね）がかくれています。また、ハエのようにはねが（⑧ 2まい）のこん虫や、アリのようにはねが（⑨ ない）こん虫もいます。※①②

はら　むね　頭　6本　かたいはね　2まい　4まい　ない　うすいはね

2 こん虫のすみかを□からえらんで答えましょう。（1つ5点）

① トノサマバッタ　② クワガタ　③ ハナアブ

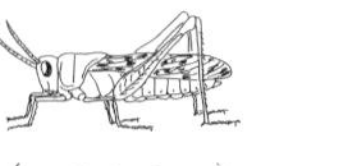

（草むら）（林）（花だん）

花だん　林　草むら

月　日 名前　/100点

3 あとの問いに答えましょう。

(1) 次のこん虫の育ち方で、それぞれのときの名前をかき、下の□に育つじゅんに記号をかきましょう。（①、②それぞれ16点）

① アゲハ

㋐ ㋑ ㋒ ㋓

（よう虫）（たまご）（せい虫）（さなぎ）

㋑ → ㋐ → ㋓ → ㋒

② ショウリョウバッタ

㋐ ㋑ ㋒

（せい虫）（たまご）（よう虫）

㋑ → ㋒ → ㋐

(2) 次のこん虫の育ち方がアゲハがたであれば①、ショウリョウバッタがたであれば②を（　）にかきましょう。（1つ2点）

㋐（②）コオロギ　㋑（②）トノサマバッタ
㋒（①）モンシロチョウ　㋓（①）カブトムシ

33

まとめテスト

こん虫をさがそう

1 図を見て、あとの問いに答えましょう。（1つ5点）

(1) ㋐、㋑、㋒の部分の名前は何ですか。

㋐（頭）
㋑（むね）
㋒（はら）

(2) ①〜⑤の名前を□からえらんでかきましょう。

①（しょっ角）②（目）③（口）
④（はね）⑤（あし）

はね　あし　しょっ角　目　口

2 次の生き物で、こん虫に○をかきましょう。（1つ6点）

㋐ クワガタムシ　㋑ アリ　㋒ カタツムリ　㋓ ダンゴムシ

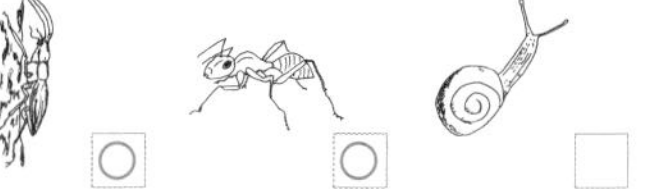

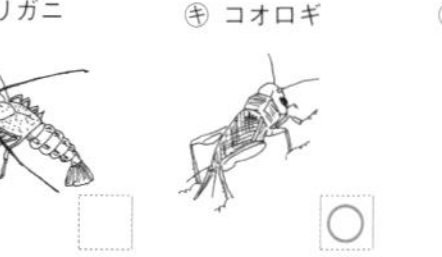

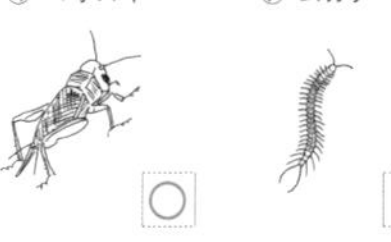
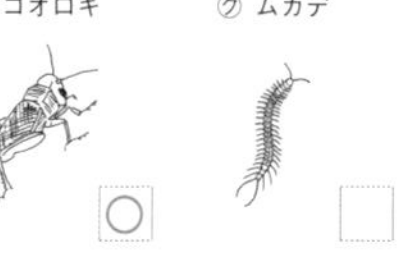
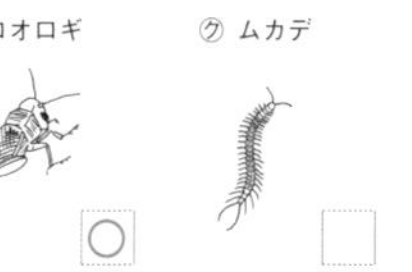
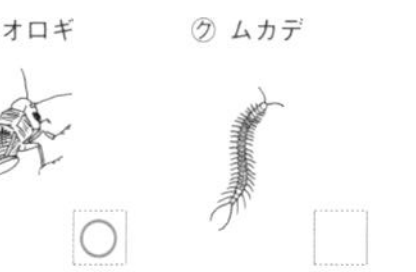

㋐ ○　㋑ ○　㋒ □　㋓ □

㋔ クモ　㋕ ザリガニ　㋖ コオロギ　㋗ ムカデ

㋔ □　㋕ □　㋖ ○　㋗ □

月　日 名前　/100点

3 次の図は、こん虫の口を表しています。すう口、なめる口、かむ口の3つに分けます。

(1) 口の形を分け、記号をかきましょう。（1つ4点）

㋐ チョウ　㋑ カマキリ　㋒ カブトムシ
㋓ セミ　㋔ カミキリムシ　㋕ ハエ

① すう（㋐、㋓）　② なめる（㋒、㋕）
③ かむ（㋑、㋔）

(2) ㋐、㋑、㋒の口のこん虫の食べ物を□からえらんでかきましょう。（1つ6点）

㋐（花のみつ）　㋑（小さい虫）
㋒（木のしる）

木のしる　小さい虫　花のみつ

34

まとめテスト

こん虫をさがそう

1 次のこん虫について、名前と食べ物を□からえらんでかきましょう。（1つ5点）

①	②	③
（アゲハ）	（ナミテントウ）	（クロヤマアリ）
（花のみつ）	（アブラムシ）	（虫や木の実）

クロヤマアリ　ナミテントウ　アゲハ　花のみつ　虫や木の実　アブラムシ

2 次の（　）にあてはまる言葉を□からえらんでかきましょう。（1つ5点）

こん虫の（① 目）や（② しょっ角）は、（③ 食べ物）をさがしたり（④ きけん）を感じたりするはたらきをしています。また、まわりのようすを知るはたらきをします。

食べ物　しょっ角　目　きけん　※①②

月　日 名前　/100点

3 次の文は、カマキリ、クワガタ、バッタについてかいています。それぞれ、下から2つずつえらびましょう。（1つ5点）

① カマキリ（㋐）（㋕）
② クワガタ（㋒）（㋓）
③ バッタ（㋑）（㋔）

㋐ えものをかみくだくときに使う、とがった口があります。
㋑ 草をかみくだくことのできるじょうぶな口があります。
㋒ たたかうときに使う、大きなつののようなあごがあります。
㋓ 木をしっかりつかめるあしがあります。
㋔ 力強くジャンプができる、太くて長いあしがあります。
㋕ しっかりとえものをつかまえられる、かまのような前あしがあります。

4 クモはこん虫ではありません。どんなところがこん虫とはちがうのでしょう。2つかきましょう。（20点）

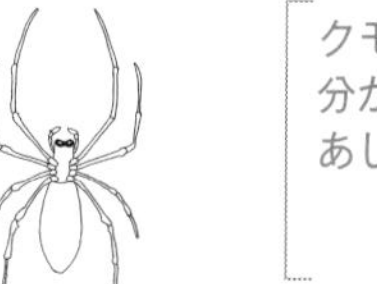
クモ

クモは、からだが2つの部分に分かれています。
あしが8本あります。

35

かげと太陽 ①
かげのでき方

月　日 名前

ポイント 太陽の向きと、かげのでき方を調べます。また、方いじしんについても学びます。

1 次の(　)にあてはまる言葉を□からえらんでかきましょう。

(1) 太陽は(① 東)から出て(② 南)の高いところを通り、(③ 西)にしずみます。(④太陽)が動くとかげの向きもかわります。

太陽　西　東　南

(2) かげは、(①日光)をさえぎるものがあると太陽の(②反対がわ)にできます。人や物が動くとかげも(③動き)ます。

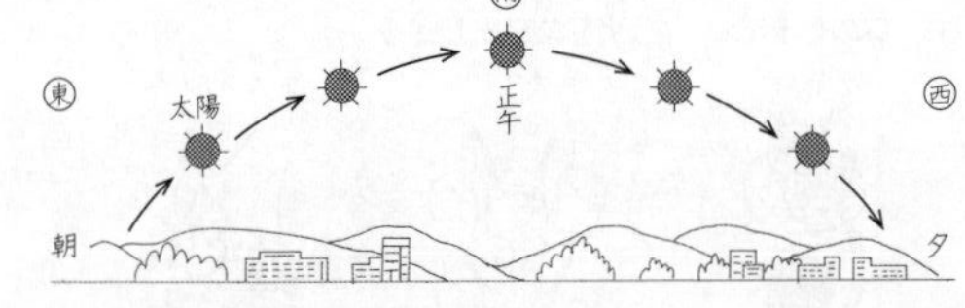

日時計は、太陽が動くと(④かげ)の向きがかわることをりようしたものです。かげの向きで(⑤時こく)を読みとります。

かげ　動き　時こく　日光　反対がわ

2 次の(　)にあてはまる言葉を□からえらんでかきましょう。

この道具の名前は、(①方いじしん)といいます。これを手に持って、(②はり)の動きが止まると、はりは北と(③ 南)をさします。

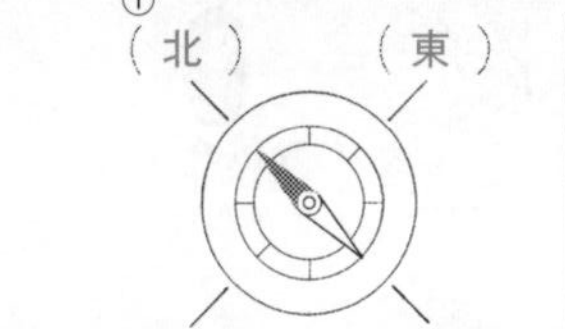
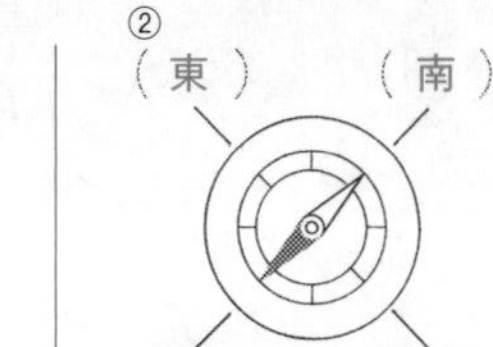

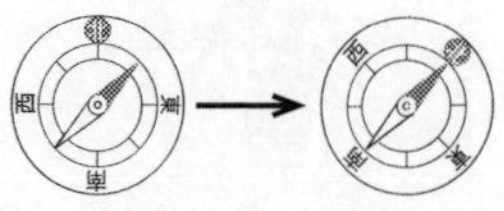

色をぬってある方が、(④ 北)です。文字ばんをゆっくり(⑤回し)て、北にあわせるとほかの(⑥方い)もわかります。

方い　方いじしん　北　南　回し　はり

3 方いじしんのはりが次の図のように止まりました。それぞれの方い（東・西・南・北）をかきましょう。

① (北)　(東)　(西)　(南)

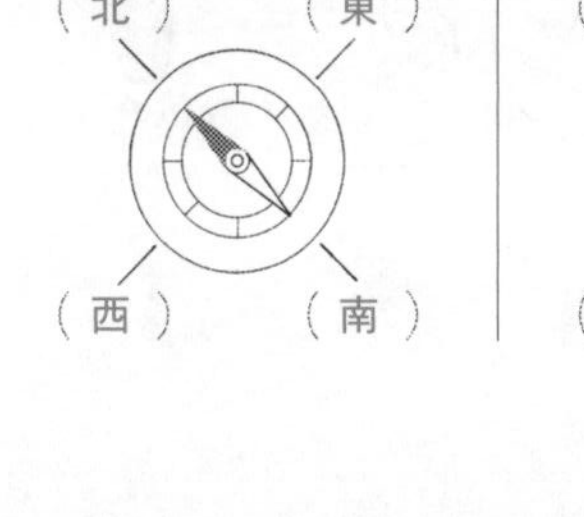

② (東)　(南)　(北)　(西)

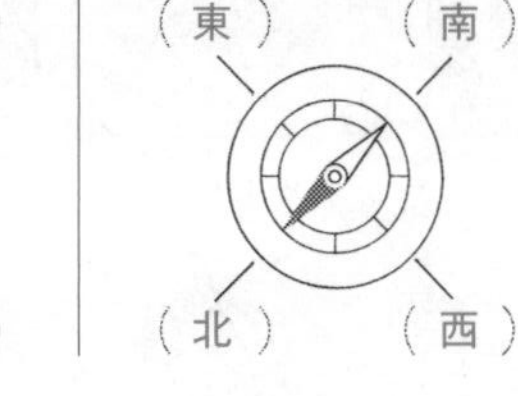

かげと太陽 ②
かげのでき方

月　日 名前

ポイント 太陽は東からのぼり、南の空を通って、西にしずみます。太陽によってできるかげは、西から東へとうつります。

1 日なたにできるかげの向きについて、あとの問いに答えましょう。

(1) 鉄ぼうのかげから考えると、人のかげはア〜エのどれですか。　(イ)

(2) このときの太陽はあ、いのどれですか。　(い)

2 かげふみあそびの絵を見て、あとの問いに答えましょう。

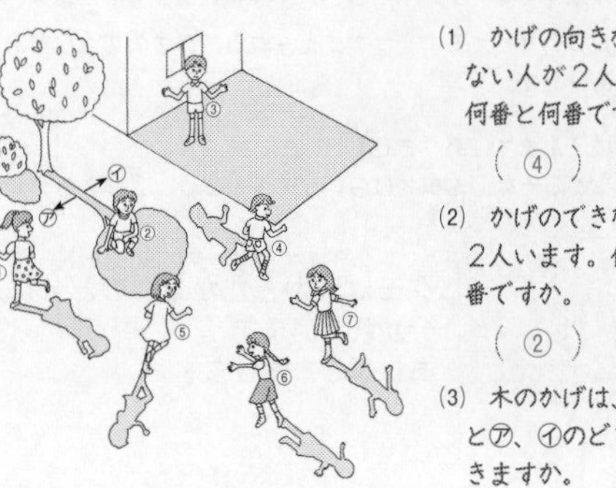

(1) かげの向きが正しくない人が2人います。何番と何番ですか。　(④)(⑤)

(2) かげのできない人が2人います。何番と何番ですか。　(②)(③)

(3) 木のかげは、このあとア、イのどちらへ動きますか。　(ア)

3 太陽の動きとかげの動きを調べています。あとの問いに答えましょう。

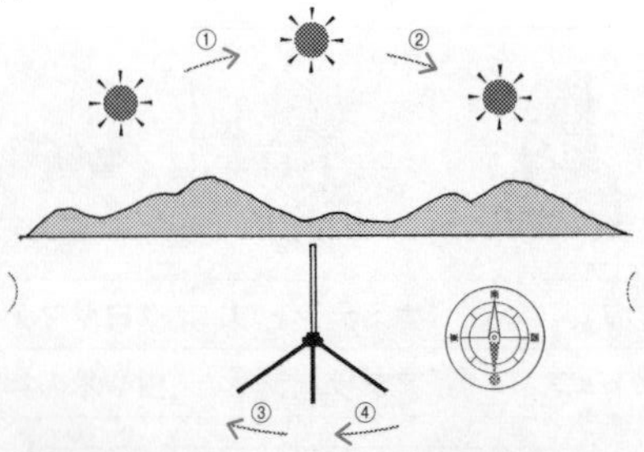

(ア)(東)　(イ)(西)

(1) 太陽の動き①、②の—に矢じるしをかきましょう。
(2) かげの動き③、④の—に矢じるしをかきましょう。
(3) ア、イの方いを(　)にかきましょう。

4 お昼の12時ごろ太陽に向かって立ちました。そのときの方い（東西南北）を(　)にかきましょう。

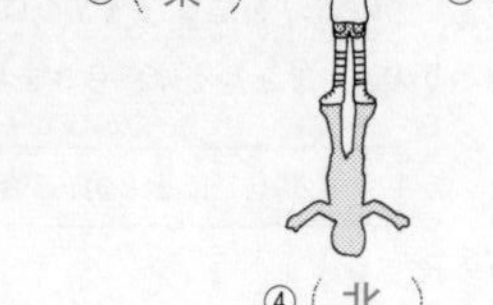

①(南)　②(東)　③(西)　④(北)

かげと太陽 ③
日なたと日かげ

月　日 名前

ポイント 日なたと日かげの温度を調べます。日なたは、明るくあたたかですが、日かげは、暗くしめった感じがします。

1 図のように、日なたと日かげの地面のようすを調べました。

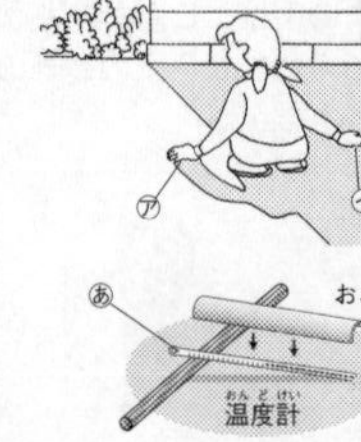
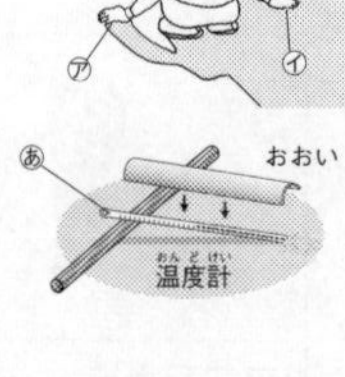

(1) 手を使って地面のあたたかさをくらべました。アとイとどちらの地面があたたかいですか。　(ア)

(2) 手でさわるのではなく、地面のあたたかさのちがいをはかる道具があります。道具あの名前をかきましょう。　(温度計)

(3) 日なたと日かげの地面のようすを表にまとめます。①〜④にあてはまる言葉を□からえらんでかきましょう。

	日なた	日かげ
明るさ	①明るい	②暗い
あたたかさ	③あたたかい	つめたい
しめりぐあい	かわいている	④少ししめっている

明るい　暗い　あたたかい　少ししめっている

2 次の(　)にあてはまる言葉を□からえらんでかきましょう。

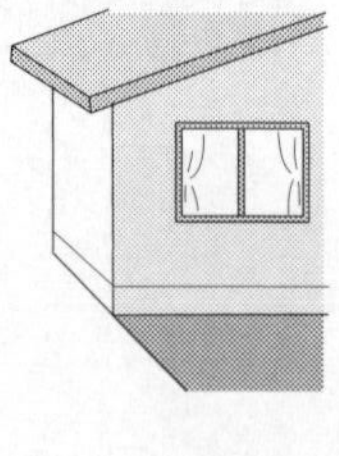

(1) 日なたの地面の方が、日かげの地面より温度は(①高く)なります。

これは(②日なた)の地面の方が(③日光)によってあたためられるからです。

日なた　日光　高く

(2) 日かげは(①日光)がさえぎられるので、明るさは日なたよりも(②暗く)なります。また、日かげは(③すずしく)感じられます。

日光　暗く　すずしく

3 温度計の目もりを正しく読むには、ア、イ、ウのどこから見るのがよいですか。記号でかきましょう。　(イ)

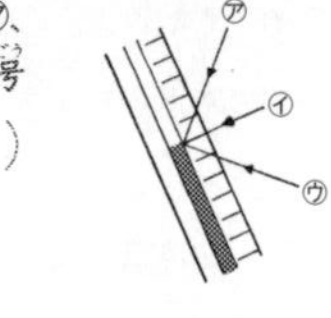

かげと太陽 ④
日なたと日かげ

月　日 名前

ポイント 日なたと日かげで、水のかわく速さは、あたたかい日なたの方が日かげより速くなります。

1 図のように、ア、イ、ウに水を同じりょうだけまきました。

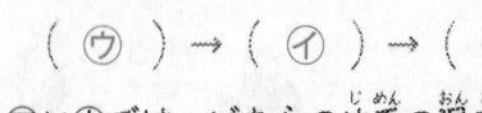
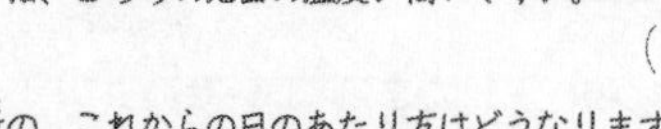

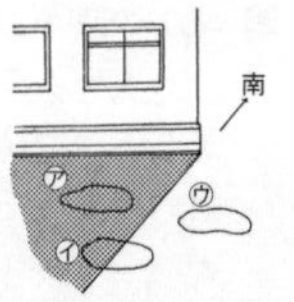

(1) まいた水が速くかわくじゅんに、記号をかきましょう。

(ウ)→(イ)→(ア)

(2) アとウでは、どちらの地面の温度が高いですか。　(ウ)

(3) イの場所の、これからの日のあたり方はどうなりますか。①〜③からえらんで○をかきましょう。

①(○) 全部太陽があたるようになります。
②(　) 全部太陽があたらなくなります。
③(　) 太陽のあたりかたはかわりません。

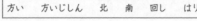

2 温度計で地面の温度をはかります。次の文で正しいものには○、まちがっているものには×をかきましょう。

①(○) 地面を少しほって、えきだめを入れ、土をかぶせます。
②(×) 地面の温度をはかるから、温度計に太陽があたってもかまいません。
③(○) 温度計のえきの先が、20より21の方に近いときは、21℃と読みます。

3 日なたと日かげの地面の温度を右のように記ろくしました。

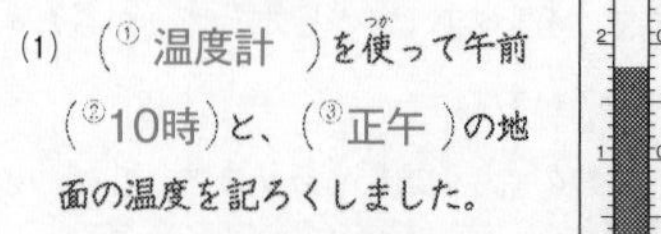
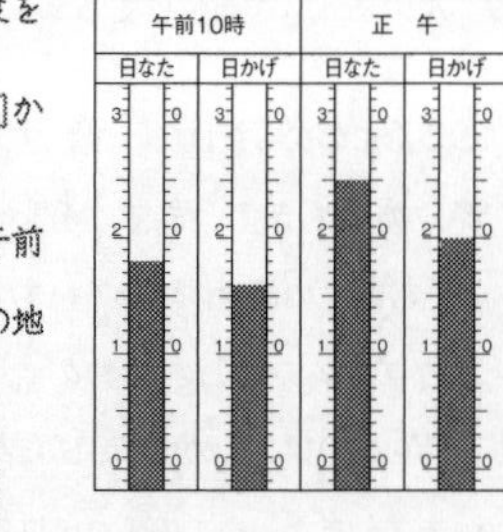

(1) (　)にあてはまる言葉を□からえらんでかきましょう。

(①温度計)を使って午前(②10時)と、(③正午)の地面の温度を記ろくしました。

正午　10時　温度計

(2) 午前10時の日なたの温度は(①18℃)、日かげの温度は(②16℃)です。

正午の(③日なた)の温度は25℃、(④日かげ)の温度は20℃です。

地面は(⑤日光)によってあたためられるから、日なたの方が日かげよりも地面の温度が(⑥高く)なります。

高く　日かげ　日なた　16℃　18℃　日光

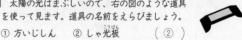

4 太陽の光はまぶしいので、右の図のような道具を使って見ます。道具の名前をえらびましょう。

① 方いじしん　② しゃ光板　　(②)

まとめテスト かげと太陽

月　日　名前　/100点

1 次の図を見て、あとの問いに答えましょう。（1つ5点）

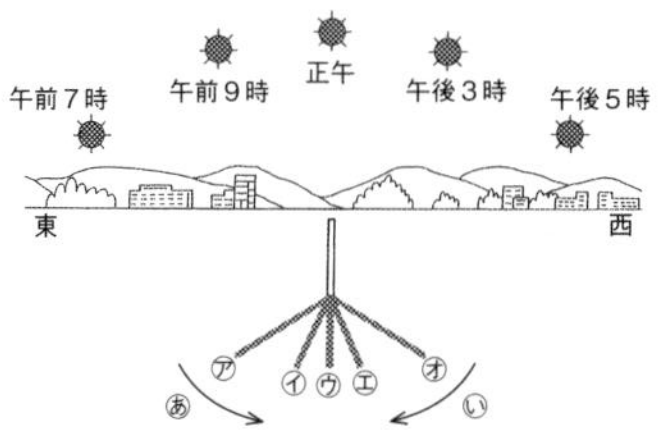

(1) 午前7時のかげは、㋐～㋔のどれですか。　（㋔）

午前7時　午前9時　正午　午後3時　午後5時　東　西

(2) 午後3時のかげは、㋐～㋔のどれですか。　（㋑）

(3) 太陽が動くと、かげはあ、いのどちらに動きますか。　（い）

(4) ㋐～㋔のかげについて、正しいものには○、まちがっているものには×をかきましょう。

① (×) かげの長さは、動くにつれて長くなります。
② (×) かげの長さは、1日中かわりません。
③ (○) かげの長さは、朝夕は長く、お昼ごろは短くなります。
④ (○) 正午のかげは、北の方向にできます。
⑤ (×) かげの動きは、午前中は速く午後はおそくなります。
⑥ (○) 夜は、太陽がしずむから太陽の光によるかげはできません。

2 図は午前9時の鉄ぼうのかげのようすです。（1つ5点）

(1) このときの太陽は①、②のどちらのいちですか。　（①）

(2) 正午になると、かげはどうなりますか。正しいものには○、まちがっているものには×をかきましょう。

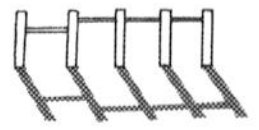

① (×) 午前9時にくらべかげは長くなっています。
② (○) 午前9時にくらべかげは短くなっています。
③ (○) 午前9時にくらべかげの向きがかわっています。
④ (×) 午前9時にくらべかげの向きはかわりません。

3 太陽と太陽によってできるかげについて、正しいものには○、まちがっているものには×をかきましょう。（1つ5点）

① (×) 校しゃのかげの中に入ってもかげができます。
② (○) かげは、太陽に向かって反対がわにできます。
③ (×) 同じ木のかげは、太陽の動く方向へ動いていきます。
④ (○) 太陽は東から西へ、かげは西から東へ動いていきます。
⑤ (×) 地面においたボールのかげは、正しい円の形です。
⑥ (○) 電線がゆれると、電線のかげも動きます。

まとめテスト かげと太陽

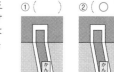

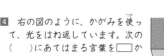

月　日　名前　/100点

1 図のように、日なたと日かげの地面のあたたかさのちがいを、手でさわってくらべます。（1つ5点）

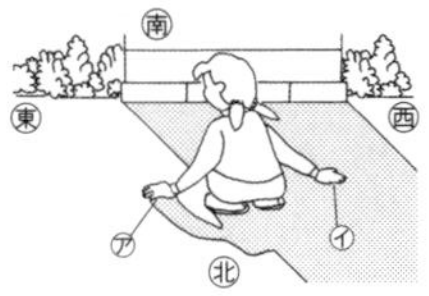

(1) ㋐と㋑で日なたと日かげはどちらですか。
㋐（日なた）　㋑（日かげ）

(2) 地面があたたかいのは、㋐か㋑のどちらですか。　（㋐）

(3) 図は午前10時のかげです。時間がたつと㋑は、日なたになりますか。それとも日かげのままですか。（日なたになる）

2 かげと太陽を調べるのに、右のような道具を使います。（1つ5点）

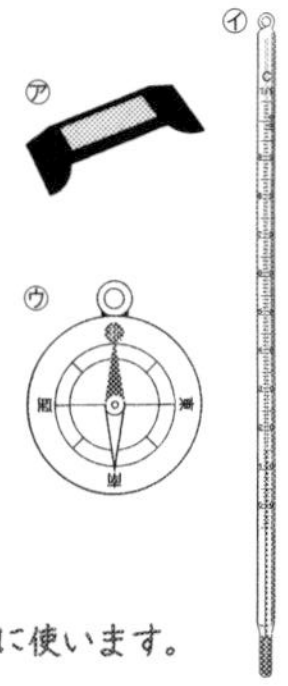

(1) ㋐～㋒の名前をかきましょう。
㋐（しゃ光板）
㋑（温度計）
㋒（方いじしん）

(2) ㋐～㋒の道具の使い方はどれですか。
① (㋐) 太陽を見るときに使います。
② (㋒) 方いを調べるときに使います。
③ (㋑) もののあたたかさをはかるときに使います。

3 図は、午前10時と正午にはかった、日なたと日かげの地面の温度です。次の時こくの温度をかきましょう。（1つ5点）

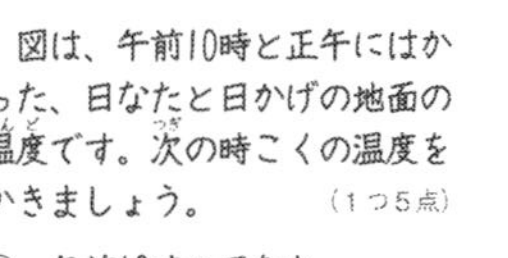

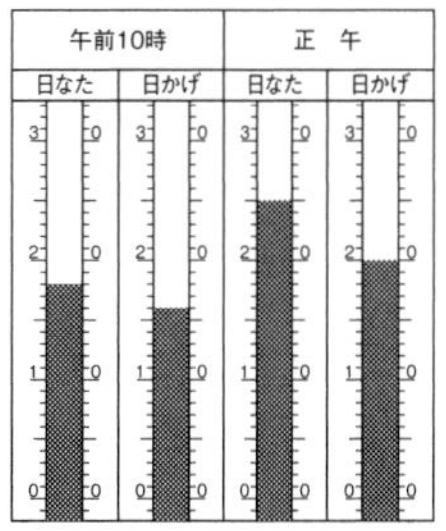

① 午前10時の日なた　（18℃）
② 午前10時の日かげ　（16℃）
③ 正午の日なた　（25℃）
④ 正午の日かげ　（20℃）

4 次の文で、日なたのことには○、日かげのことには×をかきましょう。（1つ5点）

① (○) まぶしくて明るいです。
② (×) 地面に自分のかげができません。
③ (×) 地面にさわると、しめっぽくつめたく感じます。
④ (○) 地面に自分のかげができます。
⑤ (○) 夜にふった雨が速くかわきました。
⑥ (×) 日ざしの強いときは、ここがすずしいです。

まとめテスト かげと太陽

月　日　名前　/100点

1 次の方いじしんを見て、（　）に東、西、南、北をかきましょう。（1つ5点）

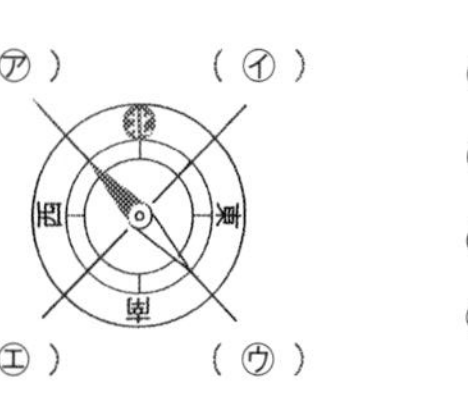

㋐（北）
㋑（東）
㋒（南）
㋓（西）

2 晴れた日の午前9時と正午に、日なたと日かげの地面の温度をはかりました。（1つ10点）

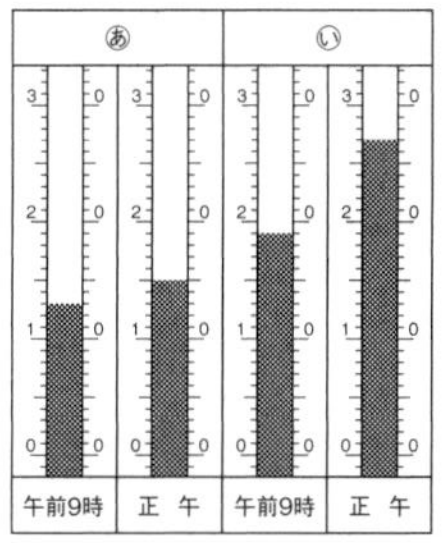

(1) あといでは、どちらがあたたかいですか。　（い）

(2) ぬれている地面は、あといのどちらが速くかわきますか。　（い）

(3) あといのどちらが日なたですか。　（い）

午前9時　正午　午前9時　正午

3 図のように、㋐、㋑、㋒に水を同じりょうだけまきました。

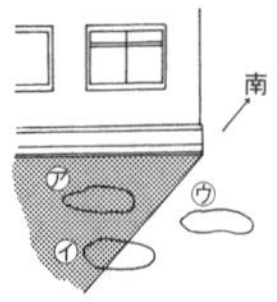

(1) まいた水が速くかわくじゅんに、記号をかきましょう。（全部で10点）
（㋒）→（㋑）→（㋐）

(2) ㋐と㋒では、どちらの地面の温度が高いですか。（10点）　（㋒）

(3) ㋑の場所の、これからの日のあたり方はどうなりますか。①～③からえらんで○をかきましょう。（10点）

① (○) 全部太陽があたるようになります。
② (　) 全部太陽があたらなくなります。
③ (　) 太陽のあたりかたはかわりません。

4 図は午前10時の鉄ぼうのかげです。あとの問いに答えましょう。

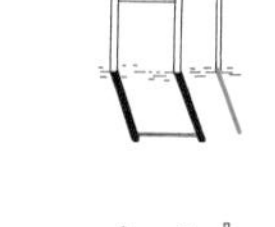

(1) ぼうのかげを、図にかきましょう。（5点）

(2) 午後3時になったときの、鉄ぼうとぼうのかげをかきましょう。（絵5点、わけ10点）
また、かげが動いたわけをかきましょう。

太陽が、東から西へと動くと、かげは、西から東へ動くのでそうなります。

光のせいしつ① まっすぐ進む

1 かがみで日光をはね返して、かべにうつします。次の（　）にあてはまる言葉を□からえらんでかきましょう。

かがみで（①日光）をはね返すことができ、その光はまっすぐ進みます。そして光のあたったところは（②明るく）なります。

太陽を直せつ見ると（③目）をいためます。だから、はね返った光を、人の（④顔）にあててはいけません。

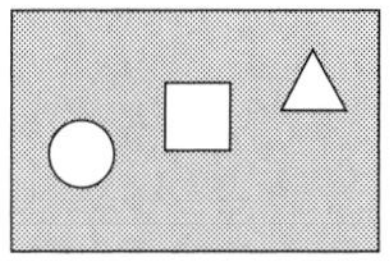

丸いかがみで日光をはね返すと（⑤丸）く、四角いかがみなら（⑥四角）く、三角のかがみなら（⑦三角）にうつります。

目　顔　日光　明るく　四角　三角　丸

2 図を見て、あとの問いに答えましょう。

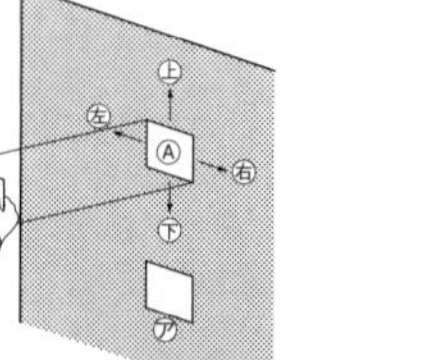

(1) かがみを上にかたむけると、Ⓐはどの方向に動きますか。　（上）

(2) かがみを右にかたむけると、Ⓐはどの方向に動きますか。　（右）

(3) Ⓐを㋐のところに動かすには、かがみをどちらへかたむけますか。　（下）

月　日　名前

ポイント　かがみではね返した光は、どのように進むか学びます。

3 光の通り道にかんをおきました。かんは光を通さないのでかげができます。

①～③の図で正しいのはどれですか。正しいものに○をかきましょう。

①（　）　②（○）　③（　）

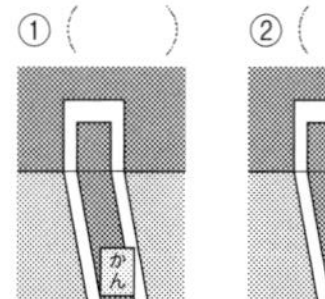

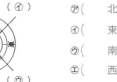

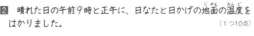

4 右の図のように、かがみを使って、光をはね返しています。次の（　）にあてはまる言葉を□からえらんでかきましょう。

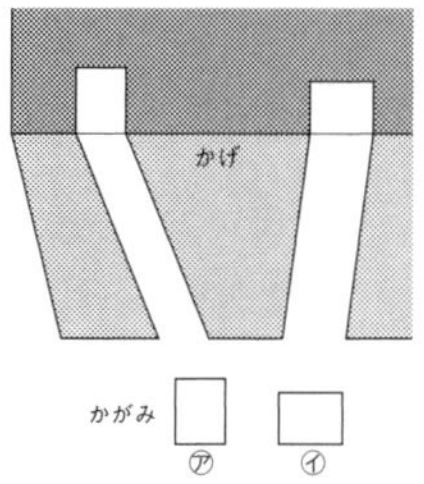

日光は（①まっすぐ）に進みます。かがみで（②はね返った）日光もまっすぐに進みます。

はね返った（③日光）を日かげにあてると、その部分は（④明るく）なり、温度は（⑤高く）なります。

明るく　まっすぐ　はね返った　日光　高く

光のせいしつ ② 光を集める

1 次の(　)にあてはまる言葉を□からえらんでかきましょう。

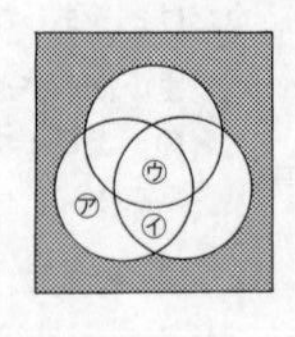
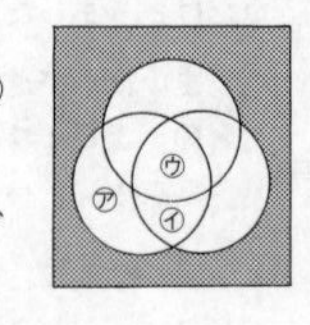

3まいのかがみで光をはね返しました。

㋐はかがみ１まい、㋑はかがみ２まい、㋒はかがみ(① 3)まいでした。

はね返した光を集めれば、集めるほど(②明るく)、温度は(③高く)なります。

3　明るく　高く

2 丸いかがみを３まい、四角いかがみを２まい使って、図のように、日かげのかべに日光をはね返しました。

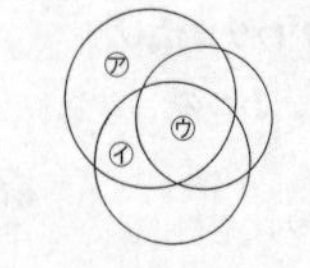

(1) ㋐～㋒の中で、一番明るいのはどこですか。　(㋒)

(2) ㋐～㋒の中で、一番あたたかいのはどこですか。　(㋒)

(3) ㋓と同じ明るさになっているのは、㋐～㋒のどこですか。　(㋐)

(4) ㋔と同じ明るさになっているのは、㋐～㋒のどこですか。　(㋑)

月　日　名前

ポイント　かがみを使って光をはね返したり、虫めがねで光を集めたりします。

3 虫めがねで日光を集めています。

(1) (　)にあてはまる言葉を□からえらんでかきましょう。

虫めがねを使うと(①日光)を集めることができます。

虫めがねを紙に近づけると明るいところは(②大きく)なり、少し遠ざけると(③小さく)なります。

あといをくらべると、いの方が(④明るく)、温度が(⑤高く)なります。

大きく　小さく　高く　明るく　日光

(2) ㋐～㋒の３つの虫めがねがあります。光を集めるところが広いじゅんに記号をかきましょう。また、光を集めたとき、一番明るいのはどれですか。

広いじゅん (㋐) → (㋒) → (㋑)

一番明るい (㋐)

46

まとめテスト　光のせいしつ

1 かがみにあたった日光が、はね返ってかべにうつりました。あとの問いに答えましょう。

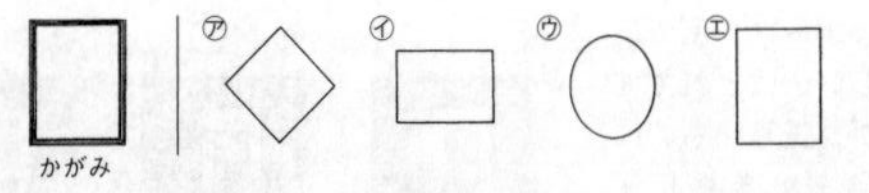

(1) かべにうつる形は、㋐～㋓のどれですか。(15点)　(㋓)

(2) 光をあてるのによい方のかべに○をかきましょう。(15点)

① (○) 日かげのかべ　② (　) 日なたのかべ

2 次の(　)にあてはまる言葉を□からえらんでかきましょう。(1つ5点)

(①日光)は、まっすぐ進みます。日光がかがみにあたると(②はね返り)ます。三角形のかがみで日光をはね返すと、(③三角形)の光がかべにうつり、かがみが四角形なら(④四角形)の光がうつります。

かがみを上に向けると、はね返った光は(⑤ 上)に動き、かがみを左に向けると、はね返った光は(⑥ 左)に動きます。はね返った光の向きは、かがみの(⑦向き)できまります。

はね返り　四角形　三角形　向き　左　上　日光

月　日　名前　/100点

3 虫めがねで日光を集めています。(　)にあてはまる言葉を□からえらんでかきましょう。(1つ5点)

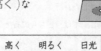

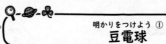

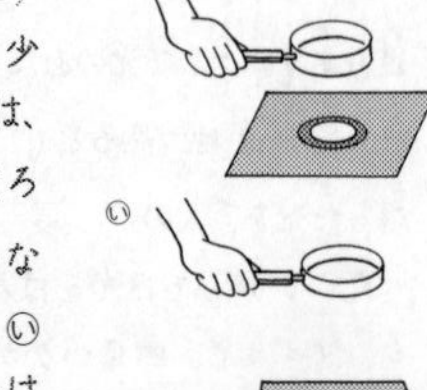
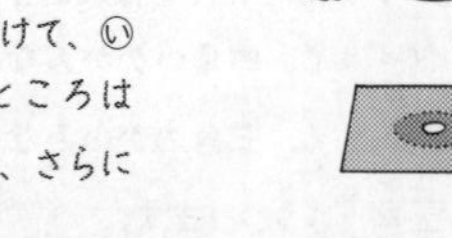

あの虫めがねを紙に(①近づける)と、明るいところは、大きくなり、少し遠ざけると、明るいところは、(②小さく)なります。明るいところが小さいほど、そこは(③明るく)なります。あの虫めがねを遠ざけて、いのようにすると、明るいところは(④小さく)なり、明るさは、さらに(⑤明るく)なります。

小さく　明るく　近づける　●何度も使う言葉もあります。

4 光の通り道にかんをおきました。かんは光を通さないのでかげができます。(10点)

①～③の図で正しいのはどれですか。正しいものに○をかきましょう。

① (　)　② (○)　③ (　)

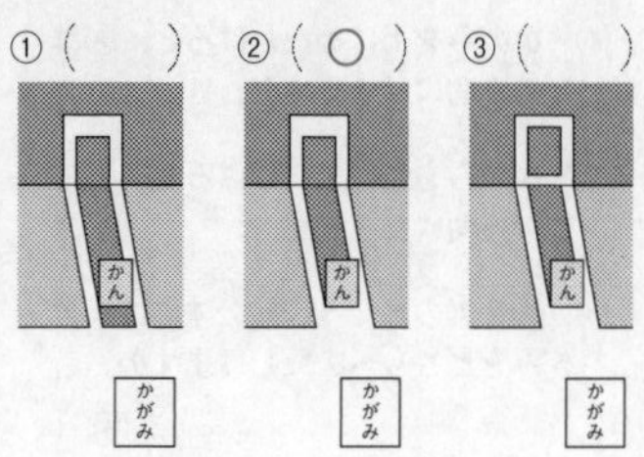

47

まとめテスト　光のせいしつ

1 丸いかがみを３まい、四角いかがみを２まい使って、図のように、日かげのかべに日光をはね返しました。あとの問いに答えましょう。(1つ10点)

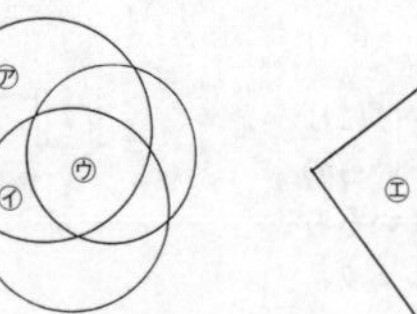
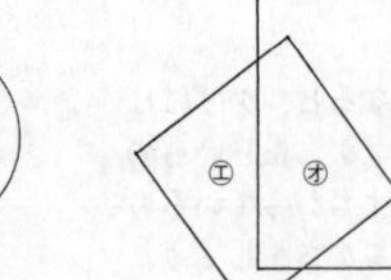

(1) ㋐～㋒の中で、一番明るいのはどこですか。　(㋒)

(2) ㋐～㋒の中で、一番あたたかいのはどこですか。　(㋒)

(3) ㋓と同じ明るさになっているのは、㋐～㋒のどこですか。　(㋐)

(4) ㋔と同じ明るさになっているのは、㋐～㋒のどこですか。　(㋑)

(5) 丸いかがみの方で、㋐と同じ明るさのところは、㋐とはべつに何こありますか。　(2こ)

(6) 丸いかがみの方で、㋑と同じ明るさのところは、㋑とはべつに何こありますか。　(2こ)

月　日　名前　/100点

2 日光をかがみではね返し、温度計を入れた空きかんにあてています。図や表を見て、あとの問いに答えましょう。

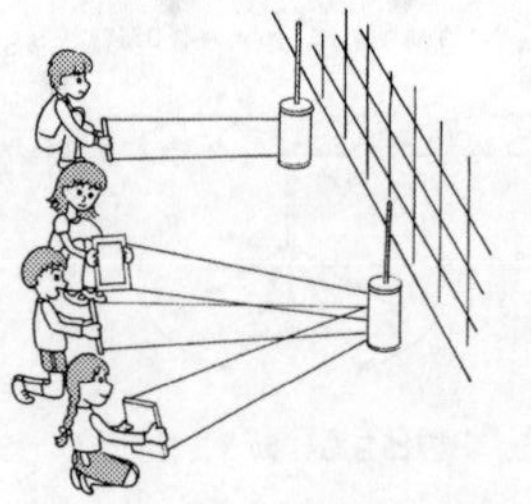

かんの中の空気の温度のかわり方

	①	②
はじめ	20℃	20℃
2分後	20℃	25℃
4分後	20℃	29℃
6分後	21℃	34℃

(1) 表を見て、①、②に「かがみ１まい」「かがみ３まい」のどちらかをかきましょう。(1つ5点)

① (かがみ１まい)　② (かがみ３まい)

(2) ４分後の「かがみ１まい」と「かがみ３まい」の温度は、何度ですか。(1つ5点)

① かがみ１まい (20℃)　② かがみ３まい (29℃)

(3) このじっけんから、かがみのまい数とあたたまり方について、わかることをかきましょう。(20点)

かがみのまい数が多い方が、あたたまり方も速くなります。

48

明かりをつけよう ① 豆電球

1 明かりをつけるものを集めました。図を見て(　)にあてはまる言葉を□からえらんでかきましょう。

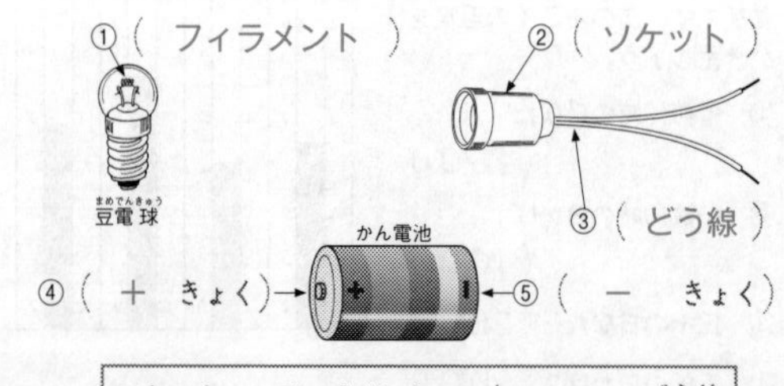

ソケット　フィラメント　＋　－　どう線

2 ソケットを使って、豆電球とかん電池をつなぎました。

㋐～㋓で明かりがつくものには○、つかないものには×をかきましょう。

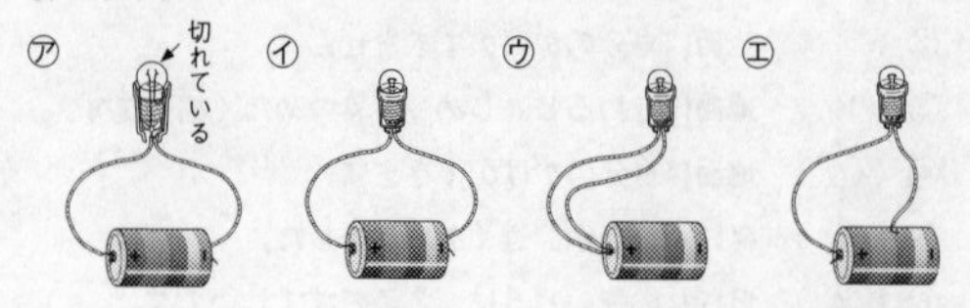

(×)　(○)　(×)　(×)

月　日　名前

ポイント　明かりがつくときのつなぎ方を学びます。電気の通り道が１つのわの形になったものを回路といいます。

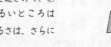

3 次の(　)にあてはまる言葉を□からえらんでかきましょう。

(1) かん電池の(① ＋)きょく、豆電球、かん電池の－きょくを(②どう線)で１つのわになるようにつなぐと、電気の(③通り道)ができて電気が流れ、豆電球の明かりがつきます。この１つのわのことを(④回路)といいます。

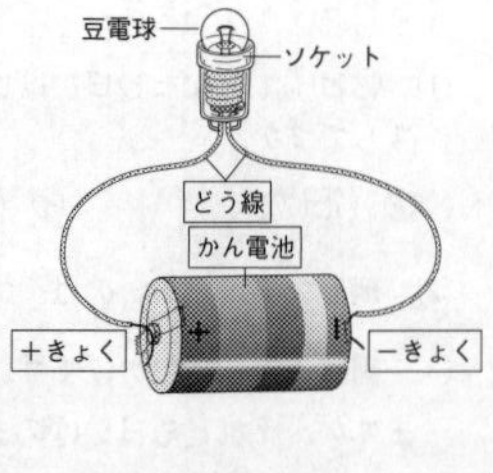

どう線　通り道　＋　回路

(2) 豆電球の明かりがつかないとき、豆電球が(①ゆるんで)いないか、豆電球の(②フィラメント)が切れていないか、電池の(③きょく)にどう線がきちんと(④ついて)いるかなどをたしかめます。

また、(⑤電池)が古くて切れていることもあります。

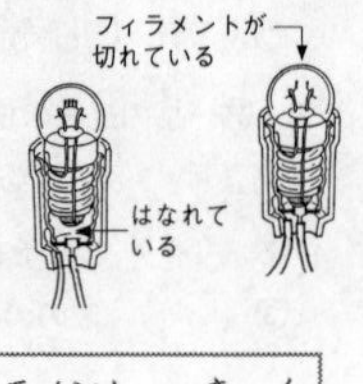

電池　ゆるんで　ついて　フィラメント　きょく

50

明かりをつけよう ②

豆電球

1 豆電球に明かりがついています。電気の通り道を赤色で、ぬりましょう。(電池の中はぬりません。) また、①～⑤の名前を□からえらんで(　)にかきましょう。

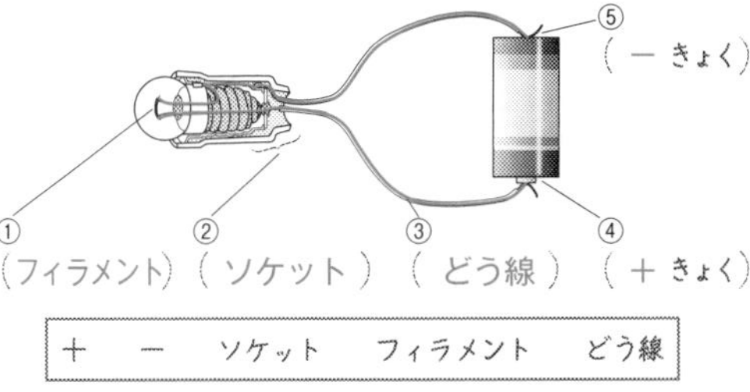

① (フィラメント)　② (ソケット)　③ (どう線)　④ (＋きょく)　⑤ (－きょく)

＋　－　ソケット　フィラメント　どう線

2 次の(　)にあてはまる言葉を□からえらんでかきましょう。

右の図のように(①豆電球)と(②かん電池)をどう線でむすび1つの(③わ)のような形になると、(④電気)が流れて、豆電球がつきます。電気の通り道のことを(⑤回路)といいます。回路が1か所でも切れていると(⑥明かり)はつきません。

※①②

豆電球　電気　わ　かん電池　明かり　回路

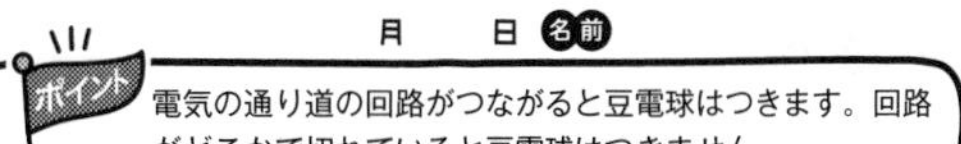

ポイント　電気の通り道の回路がつながると豆電球はつきます。回路がどこかで切れていると豆電球はつきません。

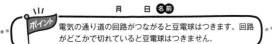

3 次の図で豆電球に明かりがつくもの2つに○をつけましょう。

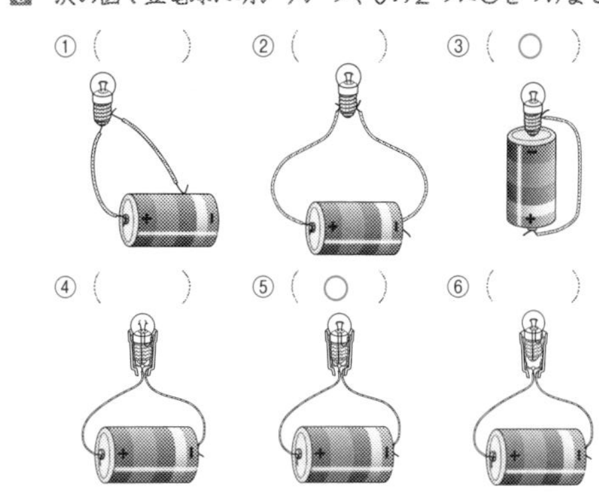

①(　)　②(　)　③(○)
④(　)　⑤(○)　⑥(　)

4 次の図で、かん電池をつなげても豆電球に明かりがつかないものが2つあります。㋐～㋒のどれですか。(㋐)(㋒)

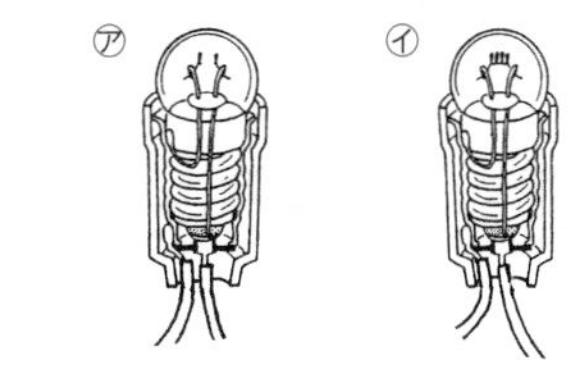

明かりをつけよう ③

電気を通す・通さない

1 図の㋐、㋑のところに、次のものをつなぎ、電気を通すものと通さないものを調べるじっけんをしました。電気を通すものには○を、通さないものには×をかきましょう。

① (○) くぎ　② (×) プラスチックのじょうぎ
③ (○) 鉄のはさみ　④ (×) 木のわりばし　⑤ (○) 100円玉
⑥ (×) ガラスコップ　⑦ (×) 消しゴム　⑧ (×) ノート

2 次の(　)にあてはまる言葉を□からえらんでかきましょう。

くぎや100円玉、鉄のはさみは(①金ぞく)でできていて電気を通します。金ぞくでない(②プラスチック)のじょうぎや木の(③わりばし)、ガラスの(④コップ)などは電気を通しません。

コップ　プラスチック　わりばし　金ぞく

ポイント　電気を通すものは金ぞくで、プラスチック、木、ガラスなどは電気を通しません。

3 図のように、かん電池と豆電球とジュースのかん(スチールかん)をどう線でつなぎます。次の(　)にあてはまる言葉を□からえらんでかきましょう。

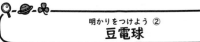

(1) あのようにつなぎました。
豆電球の明かりは
(①つきません)。
スチールかんの上には、
(②ペンキ)などがぬってあり
(②)は電気を
(③通しません)。

通しません　つきません　ペンキ

(2) いのようにジュースのかんの(①表面)を紙やすりでみがくと、㋐のように(②金ぞく)の部分があらわれました。
(②)は電気を(③通す)ので明かりは(④つきます)。

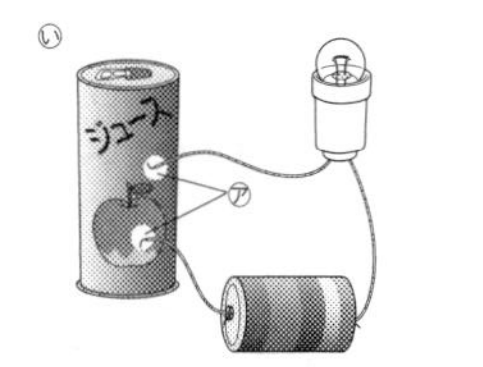

金ぞく　表面　通す　つきます

明かりをつけよう ④

電気を通す・通さない

1 次の(　)にあてはまる言葉を□からえらんでかきましょう。

明かりがつくものは、鉄やどう、(①アルミニウム)などの(②金ぞく)とよばれるものでできています。これらは電気を(③通す)せいしつがあります。

一方、明かりがつかないものは(④紙)や(⑤ガラス)、プラスチックや木などでできています。これらは電気を(⑥通し)ません。

※④⑤

通す　通し　アルミニウム　金ぞく　紙　ガラス

2 下の図のようにつなぐと明かりがつきました。電気の回路を赤えんぴつでなぞりましょう。

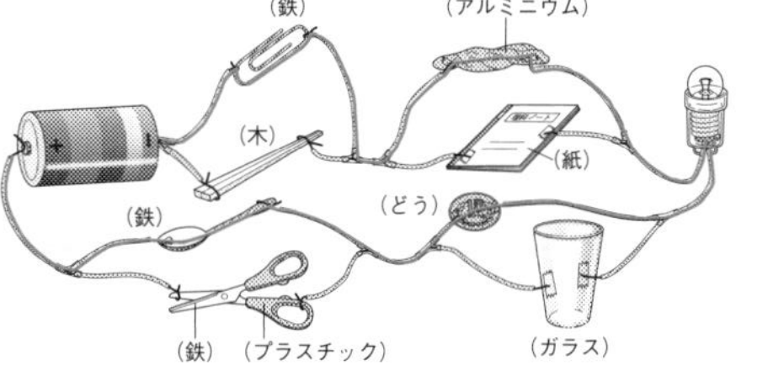

ポイント　電気を通す金ぞくで回路をつくります。

3 電気を通すものと通さないものに分けます。次のもので電気を通すものに○、通さないものに×をかきましょう。

① (○) スプーン(鉄)　② (×) スプーン(プラスチック)　③ (○) はさみ 鉄の部分　④ (×) はさみ プラスチックの部分
⑤ (○) 10円玉(どう)　⑥ (×) ノート(紙)　⑦ (○) アルミニウムはく(アルミニウム)　⑧ (×) 木のわりばし
⑨ (×) 空きかん 色がぬってある部分　⑩ (○) 空きかん 色をはがした部分　⑪ (×) プラスチックじょうぎ　⑫ (×) どう線のビニールの部分

4 次の文で、正しいものには○、まちがっているものには×をかきましょう。

① (○) ビニールでつつまれたどう線を回路に使うときには、つなぐところのビニールをはがして使います。
② (×) スイッチは、電気を通すものだけでできています。
③ (×) アルミかんにぬってあるペンキなどは電気を通します。

まとめテスト

明かりをつけよう

1 明かりをつけるのにひつような物を集めます。それぞれの名前を□からえらんでかきましょう。(1つ5点)

① (ソケット)	② (かん電池)
③ (豆電球)	④ (どう線)

豆電球　かん電池　ソケット　どう線

2 次の(　)にあてはまる言葉を□からえらんでかきましょう。(1つ8点)

右の図のようにかん電池の(①＋きょく)と(②豆電球)とかん電池の－きょくをどう線でむすび、1つの(③わ)のような形にすると(④電気)が流れて豆電球がつきます。この電気の通り道を(⑤回路)といいます。

回路　豆電球　＋きょく　わ　電気

月　日　名前　　/100点

3 図の①～⑨のうち、豆電球に明かりがつくのはどれですか。3つえらび(　)に○をかきましょう。(1つ8点)

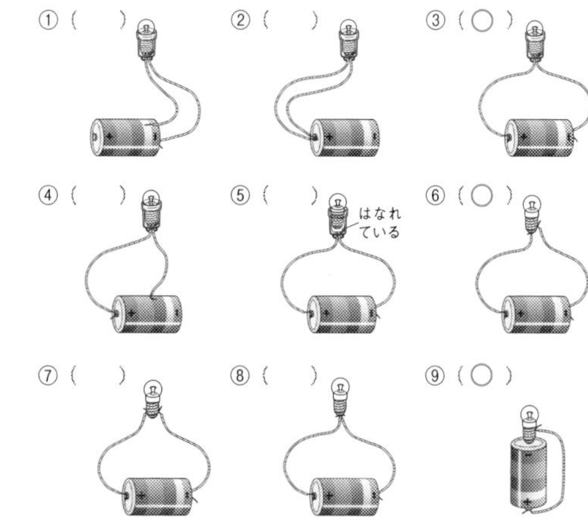

①(　)　②(　)　③(○)
④(　)　⑤(　)　⑥(○)
⑦(　)　⑧(　)　⑨(○)

4 次の文で、正しいもの2つに○をかきましょう。(1つ8点)

① (○) フィラメントが切れていると明かりはつきません。
② (　) 空きかんは表面にぬってあるものをはがしても電気を通しません。
③ (○) どう線を使うときには、つなぐところのビニールをはがします。

まとめテスト　明かりをつけよう

　月　日　名前　　／100点

1 次の(　)にあてはまる言葉を□からえらんでかきましょう。（1つ5点）

明かりがつくものは、(①鉄)やどう、アルミニウムなどの(②金ぞく)とよばれるものでできています。

これらは、電気を(③通す)せいしつがあります。

一方、明かりがつかないものは、紙やガラス、(④木)や(⑤プラスチック)などでできています。これらは電気を(⑥通し)ません。　※④⑤

プラスチック	木	通し	鉄	通す	金ぞく

2 次のうち、電気を通すものをえらび(　)に○をつけましょう。（1つ5点）

①(　) 紙　②(○) アルミニウムはく　③(○) 金ぞくのナイフ
④(○) くぎ　⑤(○) 100円玉　⑥(　) 竹のものさし

3 明かりのつくものを4つえらび、○をつけましょう。（1つ5点）

①(　) 1か所をはがしてある　②(○) 2か所はがしてある　③(○) 10円玉
④(○) 鉄の目玉クリップ　⑤(　) ガラスのコップ　⑥(○) 鉄のはさみ

4 スイッチをおすと、豆電球に明かりがつくようにつなぎます。㋐～㋕をどのようにつなぐかを(　)にかきましょう。（1つ10点）

①(㋐と㋒)をつなぎ
②(㋑と㋔)をつなぎ
③(㋓と㋕)をつなぎます。

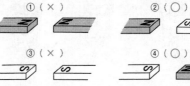

まとめテスト　明かりをつけよう

　月　日　名前　　／100点

1 豆電球に明かりがついています。電気の通り道を赤色で、ぬりましょう。（電池の中はぬりません。）また、①～⑤の名前を□からえらんで(　)にかきましょう。（色5点、1つ5点）

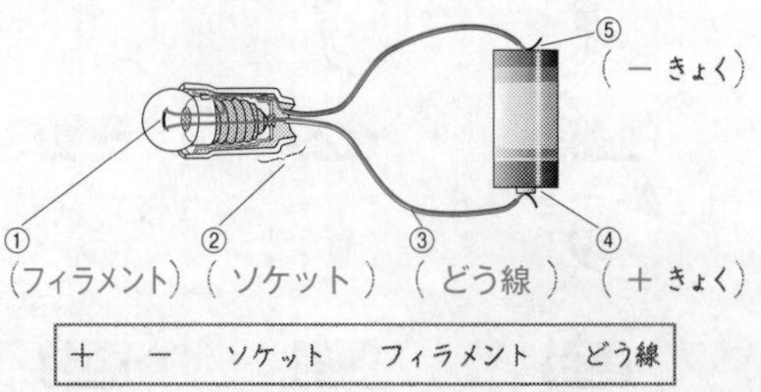

①(フィラメント)　②(ソケット)　③(どう線)　④(＋きょく)　⑤(－きょく)

＋	－	ソケット	フィラメント	どう線

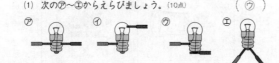

2 次の図は、豆電球がつきません。回路が切れている部分を見つけ、そこに○をかきましょう。（1つ5点）

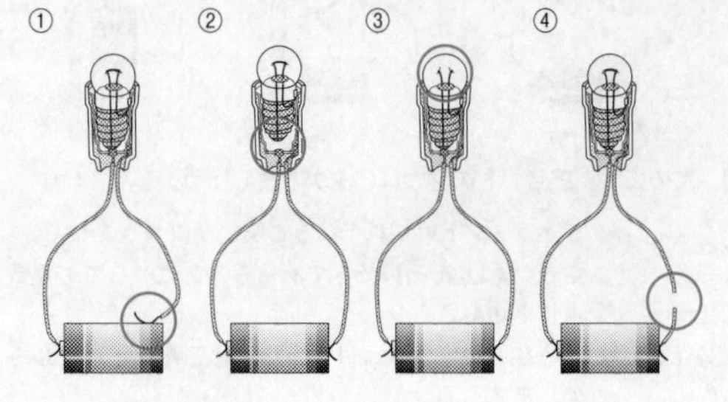

3 ソケットを使わないで豆電球に明かりをつけるには、豆電球にどう線をどのようにつなげばよいですか。

(1) 次の㋐～㋓からえらびましょう。（10点）　(㋒)

(2) このとき、どう線の先のビニールをはがすのはなぜですか。（10点）

［どう線のビニールは、電気を通さないため、電気が通るようにはがします。］

4 図で、スイッチⒶをおすと青の豆電球がつき、スイッチⒷをおすと、赤の豆電球がつくように回路をつなぎます。(　)に㋐～㋕をかきましょう。（1つ10点）

①(㋑と㋔)をつなぎ
②(㋒と㋕)をつなぎ
③(㋓と㋐)をつなぎます。

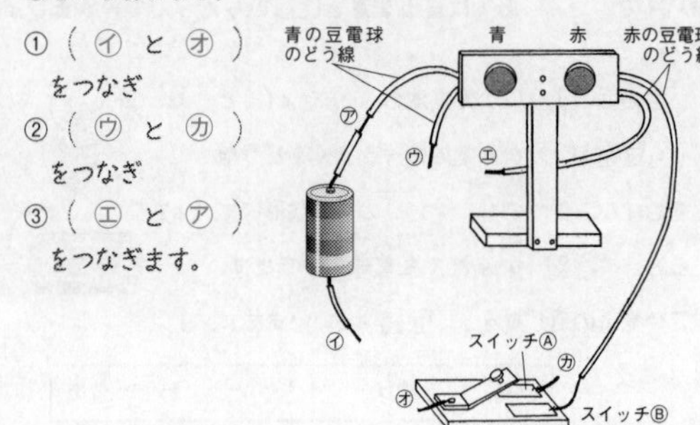

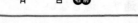

じしゃくの力①　じしゃくのきょく

1 次の(　)にあてはまる言葉を□からえらんでかきましょう。

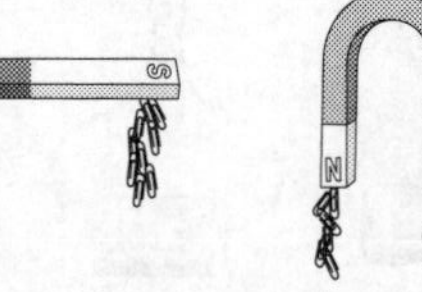

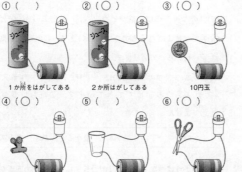

じしゃくがもっとも強く(①鉄)を引きつける(②両はし)の部分を(③きょく)といいます。

どんな形や大きさのじしゃくにも(④Nきょく)と(⑤Sきょく)があります。　※④⑤

Nきょく	Sきょく	きょく	鉄	両はし

2 図のように、2つのじしゃくを近づけたときに、引きあうものには○、しりぞけあうものには×をかきましょう。

①(×)　②(○)　③(×)　④(○)

　月　日　名前

ポイント　じしゃくのきょくのはたらきを調べます。ちがうきょくは引きあい、同じきょくはしりぞけあいます。

3 丸いドーナツがたのじしゃくが2つあります。1つはぼうを通して下におきます。もう1つをぼうの上の方から落とします。

次の文で、正しいものには○、まちがっているものには×をかきましょう。

①(○) 上のじしゃくが、下のじしゃくにくっつくときは、ちがうきょくが向きあっています。
②(×) 上のじしゃくが、下のじしゃくにくっつくときは、同じきょくが向きあっています。
③(×) 上のじしゃくと下のじしゃくは、きょくにかんけいなく、かならずくっつきます。
④(×) 上のじしゃくが、下のじしゃくにくっつかずにういているときは、ちがうきょくが向きあっています。
⑤(○) 上のじしゃくが、下のじしゃくにくっつかずにういているときは、同じきょくが向きあっています。

じしゃくの力②　じしゃくのきょく

1 次の(　)にあてはまる言葉を□からえらんでかきましょう。

じしゃくは(①鉄)を引きつけます。じしゃくには、(②Nきょく)と(③Sきょく)があります。ぼうじしゃくでは、きょくのところがじしゃくの力は一番(④強く)なります。

じしゃくのNきょくと、べつのじしゃくの(⑤Sきょく)は引きあいます。じしゃくのNきょくと、べつのじしゃくの(⑥Nきょく)はしりぞけあいます。　※②③

強く	Nきょく	Sきょく	鉄

●何回も使う言葉もあります。

2 図のように、ぼうじしゃくの上に鉄のくぎを近づけます。

(1) 鉄のくぎが、じしゃくによくついたのは、㋐～㋒のどこですか。2つ答えましょう。　(㋐)(㋒)

(2) じしゃくの力が弱いところがあります。それは、どこですか。記号で答えましょう。(㋑)

(3) くぎがよくついたきょくの名前をかきましょう。　(Nきょく)(Sきょく)

　月　日　名前

ポイント　方いじしんは、じしゃくのせいしつをりようしています。

3 次の(　)にあてはまる言葉を□からえらんでかきましょう。

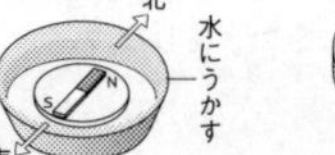

(1) 上の図のようにじしゃくを自由に(①動く)ようにしておくと、どこでも(②Nきょく)は北を、(③Sきょく)は南をさして止まります。(④方いじしん)は、そのせいしつをりようした道具です。

方いじしん	Nきょく	Sきょく	動く

(2) この北をさしている方いじしんに横からぼうじしゃくを近づけると方いじしんの北をさしているはりは(①西)をさしました。これは、ぼうじしゃくのNきょくが、はりの(②S)きょくを引きつけたからです。

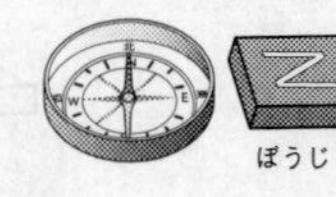

このように、方いじしんの近くに(③じしゃく)があると、正しい方いを知ることができなくなります。

S	じしゃく	西

じしゃくの力 ③
じしゃくにつく・つかない

1 図の中で、じしゃくにつくものには○、つかないものには×をかきましょう。

①（×）	②（×）	③（○）	④（×）
ゆのみ（土）	アルミホイル	目玉クリップ（鉄）	虫めがね（ガラス）
⑤（○）	⑥（×）	⑦（×）	⑧（×）
鉄のはさみ	10円玉	Tシャツ（ぬの）	ノート（紙）
⑨（×）	⑩（○）	⑪（×）	⑫（×）
本	鉄のくぎ	アルミかん	えんぴつ

2 次の（　）にあてはまる言葉を□からえらんでかきましょう。

じしゃくは、くぎなど（①鉄）でできたものを引きつけます。一方（②紙）やガラス、プラスチックなどは、引きつけられません。また、（③どう）や（④アルミニウム）などの金ぞくも引きつけられません。　※③④

紙　どう　鉄　アルミニウム

ポイント　じしゃくにつくのは鉄です。アルミニウムやどうは金ぞくですが、じしゃくにつきません。

月　日　名前

3 じしゃくについて、正しいものには○、まちがっているものには×をかきましょう。

①（×）じしゃくは、金ぞくなら何でも引きつけます。
②（○）じしゃくの形は、いろいろあります。
③（○）じしゃくは、プラスチックを引きつけません。
④（○）じしゃくは、鉄を引きつけます。
⑤（×）じしゃくは、ガラスを引きつけます。
⑥（○）じしゃくは、ゴムは引きつけません。

4 次の（　）にあてはまる言葉を□からえらんでかきましょう。

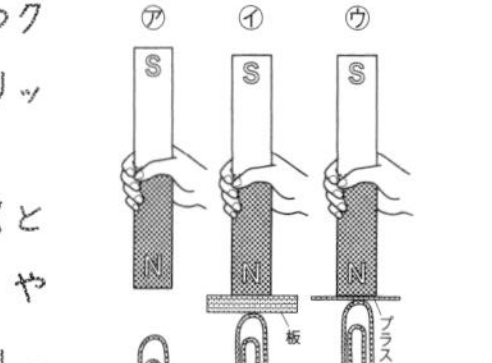

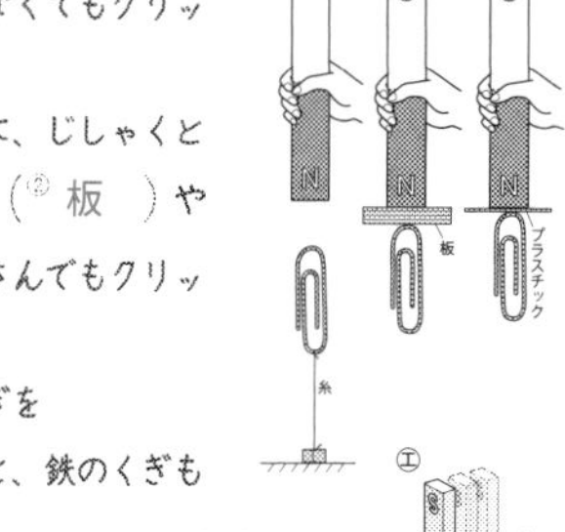

図㋐のように、じしゃくが直せつクリップに（①ふれて）いなくてもクリップを引きつけます。

また、図㋑、㋒のように、じしゃくとクリップなどの間に（②板）や（③プラスチック）をはさんでもクリップを引きつけます。

図㋓のように、鉄のくぎを（④じしゃく）でこすると、鉄のくぎもじしゃくになります。　※②③

プラスチック　ふれて　板　じしゃく

じしゃくの力 ④
じしゃくをつくる

1 図のように、じしゃくに鉄くぎをつけてしばらくして、じしゃくからはずすと、2本のくぎはくっついたままになります。

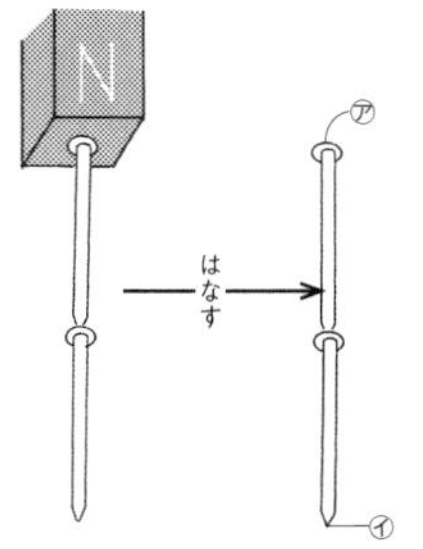

あとの問いに答えましょう。

① このくぎは、何になったといえますか。　（じしゃく）
② ㋐は、NきょくとSきょくのどちらですか。　（Sきょく）
③ ㋑は、NきょくとSきょくのどちらですか。　（Nきょく）

2 次の（　）にあてはまる言葉を□からえらんでかきましょう。

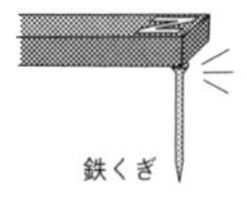

図㋐のようにしばらくじしゃくについていた鉄くぎは、じしゃくからはなしても（①じしゃく）になっていることがあります。

図㋑のようにじしゃくで鉄くぎを（②こすって）も、じしゃくになります。

じしゃく　こすって

ポイント　じしゃくのつくり方について調べます。また、地球も大きなじしゃくになっています。

月　日　名前

3 じしゃくにつけたくぎが、じしゃくになっているかどうかを調べます。次の（　）にあてはまる言葉を□からえらんでかきましょう。

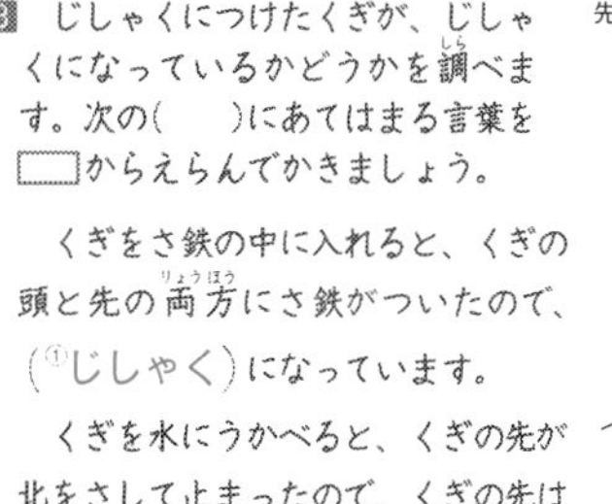

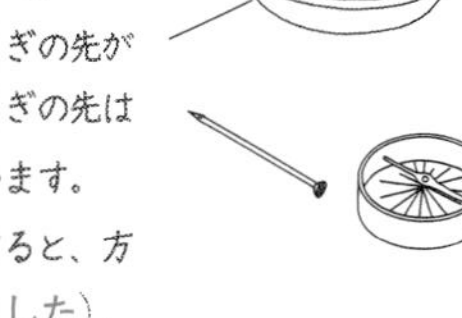

くぎをさ鉄の中に入れると、くぎの頭と先の両方にさ鉄がついたので、（①じしゃく）になっています。

くぎを水にうかべると、くぎの先が北をさして止まったので、くぎの先は（②N）きょくになっています。

くぎを方いじしんに近づけると、方いじしんのはりが（③動きました）。

動きました　N　じしゃく

4 次の（　）にあてはまる言葉を□からえらんでかきましょう。

地球は大きな（①じしゃく）です。方いじしんのNきょくは（②北）をさします。地球の北きょくは、Nきょくを引きつけるので（③Sきょく）で、南きょくは（④Nきょく）です。

Nきょく　Sきょく　北　じしゃく

まとめテスト

じしゃくの力

1 次のもので、じしゃくにつくものには○、つかないものには×をかきましょう。（1つ5点）

①（○）	②（×）	③（○）
鉄のはさみ	おりづる	鉄のくぎ
④（×）	⑤（○）	⑥（×）
本	ゼムクリップ	10円玉（どう）
⑦（○）	⑧（×）	⑨（○）
鉄の目玉クリップ	アルミかん	ホッチキスのしん
⑩（×）		
消しゴム		

月　日　名前　/100点

2 図のように、2つのじしゃくを近づけたときに、引きあうものには○、しりぞけあうものには×をかきましょう。（1つ5点）

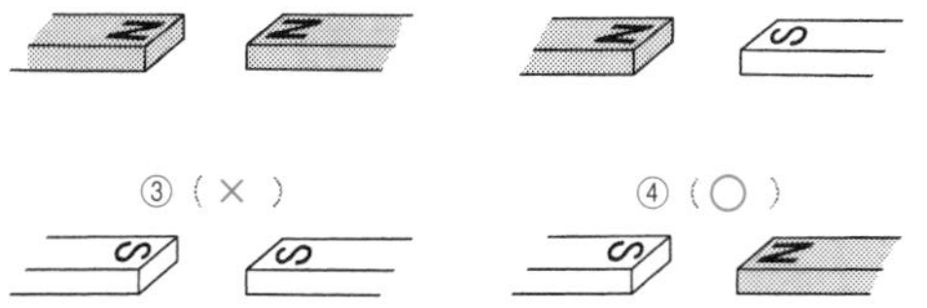

①（×）　②（○）　③（×）　④（○）

3 次の文で、正しいものには○、まちがっているものには×をかきましょう。（1つ5点）

①（○）じしゃくには、NきょくとSきょくがあります。
②（×）丸いじしゃくには、NきょくもSきょくもありません。
③（×）じしゃくは、どんな金ぞくでも引きつけます。
④（○）方いじしんのNきょくは北をさします。
⑤（○）鉄くぎを、じしゃくで同じ方向へこすると、じしゃくになります。
⑥（○）じしゃくは、自由に動くようにすると、北と南をさして止まります。

まとめテスト

じしゃくの力

1 次のもののうち、じしゃくにつくものには○、つかないものには×をかきましょう。（1つ4点）

①（×）アルミかん　②（×）竹のものさし
③（×）チョーク　④（○）鉄のはさみ
⑤（×）5円玉　⑥（×）プラスチックじょうぎ
⑦（○）ぶらんこのくさり　⑧（×）ガラスのコップ
⑨（○）鉄のはりがね　⑩（×）消しゴム

2 図を見て、あとの問いに答えましょう。（1つ4点）

(1) じしゃくで、引きつける力の強いところは、①〜⑤のどこですか。番号で答えましょう。

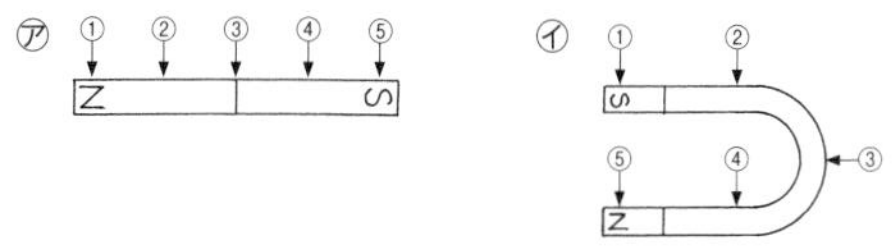

㋐（①）（⑤）　㋑（①）（⑤）

(2) 引きつける力の強いところを何といいますか。

（きょく）

月　日　名前　/100点

3 図のように、丸いドーナツがたじしゃくと、ぼうじしゃくを使って、同じ部屋でじっけんをしました。2つのじしゃくを自由に動くようにしておくと、しばらくして止まりました。（1つ4点）

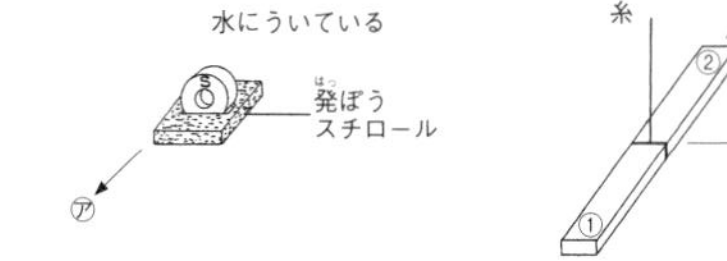

(1) ㋐〜㋒の方いをかきましょう。

㋐（南）　㋑（北）　㋒（東）

(2) ①と②のきょくをかきましょう。

①（Sきょく）　②（Nきょく）

(3) じしゃくのこのせいしつを使った道具の名前をかきましょう。

（方いじしん）

4 次の文で正しいものには○、まちがっているものには×をかきましょう。（1つ4点）

①（×）NきょくとNきょくは引きあいます。
②（○）SきょくとSきょくはしりぞけあいます。
③（○）NきょくとSきょくは引きあいます。
④（×）NきょくとSきょくはしりぞけあいます。

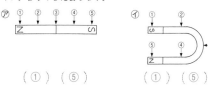

まとめテスト

じしゃくの力

月　日　名前　　/100点

1 次の(　)にあてはまる言葉を□からえらんでかきましょう。（1つ5点）

(1) じしゃくは(①鉄)でできたものを引きつけます。(②紙)やガラス、プラスチックなどは、じしゃくにつきません。また(③アルミニウム)や(④どう)などの金ぞくもじしゃくにつきません。※③④

紙　鉄　アルミニウム　どう

(2) じしゃくの力が一番強いところを(①きょく)といいます。きょくには(②Nきょく)と(③Sきょく)があります。また、同じきょくを近づけると(④しりぞけ)あい、ちがうきょくを近づけると(⑤引き)あいます。※②③

Nきょく　しりぞけ　Sきょく　引き　きょく

(3) じしゃくの(①Nきょく)は北をさし、(②Sきょく)は南をさします。このせいしつを使った道具を(③方いじしん)といいます。

Sきょく　Nきょく　方いじしん

2 丸いドーナツがたのじしゃくが2つあります。1つはぼうを通して下におきます。もう1つをぼうの上の方から落とすと、図のようになりました。

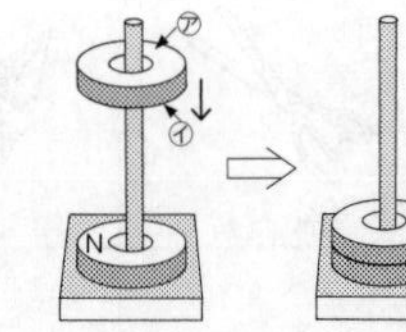

(1) ㋐と㋑は、Nきょくと Sきょくのどちらですか。（1つ5点）

㋐(Nきょく)
㋑(Sきょく)

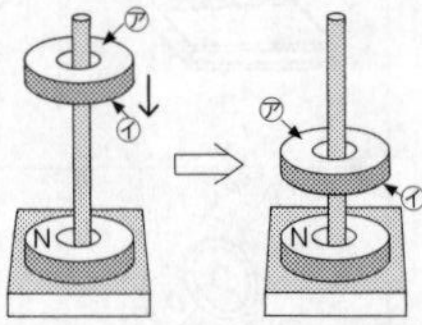

(2) 次に、同じように、もう1つのじしゃくを上から落とすと図のようになりました。㋐と㋑は、何きょくですか。（1つ5点）

㋐(Sきょく)
㋑(Nきょく)

(3) (2)のようになったわけをかきましょう。（20点）

下のじしゃくのNきょくと、上のじしゃくのNきょくがしりぞけあっているので、ういています。

64

風やゴムのはたらき ①

風のはたらき

1 次の(　)にあてはまる言葉を□からえらんでかきましょう。

(1) ビニールぶくろにつめこんだ(①空気)をおし出すと(②風)が起こります。人が(③息)をはき出しても風は起こります。

風　息　空気

(2) 風には力があります。

人の息を、もえているローソクの火にふきかけて(①消す)ことができます。せんこうのけむりが、そよっと(②動く)ような(③小さな)力から、台風のように木を(④たおし)たり、屋根の(⑤かわら)をとばしたりするような(⑥大きな)力までであります。

動く　たおし　消す　小さな　大きな　かわら

2 ふき流しをつくり、せん風きの風の強さを調べました。それぞれのふき流しは、強・中・弱・切のどれですか。

①(強)②(切)③(弱)④(中)

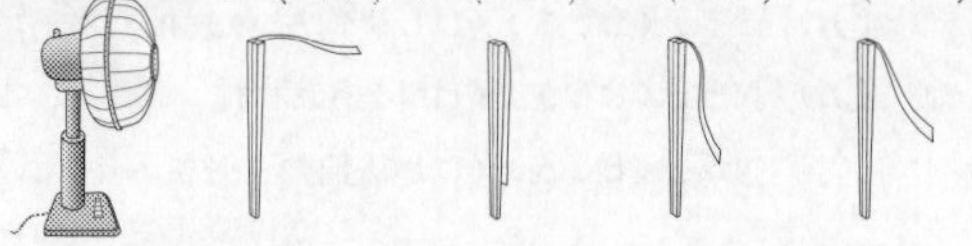

ポイント　風には、はく息のように小さな力のものや、台風のように大きな力のものがあります。

月　日　名前

2 次の(　)にあてはまる言葉を□からえらんでかきましょう。

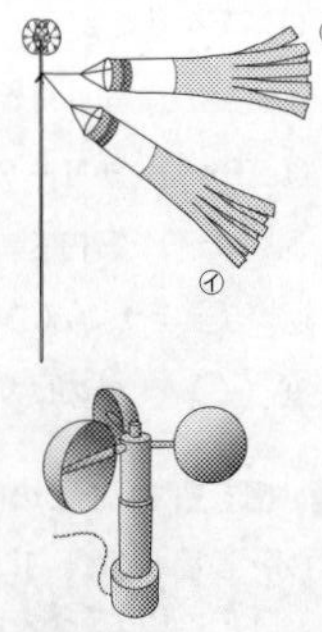

(1) 風の力をはかるものに(①ふき流し)があります。

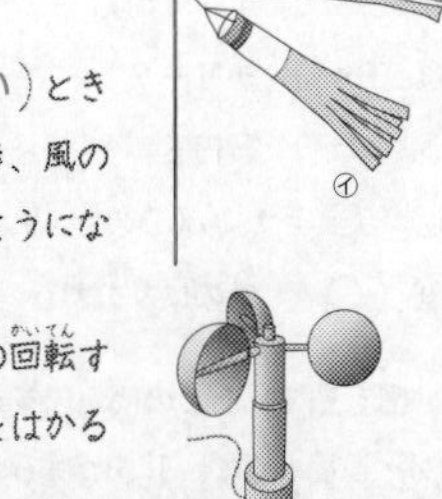

右の図のように風が(②強い)ときには㋐のように大きくたなびき、風の力が(③弱い)ときには㋑のようになります。

(①)のほかに、プロペラの回転する(④速さ)で、風の強さをはかるものもあります。

弱い　強い　ふき流し　速さ

(2) 身のまわりには、風の力をりようしたものがたくさんあります。(①ヨット)のような乗り物や大きな(②プロペラ)をまわして電気をつくる風力発電き、風の力でゴミをすいこむ(③そうじき)などです。(④うちわ)や(⑤せん風き)も、風の力ですずしくしています。※④⑤

うちわ　せん風き　プロペラ　そうじき　ヨット

66

風やゴムのはたらき ②

風のはたらき

1 図のような「ほ」のついた車を走らせるじっけんをしました。車の重さは同じにします。グラフを見て、(　)にあてはまる言葉を□からえらんでかきましょう。

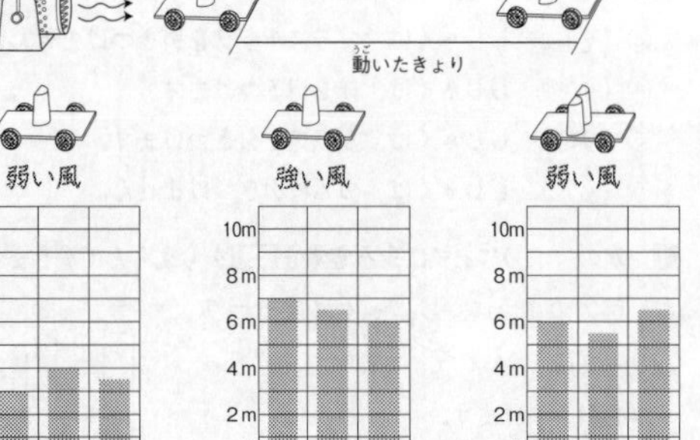

このじっけんでは、3回の(①けっか)をくらべています。それは、1回より(②正かく)なけっかになるようにするためです。どの車の(③重さ)も(④同じ)にしています。重さがちがうと走る(⑤きょり)がちがって、くらべることができないからです。

同じ　きょり　正かく　重さ　けっか

ポイント　風の力を「ほ」に受けて走る車があります。受ける力が大きいほど遠くまで走ります。

月　日　名前

2 1のじっけんを見て、正しいものには○、まちがっているものには×をかきましょう。

①(○)「ほ」が大きい方が動くきょりが長いです。
②(×)「ほ」の大きさは、動くきょりにかんけいありません。
③(○)風が強い方が遠くまで動きます。
④(×)風の強さは、動くきょりにかんけいありません。
⑤(○)風が強くて、「ほ」の大きいものが、一番動くきょりが長いです。

3 次のような風船のはたらきで動く車をつくりました。(　)にあてはまる言葉を□からえらんでかきましょう。

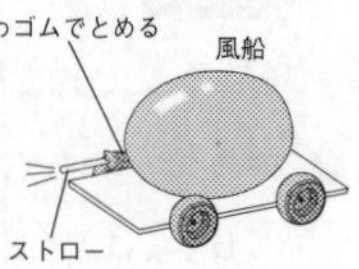

ゴムでできた風船を大きくふくらませ、ストローからたくさんの(①空気)が出るようにすると車は(②遠く)まで走ることができます。

また、おし出す力の(③強い)風船をつけると車は(④速く)走ります。

速く　空気　遠く　強い

67

風やゴムのはたらき ③

ゴムのはたらき

1 ゴムの力をりようしたおもちゃつくりをしました。次のようなものができました。

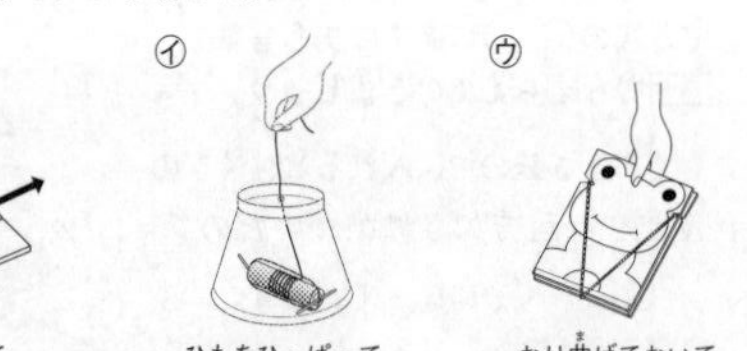

(1) ゴムがのびたり、ちぢんだりする力をりようしたものは、どれですか。記号で答えましょう。(㋐，㋒)

(2) ゴムのねじれを元にもどす力をりようしたものは、どれですか。記号で答えましょう。(㋑)

(3) ㋐の車を少しでも遠くまで動かすには、ゴムの数をどうすればよいですか。(ゴムの数をふやす)

(4) ㋑の車は、10回まきと20回まきでは、どちらがたくさん動きますか。(20回まき)

(5) ㋒のカエルをより高くはねさせるには、ゴムを太いものにするか、細いものにするか、どちらがよいですか。(太いもの)

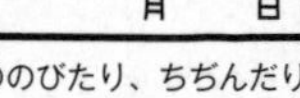

ポイント　ゴムののびたり、ちぢんだりする力やねじれを元にもどす力によってプロペラを回したりします。

月　日　名前

2 次の図のようなプロペラのはたらきで動く車をつくりました。あとの問いに答えましょう。

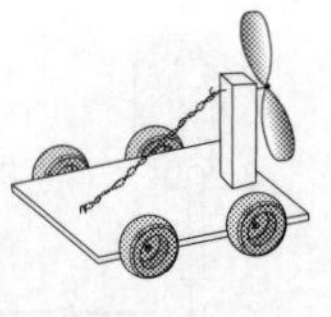

(1) プロペラを回すと、何が起こりますか。(風)

(2) この車の場合、何の力でプロペラを回していますか。(ゴム)

(3) 次の(　)にあてはまる言葉を□からえらんでかきましょう。

プロペラのはたらきで動く車は、ねじれた(①ゴム)が(②元にもどる)力をりようして、(③プロペラ)を回し、(④風)を起こして動きます。

走る(⑤速さ)や動くきょりは、わゴムの数やわゴムの(⑥強さ)によってちがいます。

プロペラをまいてゴムに力をためます。プロペラをまく(⑦回数)が多いほど(⑧遠く)まで進みます。

回数　速さ　強さ　ゴム　遠く
元にもどる　プロペラ　風

68

風やゴムのはたらき ④
ゴムのはたらき

1 右の図のように、手をはなすとパチンととび上がるパッチンガエルをつくりました。

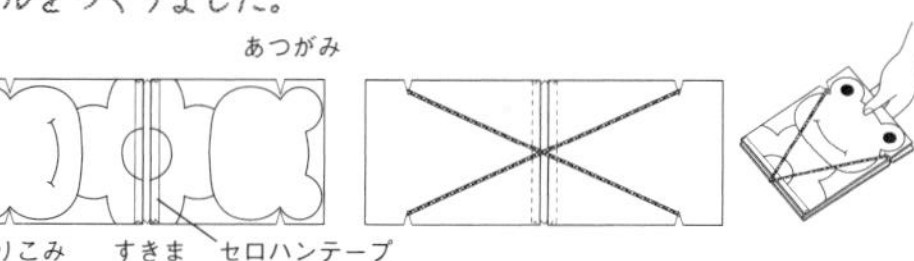

(1) パッチンガエルは、ゴムのどのはたらきをりようしていますか。次の中からえらびましょう。 （㋑）

㋐ ねじれの力　　㋑ のびちぢみの力

(2) パッチンガエルを高くとび上がらせるには、どうすればよいですか。次の中からえらびましょう。 （㋐）

㋐ ゴムを二重にする　　㋑ ゴムをつないで長くする

2 同じ太さで長さ10cmと15cmのゴムがあります。

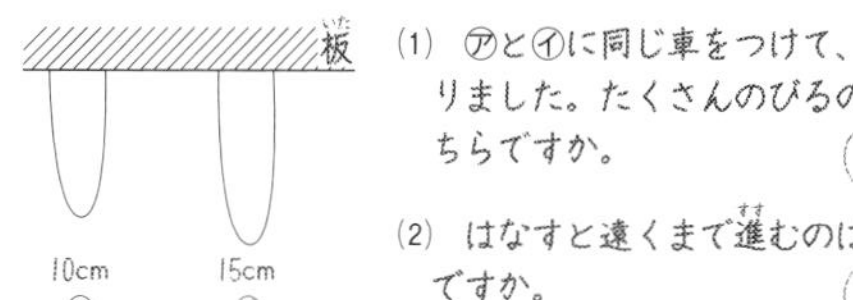

(1) ㋐と㋑に同じ車をつけて、ひっぱりました。たくさんのびるのは、どちらですか。 （㋑）

(2) はなすと遠くまで進むのはどちらですか。 （㋑）

(3) ㋐に10cmのゴムをもう1本くわえました。はじめにくらべて車の動きはどうなりますか。 （㋐）

㋐ いきおいが強くなる　　㋑ 同じ
㋒ いきおいが弱くなる

月　日　名前

ポイント　わゴムは、細いものより、太いものの方が元にもどろうとする力は大きくなります。

3 図のようなおもちゃをつくりました。あとの問いに答えましょう。

(1) （　）にあてはまる言葉を□からえらんでかきましょう。

このおもちゃは、手で（①ひも）を引いて、カップの中の（②かん電池）にくくりつけた（③わゴム）をねじります。ひもを（④ゆるめた）とき(③)が元にもどろうとします。

それは、ひもを引くことによって(②)にくくりつけた(③)をねじっているからです。

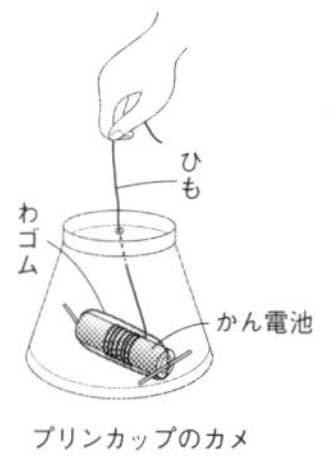

ひも
わゴム
かん電池
プリンカップのカメ

ゆるめた　ひも　わゴム　かん電池

(2) ひもを引く長さは同じにして、このおもちゃを力強く動くようにするには、次のどれがよいですか。（　）に○を2つかきましょう。

①（　）長いわゴムをつける。
②（○）太さが2倍のわゴムをつける。
③（○）わゴムを二重にする。
④（　）細いわゴムにする。

まとめテスト
風やゴムのはたらき

1 次の文は、風についてかかれています。正しいものには○、まちがっているものには×をかきましょう。 （1つ5点）

①（○）風りんは、風の力で音を出します。
②（○）台風でかわらがとぶこともあります。
③（○）風が強いと、こいのぼりがよく泳ぎます。
④（×）うちわでは、風はつくれません。
⑤（×）人のはく息は、風にはなりません。

2 次の車は、㋐、㋑、㋒、㋓のうちどこから風がくると、よく動きますか。 （10点）

（㋑）

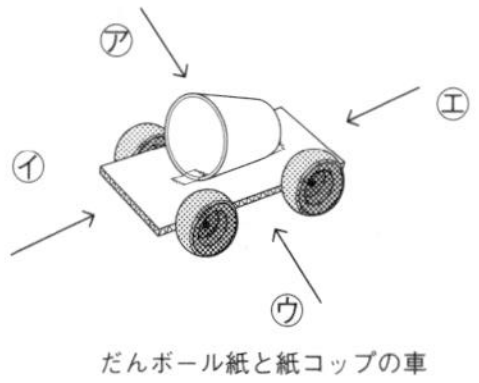

㋐ ㋑ ㋒ ㋓
だんボール紙と紙コップの車

3 ふき流しをつくり、せん風きの風の強さのじっけんをしました。せん風きのスイッチは、強・中・弱・切のどれですか。 （1つ5点）

①（強）②（切）③（弱）④（中）

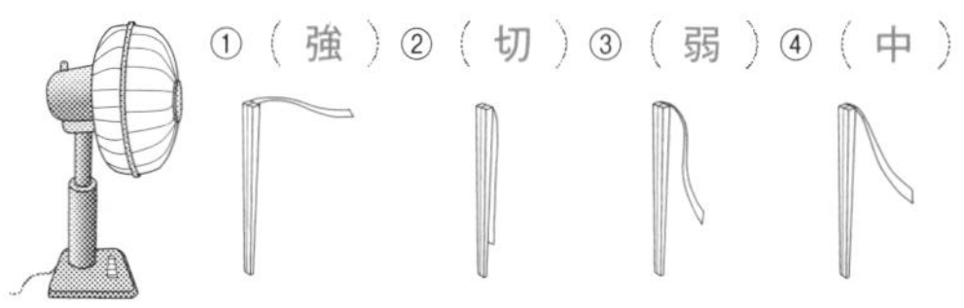

月　日　名前　／100点

4 次の文は、ゴムの力についてかかれています。正しいものには○、まちがっているものには×をかきましょう。 （1つ5点）

①（○）ゴムは、たくさんひっぱればひっぱるほど、たくさんもどろうとします。
②（○）ゴムは、ひっぱりすぎると切れます。
③（○）ゴムは、ねじっても元にもどろうとする力がはたらきます。
④（×）ゴムは、たくさんひっぱっても、ぜったいに切れません。
⑤（○）わゴムを2本にすると、ゴムの元にもどろうとする力も2倍になります。

5 次の車は、ゴムのどんな力をりようしていますか。のびてもどる力は㋐、ねじれがもどる力は㋑とかきましょう。 （1つ5点）

①（㋐）　②（㋐）

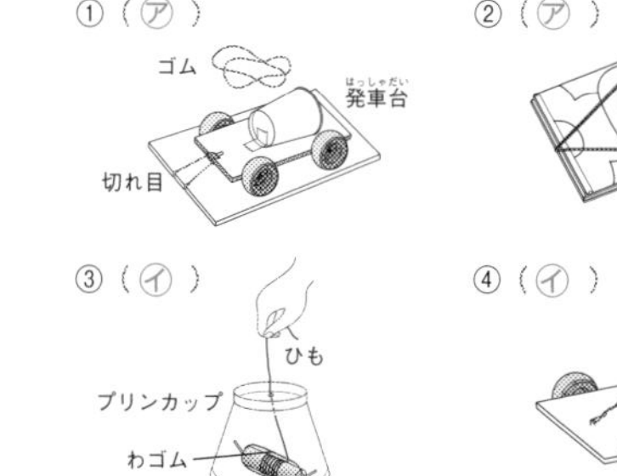

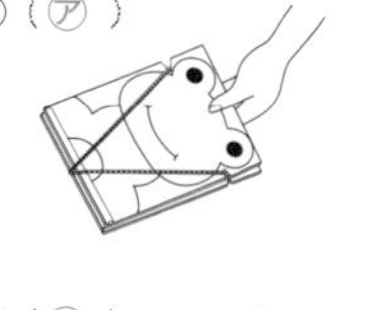

③（㋑）　④（㋑）

まとめテスト
風やゴムのはたらき

1 紙コップを「ほ」に使った車をつくりました。全体の重さを同じにした車に送風きで風をあてて走らせました。どの車が遠くまで走りますか。遠くまで走るものから番号を（　）にかきましょう。 （1つ10点）

㋐（2）小さい「ほ」に強い風をあてる。

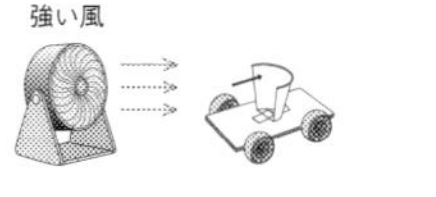

㋑（4）大きい「ほ」に風をあてない。

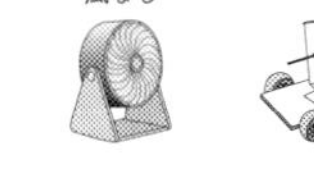

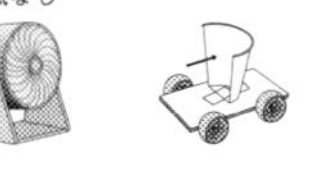

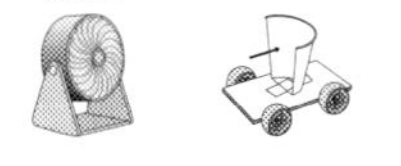

㋒（3）「ほ」をはずして弱い風をあてる。

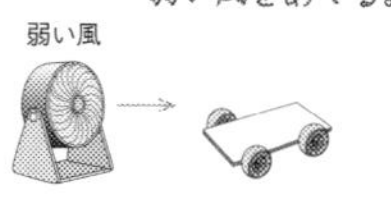

㋓（1）大きい「ほ」に強い風をあてる。

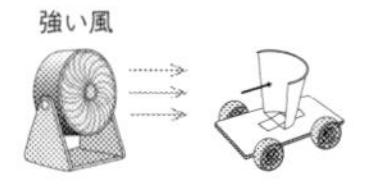

2 図のような、プロペラカーを使って、わゴムをねじる回数と車が走るきょりについて調べようと思います。次の㋐～㋒のどのじっけんとどのじっけんのけっかをくらべればよいですか。 （10点）

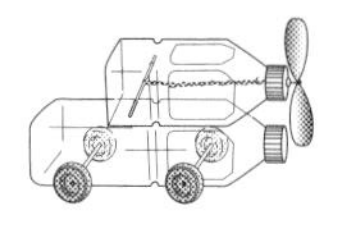

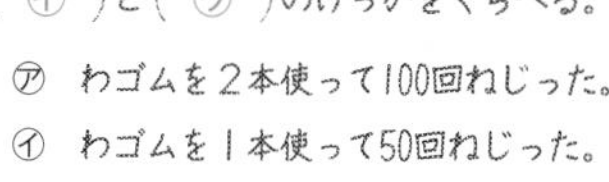

（㋑）と（㋒）のけっかをくらべる。

㋐ わゴムを2本使って100回ねじった。
㋑ わゴムを1本使って50回ねじった。
㋒ わゴムを1本使って100回ねじった。

月　日　名前　／100点

3 図のようなゴムの力で動く車を使ってじっけんをしました。次のグラフを見て、あとの問いに答えましょう。

（わゴム1本）ゴムを少し引いたとき（7cm）／ゴムを長く引いたとき（10cm）　（わゴム2本）ゴムを少し引いたとき（7cm）　（わゴム3本）ゴムを少し引いたとき（7cm）

12m　10m　8m　6m　4m　2m　0
わたし　Aさん　Bさん　Cさん

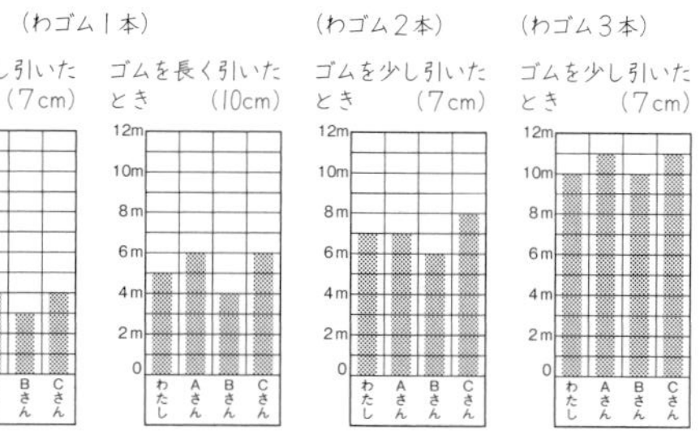

次の文で、正しいものには○、まちがっているものには×をかきましょう。 （1つ10点）

①（○）わゴムをたくさん重ねて使うとたくさん走ります。
②（○）わゴムを長く引くとたくさん走ります。
③（×）わゴムをたくさん重ねても動くきょりはあまりかわりません。
④（○）たくさんの友だちのけっかを調べた方が、より正しいけっかがわかります。
⑤（×）友だちのけっかとくらべてかくのは、きょうそうしているからです。

まとめテスト
風やゴムのはたらき

1 次の（　）にあてはまる言葉を□からえらんでかきましょう。 （1つ5点）

息をふいてローソクの火を（①消す）ことができます。

風には台風のように木を（②たおし）たり、屋根のかわらを（③とばし）たりするような（④強い力）もあります。

風の力をりようしたものに（⑤ヨット）のような船、プロペラを回して（⑥電気）をつくる風力発電き、ゴミをすいこむ（⑦そうじき）などがあります。

強い力　消す　たおし　とばし
電気　ヨット　そうじき

2 図のように、紙コップを「ほ」に使った車をつくりました。遠くまで走るものから（　）に番号をかきましょう。 （1つ5点）

①（2）強い風　小さい「ほ」

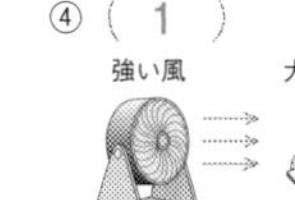

②（4）風なし　大きい「ほ」

③（3）弱い風　小さい「ほ」

④（1）強い風　大きい「ほ」

月　日　名前　／100点

3 図のようなおもちゃをつくりました。

(1) （　）にあてはまる言葉を□からえらんでかきましょう。 （1つ5点）

このおもちゃは、手で（①ひも）を引くとかん電池にまきつけた（②わゴム）が（③ねじれ）、引いているひもを（④ゆるめる）と、ねじれたわゴムが（⑤元にもどろう）とする力がはたらきプリンカップを動かします。

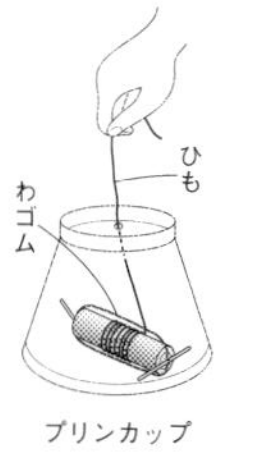

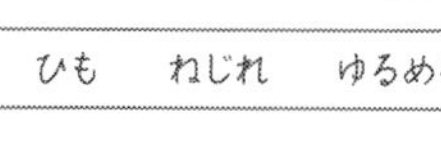

元にもどろう　わゴム　ひも　ねじれ　ゆるめる

(2) このおもちゃで長いきょりを動かすには、どうすればよいでしょう。 （10点）

ひもを長くひくと、わゴムのねじれも多くなり、元にもどろうとする力も大きくなります。

(3) このおもちゃを力強く動くようにするには、次のどれがよいですか。（　）に○を2つかきましょう。 （1つ5点）

①（○）わゴムを2本にする。
②（　）細いわゴムにする。
③（○）太いわゴムにする。

ものと重さ ①
形を変えても重さは同じ

1 次の(　)にあてはまる言葉を□からえらんでかきましょう。

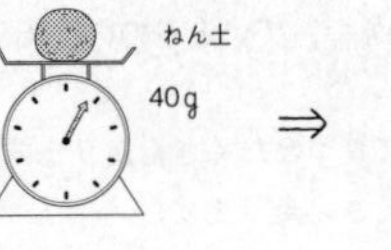

のせたものの重さを調べ、重さが数字で表されるのは(①台ばかり)です。

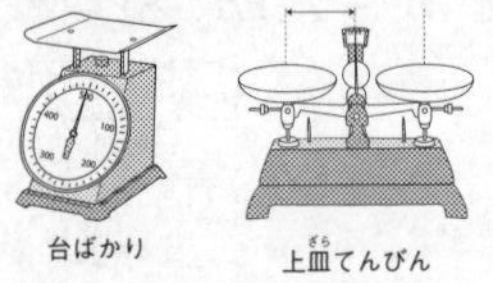

また、２つのものをのせて、重さをくらべるときに使うのは(②上皿てんびん)です。上皿てんびんは、左右の(③重さ)がちがうと重い方が(④下がり)ます。

重さ　下がり　台ばかり　上皿てんびん

2 ねん土のかたまりをうすくのばして広げました。重さはどうなりますか。正しいものをえらびましょう。(㋐)

ねん土 40g ⇒

㋐ 40g
㋑ 40gより重い
㋒ 40gより軽い

3 ふくろの中のビスケットが、われてこなになりました。重さはどうなりますか。正しいものをえらびましょう。(㋐)

ビスケット 50g ⇒

㋐ 50g
㋑ 50gより重い
㋒ 50gより軽い

ポイント　ものの重さは、形をかえたり、いくつかに分けても、かわりません。

月　日　名前

4 １本のきゅうりをわ切りにしました。重さはどうなりますか。正しいものをえらびましょう。(㋐)

きゅうり 80g ⇒

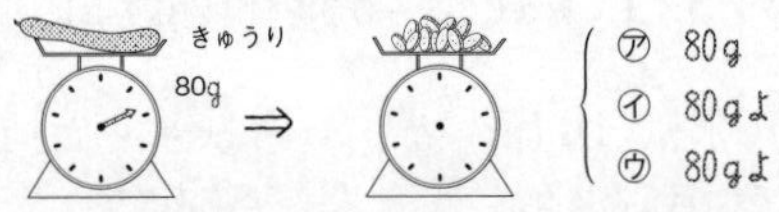

㋐ 80g
㋑ 80gより重い
㋒ 80gより軽い

5 水に木ぎれをうかべました。重さはどうなりますか。正しいものをえらびましょう。(㋑)

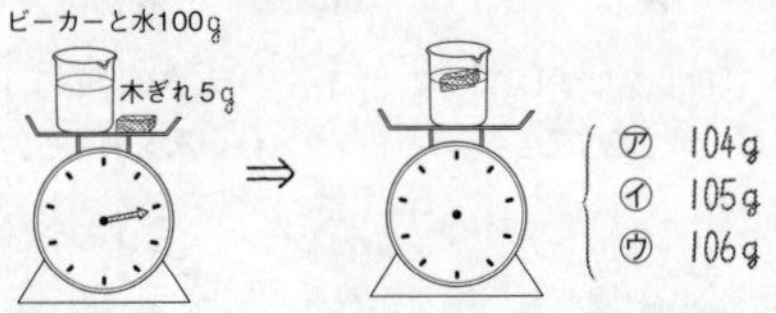

ビーカーと水100g　木ぎれ5g ⇒

㋐ 104g
㋑ 105g
㋒ 106g

6 次の(　)にあてはまる言葉を□からえらんでかきましょう。

ものは(①形)がかわっても、その(②重さ)はかわりません。

また、水にさとうをとかしたり、水に木ぎれをうかせたり、２つのものをあわせたときの重さは、２つの重さを(③あわせた)ものになります。

あわせた　重さ　形

ものと重さ ②
ものによって重さはちがう

1 次の(　)にあてはまる言葉を□からえらんでかきましょう。

重さをくらべる道具に(①上皿てんびん)があります。

左右の皿にものをのせたとき、皿が(②下)になった方が(③重く)なります。２つの皿がちょうどまん中で止まったときは(④同じ)重さになっています。

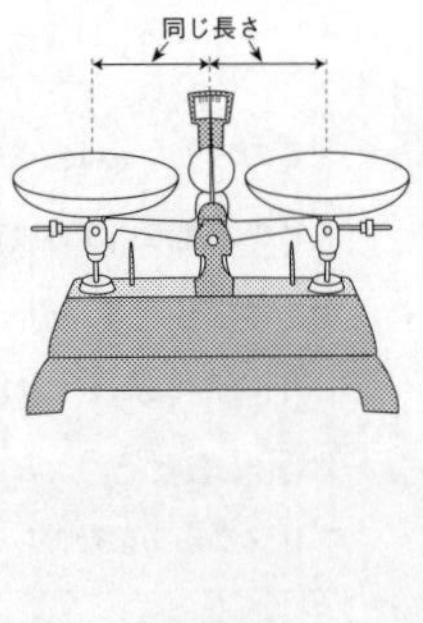

同じ　上皿てんびん　下　重く

2 次の図を見て、重い方に○をかきましょう。

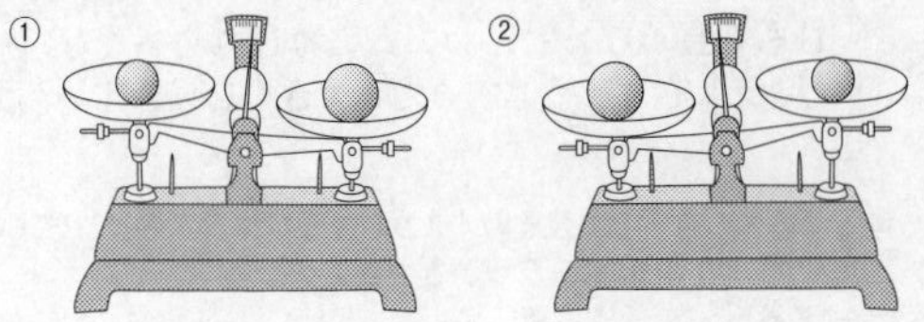

① (　) (○)　② (○) (　)

ポイント　ざいりょうによって、ものの重さはちがいます。

月　日　名前

3 上皿てんびんで、同じざいりょうでつくった同じ大きさの消しゴムの重さをくらべました。

(1) 左右の皿に１こずつのせました。てんびんはどうなりますか。次の中からえらびましょう。(㋐)

㋐ つりあう　㋑ つりあわない

(2) 左の皿に２こ、右の皿に３このせました。てんびんはどうなりますか。次の中からえらびましょう。(㋑)

㋐ つりあう　㋑ つりあわない

4 次の(　)にあてはまる言葉を□からえらんでかきましょう。

㋐ さとう さとう　㋑ さとう さとう　㋒ さとう しお

㋐のように、ものが同じで体せきが同じとき、重さは(①同じ)になり、てんびんは(②つりあい)ます。

㋑のように、ものが同じでも体せきがちがうと重さは(③ちがい)ます。体せきの大きい方が(④重く)なります。

㋒のように、さとうとしおでは、体せきが同じでも、重さは(⑤しお)の方が重いです。

しお　つりあい　同じ　ちがい　重く

ものと重さ ③
重さくらべ

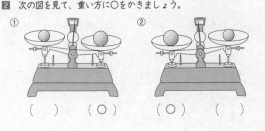

1 同じ体せきで、木、鉄、ねん土、発ぼうスチロールでできたものの重さをくらべました。あとの問いに答えましょう。

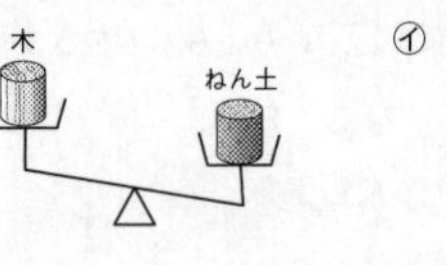

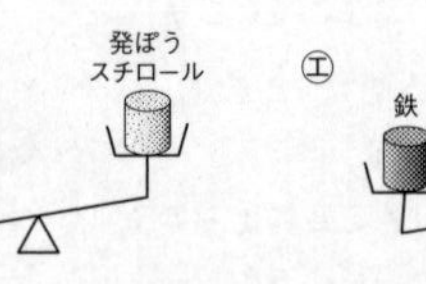

㋒ 木　発ぼうスチロール　㋓ 鉄　ねん土

(1) ㋐で木とねん土ではどちらが重いですか。(ねん土)
(2) ㋑で木と鉄ではどちらが重いですか。(鉄)
(3) ㋒で木より軽いものは何ですか。(発ぼうスチロール)
(4) ㋓で鉄とねん土では、どちらが重いですか。(鉄)
(5) ㋐〜㋓の重さくらべから、(　)に重いじゅんに番号をかきましょう。

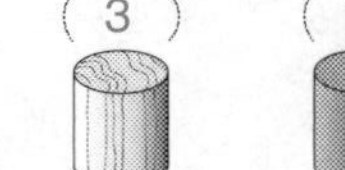
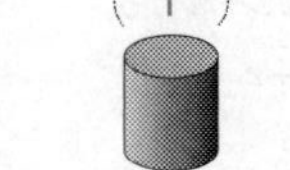
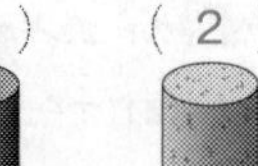
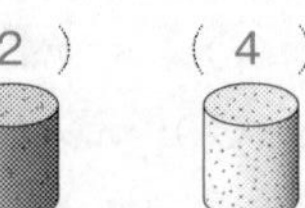
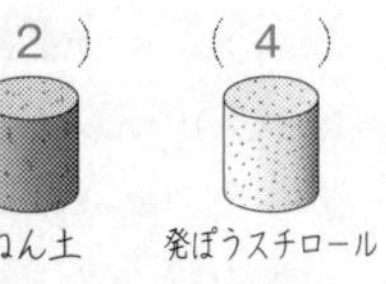
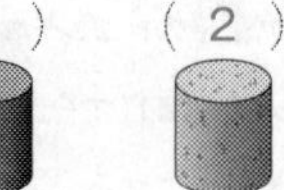
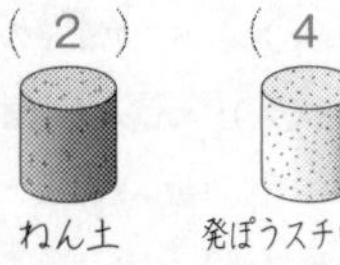

(3)	(1)	(2)	(4)
木	鉄	ねん土	発ぼうスチロール

ポイント　てんびんを使って、ものの重さをくらべたりします。

月　日　名前

2 次の(　)にあてはまる言葉を□からえらんでかきましょう。

てんびんは、左右にのせたものの(①重さ)がちがうとき、重い方に(②かたむき)ます。また、左右にのせたものの重さが(③同じ)ときは、水平になって止まります。このようなとき、てんびんは(④つりあう)といいます。

ものはいくつに(⑤分けて)も、その(⑥重さ)はかわりません。また、ねん土のように、いろいろな(⑦形)にかえてもやはり(⑧重さ)はかわりません。

同じ　重さ　かたむき　つりあう　形　分けて
●何回も使う言葉があります。

3 次のてんびんで、つりあっている方に○をかきましょう。

㋐ (○)

㋑ (　)

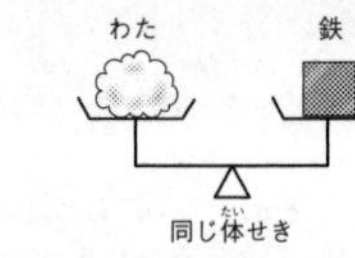

まとめテスト
ものと重さ

1 次の図は、重さを調べるはかりです。名前を□からえらんで(　)にかきましょう。(１つ５点)

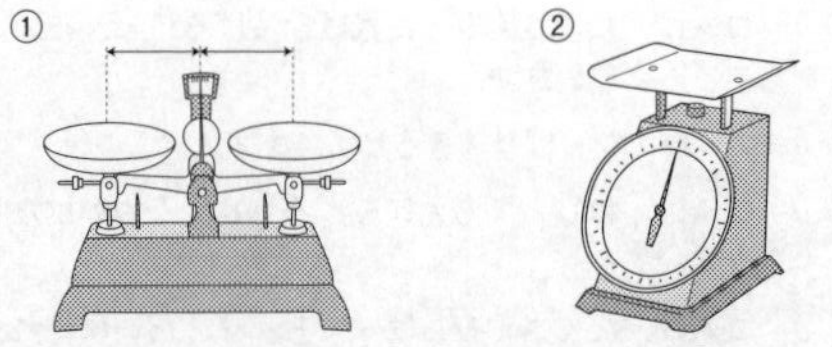

①

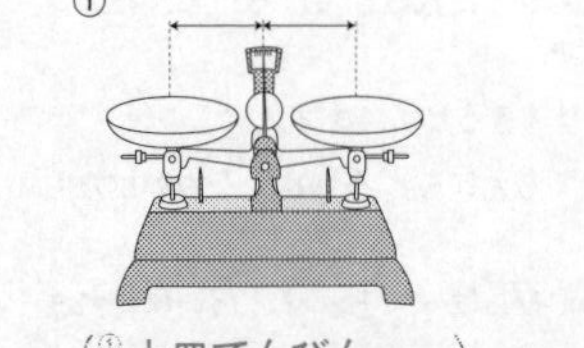

(①上皿てんびん)

② (②台ばかり)

台ばかり　上皿てんびん

2 重さ20gのねん土を図のように形をかえて重さをはかりました。３つの中から正しいものに○をかきましょう。(１つ10点)

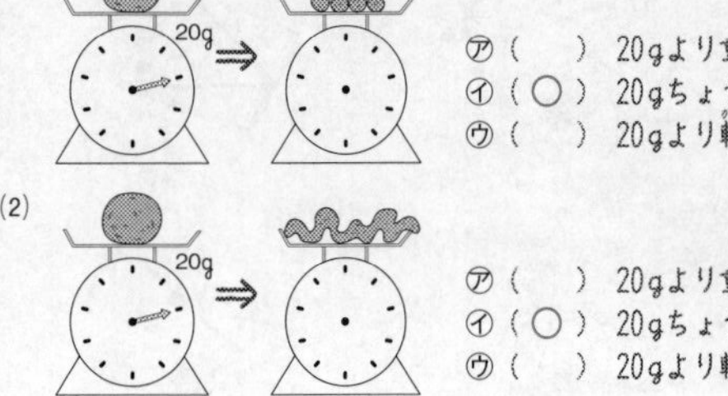

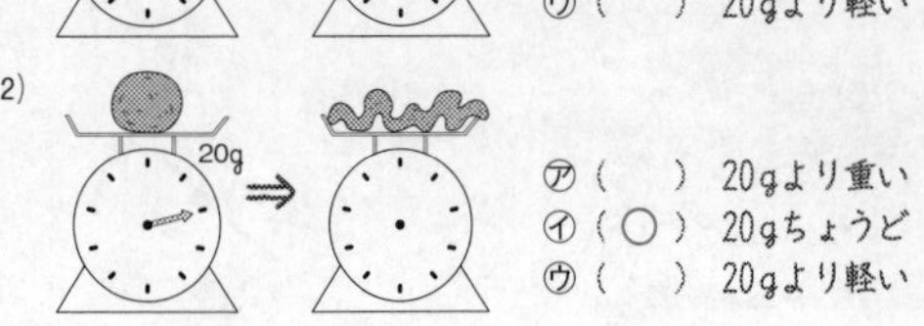

(1) 20g ⇒

㋐ (　) 20gより重い
㋑ (○) 20gちょうど
㋒ (　) 20gより軽い

(2) 20g ⇒

㋐ (　) 20gより重い
㋑ (○) 20gちょうど
㋒ (　) 20gより軽い

月　日　名前　/100点

3 30gのせんべいをビニールぶくろに入れて、こなごなにしました。重さはどうなりますか。３つの中から正しいものに○をかきましょう。(10点)

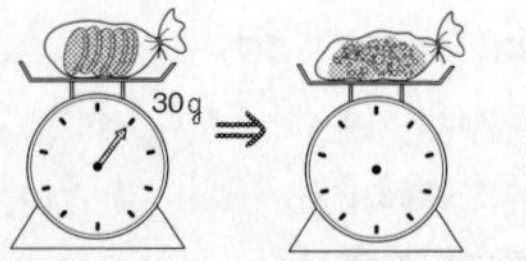

30g ⇒

㋐ (○) 30gちょうど
㋑ (　) 30gより重い
㋒ (　) 30gより軽い

4 つりあっているてんびんに、いろいろなものをのせて重さくらべをしました。つりあうものには○、つりあわないものには×をかきましょう。(１つ10点)

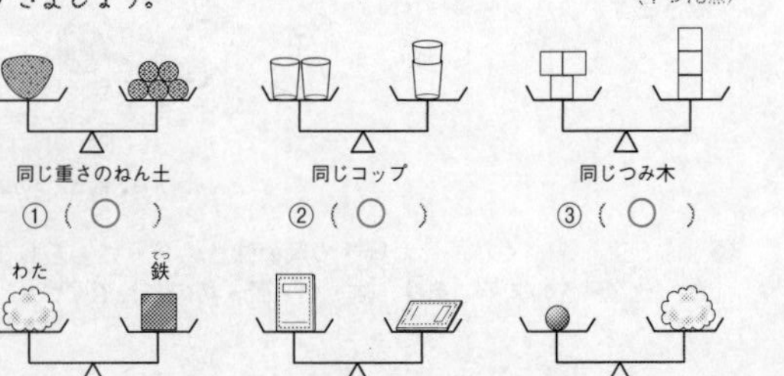

① (○)　② (○)　③ (○)
④ (×)　⑤ (○)　⑥ (○)

まとめテスト　ものと重さ

月　日　名前　　　/100点

1 次の(　)にあてはまる言葉を□からえらんでかきましょう。（1つ6点）

(1) 重さをくらべる道具に(①上皿てんびん)があります。これは左右の皿にものをのせたとき(②重い)方の皿が下になります。
　2つの皿がちょうどまん中でつりあったときは、2つのものの重さは(③同じ)です。

同じ　上皿てんびん　重い

(2) ものはいくつに(①分けて)も、その(②重さ)はかわりません。また、ねん土のように、いろいろな(③形)にかえても重さは(④かわりません)。

形　かわりません　重さ　分けて

2 図のように、同じプリンカップの水と同じガラス玉の重さをはかりました。（1つ6点）

(1) てんびんはつりあいますか。
(つりあう)

(2) (1)のわけについて、(　)にあてはまる言葉をかきましょう。
　左の皿に(①プリンカップの水)と(②ガラス玉)がのっていて、右の皿にも同じものがのっているから。

3 てんびんにアルミニウムはくをのせてつりあわせました。左の皿を下げるにはどうすればよいですか。次の①〜③の文のうち、正しいものには○、まちがっているものには×を(　)にかきましょう。（1つ10点）

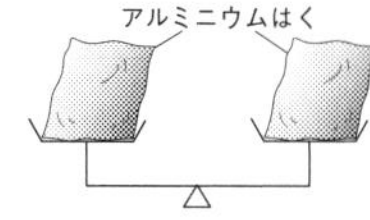

①(×) 左の皿のアルミニウムはくをかたくおしかため、丸くしてのせます。
②(×) 右の皿のアルミニウムはくを小さくちぎってすべてのせます。
③(○) 右の皿のアルミニウムはくを2つに分け、そのうちの1つだけをのせます。

4 てんびんを使って、同じ体せきの鉄、ねん土、木、発ぼうスチロールの重さをくらべました。

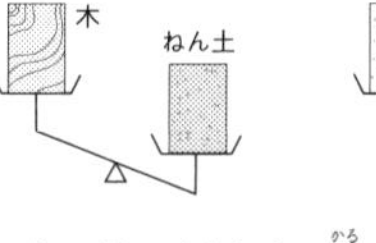

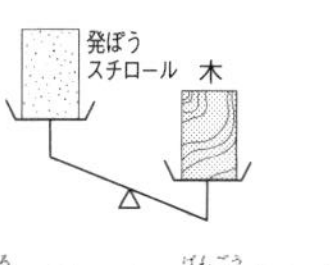

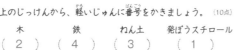

上のじっけんから、軽いじゅんに番号をかきましょう。（10点）

木	鉄	ねん土	発ぼうスチロール
(2)	(4)	(3)	(1)

78

まとめテスト　ものと重さ

月　日　名前　　　/100点

1 重さをくらべます。同じ重さでてんびんがつりあうのはどれですか。つりあうものには○、つりあわないものには×をかきましょう。（1つ10点）

(1) 同じ教科書 (○)　(2) 同じ体せきのわたと鉄 (×)
(3) 同じねん土と同じコップと水 (○)　(4) 同じ体せきのねん土とアルミニウムはく (×)
(5) 同じコップ2こずつ (○)　(6) 5gの鉄と5gのわた (○)

2 次の文で、正しいものには○、まちがっているものには×をかきましょう。（1つ5点）

①(○) てんびんで2つのものの重さをくらべたとき、つりあったときは、2つの重さは同じです。
②(×) 同じ体せきのものは、どんなものでも同じ重さになります。
③(○) 体せきが同じでも、しゅるいがちがうと、重さもちがいます。
④(○) てんびんで、2つのものをくらべたとき、重い方が下がります。
⑤(×) てんびんで、2つのものをくらべたとき、重い方が上がります。
⑥(×) 同じ体せきのねん土は、丸くすると重さが軽くなります。
⑦(○) ねん土を丸めても、2つに分けても、同じ体せきのときは、同じ重さです。
⑧(○) ふくろに入ったビスケットをこなごなにして、形をかえても、ビスケットの重さはかわりません。

79

音のせいしつ①　音のつたわり方

1 次の(　)にあてはまる言葉を□からえらんでかきましょう。

(1) じっけん1のように、トライアングルを(①たたき)、音を出し、水の入った水そうに入れました。すると、(②水)が、ふるえて(③波)が起こりました。

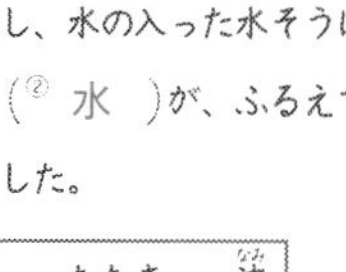

水　たたき　波

(2) じっけん2のような用具をつくり、ピンとはった(①わゴム)を指で(②はじき)ました。するとわゴムが(③ふるえて)音が出ました。
　じっけん1〜2で(④強く)たたいたり、大きくはじいたりすると、どれも(⑤大きな)音になりました。大きな音は、小さな音にくらべて、ふれるはばが大きくなりました。

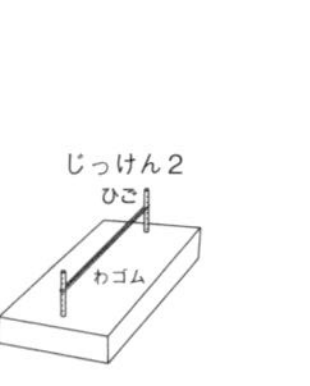

はじき　わゴム　大きな　強く　ふるえて

月　日　名前

ポイント 音はものがふるえることによって、つたわります。

2 次の(　)にあてはまる言葉を□からえらんでかきましょう。

(1) 大だいこのあのがわをたたき、反対がわのいのようすを手をあてて調べました。
　いのがわは、あのがわと(①同じ)ようにふるえていました。いのがわにおいた(②うす紙)も同じように(③ふるえ)ていました。
　このように(④音)を出すものは(⑤ふるえ)が空気中をつたわることがわかりました。

同じ　ふるえ　ふるえ　音　うす紙

(2) 鉄ぼうなど(①金物)でできたものを軽く(②たたくと)、はなれたところでも、音はよく(③つたわり)ました。
　糸電話のじっけんをしました。糸電話の糸が(④たるんだり)、とちゅうを指でつまんでいると聞こえにくくなりました。それは糸のふるえが(⑤つたわり)にくくなるからです。

金物　たるんだり　つたわり　つたわり　たたくと

81

音のせいしつ②　音のつたわり方

1 次の(　)にあてはまる言葉を□からえらんでかきましょう。

(1) 音は、音を出すものの(①ふるえ)が(②空気)につたわると耳にとどき、聞こえます。
　右のような(③ストローぶえ)では口から出た(④息)がアルミはくでできたリードをふるわせて、そのふるえが(⑤空気)につたわって耳にとどきます。

空気　空気　ふるえ　ストローぶえ　息

(2) 山やたて物に向かって(①大きな声)を出すと(②こだま)が返ってくることがあります。これは、音にはかべのようなものにあたると、(③はね返る)せいしつがあるからです。
　高速道路には、長い(④かべ)をつけているところがたくさんあります。これは、(⑤走る車)の音をかべではね返してそう音ぼう止をしているのです。
　音楽ホールでは、かべや(⑥天じょう)にいろいろなくふうをして音が(⑦美しく)聞こえるようにしてあります。

美しく　大きな声　はね返る　こだま　天じょう　かべ　走る車

月　日　名前

ポイント 音のふるえは、強くはじくと大きくなり、弱くはじくと小さくなります。

2 お寺のかねの音がだんだん弱まるようすを考えましょう。次の文の(　)にそのじゅん番をかきましょう。

①(1) かねつきぼうでかねをたたく。
②(3) かねのふるえがじょじょに小さくなる。
③(2) かねが大きくふるえて音がひびく。
④(4) ふるえが止まり、音もなくなる。

3 図を見て、あとの問いに答えましょう。

　右図は、げんを強くはじいたものと、弱くはじいたものを表しています。

(1) 強くはじいたのはどちらですか。(あ)
(2) 弱くはじいたのはどちらですか。(い)
(3) 音が大きいのはどちらですか。(あ)
(4) 音が小さいのはどちらですか。(い)
(5) 音は、げんがどうなることでできますか。(ふるえる)

82

まとめテスト　音のせいしつ

■1 次の(　)にあてはまる言葉を□からえらんでかきましょう。（1つ5点）

(1) じっけん1のように、大だいこの上に小さく切ったプラスチックへんをのせてたたきました。

たいこの(①音)とともに、プラスチックへんは(②動きました)。しばらくして音が(③止まる)と、(④プラスチックへん)も動かなくなりました。

動きました　止まる　音　プラスチックへん

(2) じっけん2のように、大だいこのあのがわをたたき、反対がわのいのようすを手をあてて調べました。

いのがわは、あのがわと同じように(①ふるえて)いました。いのがわにおいた(②うす紙)も同じようにふるえていました。

このように(③音)を出すものは(④ふるえ)が空気中を(⑤つたわる)ことがわかりました。

うす紙　ふるえて　ふるえ　つたわる　音

月　日　名前　/100点

■2 次の(　)にあてはまる言葉を□からえらんでかきましょう。（1つ5点）

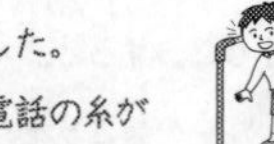

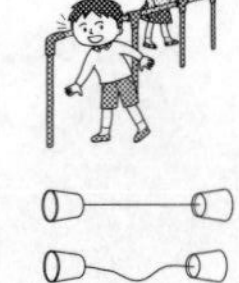

鉄ぼうなど(①金物)でできたものを軽くたたくと、音はよく(②つたわり)ました。

糸電話のじっけんをしました。糸電話の糸が(③たるんだり)、とちゅうを指でつまんでいると聞こえにくくなりました。それは糸のふるえが(④つたわり)にくくなるからです。

つたわり　つたわり　金物　たるんだり

■3 右図は、げんを強くはじいたものと、弱くはじいたものを表しています。（1つ7点）

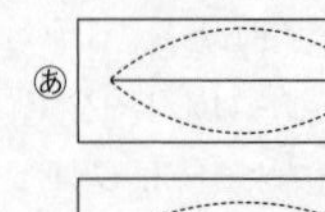

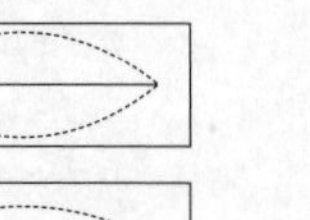

(1) 弱くはじいたのはどちらですか。（い）

(2) 強くはじいたのはどちらですか。（あ）

(3) 音が小さいのはどちらですか。（い）

(4) 音が大きいのはどちらですか。（あ）

(5) 音は、げんがどうなることでできますか。（ふるえる）

83

理科ゲーム　クロスワードクイズ

クロスワードにちょうせんしましょう。キとギは同じと考えます。

①❶ア	リ	■	③❷エ	ス	■	④ナ
ゲ	■	■	ン	■	■	ミ
ハ	■	❸カ	マ	キ	リ	テ
■	❹シ	ヤ	コ	ウ	バ	ン
②❺ク	キ	■	オ	■	■	ト
❻モ	ン	シ	ロ	チ	ヨ	ウ
■	■	■	❼ギ	ヨ	ク	■

タテのかぎ

① ミカンやサンショウの葉にたまごをうみます。よう虫は青虫です。

② こん虫のなかまではありません。からだは、頭とはらの2つに分かれ、あしは8本です。

③ 秋になると草むらで、コロコロとなき声がきこえます。スズムシのなかまです。

④ 林や野原にすんでいて、アブラムシを食べます。テントウムシの1つです。ぼくのことだよ。

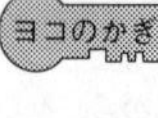
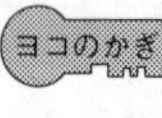

ヨコのかぎ

❶ 土の中にすをつくります。ぞろぞろと○○の行列を見ることもあります。

❷ じしゃくのきょくの1つです。このきょくとNきょくは引きあいます。

❸ しっかりとえものをつかまえる、大きくて、するどくとがったあしがあります。

❹ 太陽を見るときに使う道具。これを通して見ないと目をいためます。

❺ 植物のからだは、葉と○○と根の3つの部分からできています。

❻ キャベツの葉にたまごをうみます。よう虫は青虫です。

❼ かん電池にどう線をつなぐ部分です。

85

まとめテスト　音のせいしつ

■1 次の(　)にあてはまる言葉を□からえらんでかきましょう。（(1)、(2)1つ5点）

(1) 右図のように、大だいこを(①たたく)とたいこの(②皮)がふるえて、反対がわの皮に(③ふるえ)がつたわります。

音のふるえは、(④手)でさわったり、(⑤うす紙)がふるえるようすを見ることでわかります。

うす紙　手　ふるえ　たたく　皮

(2) 次に、もっと大きい音を出すには、大だいこを前よりも(①強く)たたきます。すると、大だいこの(②皮)が前より(③大きく)ふるえて、いのうす紙も大きく(④ふるえ)ました。

大きく　強く　皮　ふるえ

(3) なぜ、はなれた場所にあるうす紙がふるえるのか、わけをかきましょう。（5点）

［音は空気中をつたわり、はなれたうす紙をふるえさせるからです。］

月　日　名前　/100点

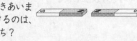

■2 次の(　)にあてはまる言葉を□からえらんでかきましょう。（1つ5点）

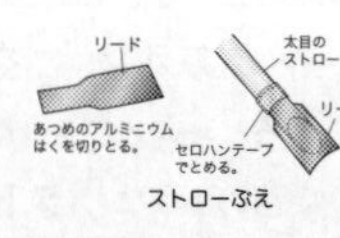

(1) 音は、音を出すものの(①ふるえ)が(②空気)につたわると耳にとどき、聞こえます。

右のような(③ストローぶえ)では口から出た(④息)がアルミはくでできたリードをふるわせて、そのふるえが(⑤空気)につたわって耳にとどきます。

空気　空気　ふるえ　ストローぶえ　息

(2) 山やたて物に向かって(①大きな声)を出すとこだまが返ってくることがあります。これは、音にはかべのようなものにあたると、(②はね返る)せいしつがあるからです。

高速道路には、長いかべをつけているところがたくさんあります。これは、(③走る車)の音をかべではね返して外に聞こえないようにしているのです。

音楽ホールでは、(④かべ)や天じょうにいろいろなくふうをして音が(⑤美しく)聞こえるようにしてあります。

美しく　大きな声　はね返る　かべ　走る車

84

理科ゲーム　答えは、どっち？

正しいものをえらんでね。

■1 アブラナの葉のうらでたまごを見つけました。アゲハ、モンシロチョウ、どっちのたまご？

（モンシロチョウ）

■2 キャー！ゴキブリがでたぞ～！ダンゴムシ、ゴキブリ、こん虫はどっち？

（ゴキブリ）

■3 ヒマワリのたねを植えました。さいしょに開くのは、子葉、本葉、どっち？

（子葉）

たね

■4 タンポポとハルジオンがさいています。草たけが高いのはどっち？

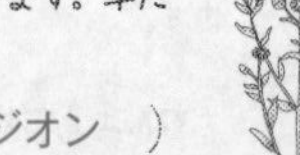
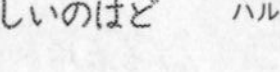

（ハルジオン）

■5 日なたと日かげがあります。すずしいのはどっち？

（日かげ）

■6 大きい虫めがねと小さい虫めがねがあります。光を多く集められるのは、どっち？

（大きい虫めがね）

■7 金ぞくのスプーンとプラスチックのスプーンがあります。電気を通さないのは、どっち？

（プラスチック）

■8 2本のぼうじしゃくが引きあいました。Nきょくをひきつけるのは、Nきょく、Sきょく、どっち？

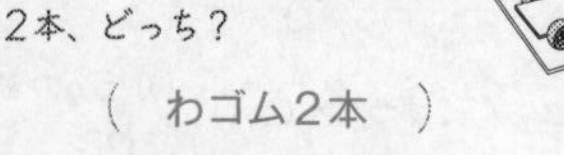

（Sきょく）

■9 わゴムで車を走らせます。速く走るのは、わゴム1本、わゴム2本、どっち？

（わゴム2本）

■10 風を受けて走る車をつくりました。大きい「ほ」と小さい「ほ」があります。遠くまで走るのは、どっち？

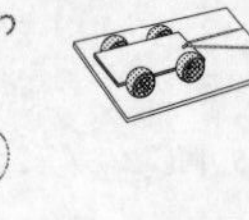

（大きい「ほ」）

86

理科ゲーム

理科オリンピック

月　日　名前

理科のじっけんのオリンピックです。1い、2い、3いを決めましょう。

1 丸いかがみを3まい使って図のように、日かげのかべに日光をはね返しました。
明るいところはどこですか。

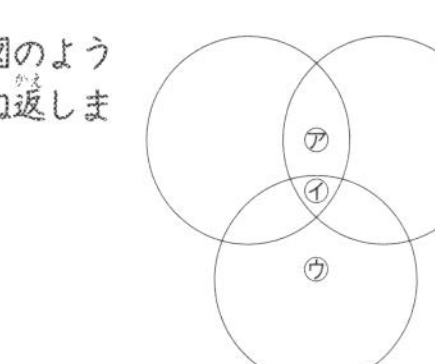

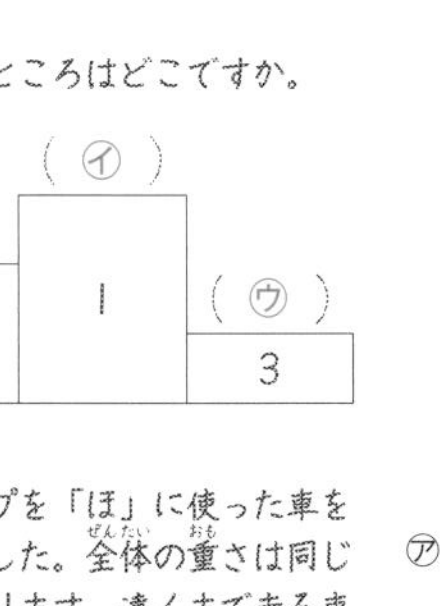

1（㋑）　2（㋐）　3（㋒）

2 紙コップを「ほ」に使った車をつくりました。全体の重さは同じにしてあります。遠くまで走る車はどれですか。

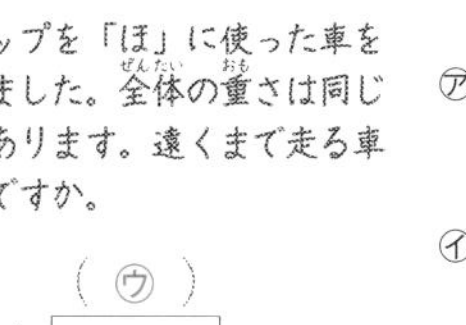

㋐
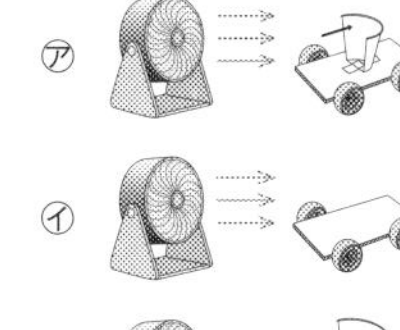

㋑
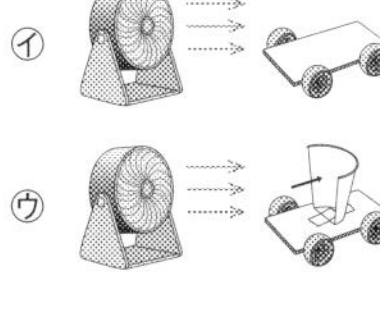

㋒
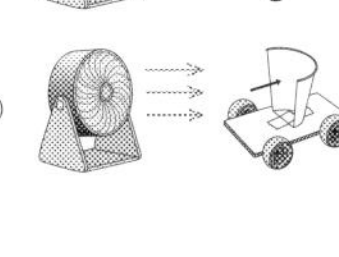

1（㋒）　2（㋐）　3（㋑）

3 ゴムの力で動く車があります。わゴムの数を1本、2本、3本にしました。遠くまで走るのはどれですか。
㋐ わゴム1本　㋑ わゴム2本　㋒ わゴム3本

1（㋒）　2（㋑）　3（㋐）

4 同じ体せきの鉄、ねん土、木の重さをくらべました。
㋐ 鉄
㋑ ねん土
㋒ 木
重いのはどれですか。

1（㋐）　2（㋑）　3（㋒）

理科ゲーム

まちがいを直せ！

月　日　名前

正しい言葉に直しましょう。

1 ハルアカネ？　（アキアカネ）
秋に野山にとぶすがたがよく見られます。アカトンボともいいます。

2 クロネコアリ？　（クロヤマアリ）
土の中にすんでいて、虫や木の実などを食べます。

3 モンクロチョウ？　（モンシロチョウ）
アブラナなどの葉のうらがわにたまごをうみます。花のみつをすいます。

4 なぎさ？　（さなぎ）
チョウのよう虫が、よう虫からせい虫になる間のときです。

5 フユジオン？　（ハルジオン）
草たけの高い植物です。野原など日光のよくあたるところに育ちます。

6 めい路？　（回路）
かん電池、豆電球などをどう線でつなぎ、1つのわになる電気の通り道です。

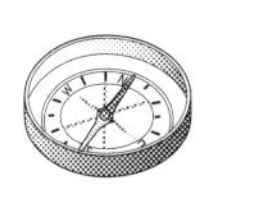

7 フェラメント？（フィラメント）
豆電球の中にあって、ここに電気が流れると光ります。

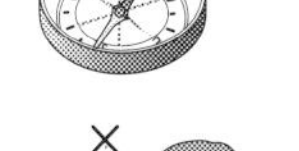

8 方いしじん？（方いじしん）
方いを調べるときに使います。

9 音頭計？　（温度計）
もののあたたかさをはかるときに使います。

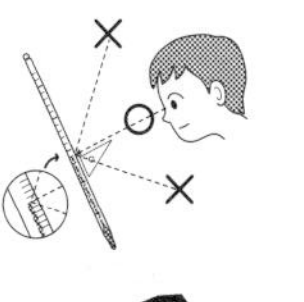

10 しゃ高板？（しゃ光板）
太陽を見るときに使います。

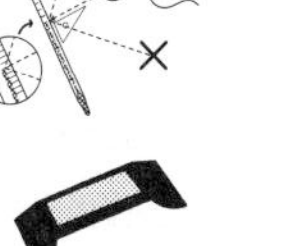

理科習熟プリント　小学３年生　大判サイズ

2020年４月30日　発行

著　者　宮崎　彰嗣　横田　修一

発行者　面屋　尚志

企　画　フォーラム・A

発行所　清風堂書店

〒530-0057　大阪市北区曽根崎２-11-16

TEL 06-6316-1460／FAX 06-6365-5607

振替　00920-6-119910

制作編集担当　蒔田司郎　☆☆

表紙デザイン　ウエナカデザイン事務所　5022